U0195471

# 海豚

## 人类在水下的一面镜子

〔美〕苏珊·凯西 著 陈重强 译

海洋出版社
2018年·北京

**图书在版编目(CIP)数据**

海豚：人类在水下的一面镜子 / (美) 苏珊·凯西(Susan Casey) 著；陈重强译. — 北京：海洋出版社，2017.12

书名原文: Voices in the Ocean

ISBN 978-7-5210-0007-8

Ⅰ. ①海… Ⅱ. ①苏… ②陈… Ⅲ. ①海豚－普及读物 Ⅳ. ①Q959.841-49

中国版本图书馆CIP数据核字(2017)第324629号



海豚：人类在水下的一面镜子

著　　者 / (美) 苏珊 · 凯西

译　　者 / 陈重强

策划编辑 / 项　翔

责任编辑 / 蔡亚林

责任印制 / 赵麟苏

出　　版 / 海洋出版社

北京市海淀区大慧寺路8号

网　　址 / www.oceanpress.com.cn

发　　行 / 新华书店北京发行所经销

发行电话 / 010-62132549

邮购电话 / 010-68038093

印　　刷 / 北京朝阳印刷厂有限责任公司

版　　次 / 2018年6月第1版

印　　次 / 2018年6月第1次印刷

开　　本 / 787mm × 1092mm　1/16

字　　数 / 252千字

印　　张 / 17

书　　号 / 978-7-5210-0007-8

定　　价 / 59.90元

一如既往地献给兰尼欧·麦弗雷迪

大千世界满是神奇之物，正等我们用更敏锐的心智去了解它们。

——叶芝[1]

① 经查证，该句出自Eden Phillpotts所著A Shadow Passes一书，并非由叶芝道出。——译者注

# ◇目录◇

# 海豚的科属问题

本书所记的海豚均属于齿鲸亚目（Odontoceti），也即鲸目动物（Cetaceans）的两个子目之一。作为海洋哺乳动物的一类，鲸目动物包括了鲸、海豚及鼠海豚。“Cetacean”来自“鲸”的拉丁语“cetus”以及希腊语中不太好听的、表示“海怪”的单词“ketos”。

海豚科（Delphinidae）是齿鲸亚目之中最大的一科，约含37种，无论是身长仅仅4英尺[①]的贺氏矮海豚，还是12英尺长的宽吻海豚，或是足有25英尺的虎鲸，他们都属于此科。该科动物还包括：领航鲸、瓜头鲸、伪虎鲸及侏虎鲸——这里的“鲸”字并非指严格意义上的鲸类，而是仅仅表示他们拥有巨大的体型（至少也比一般海豚大很多）。

然而，海豚科并没有涵盖所有海豚——淡水豚便不在此科。淡水豚相貌惊人，类史前动物，全世界共有五种，包括亚马孙河豚、恒河豚及白鳍豚——中国长江曾有白鳍豚活动，如今白鳍豚已绝种了。

我在本书中还提到白鲸。与一角鲸一样，白鲸是一角鲸属的两大家族成员之一。

在过去，“鼠海豚（Porpoise）”与“海豚（Dolphin）”二词常常被混用，但二者实际上是完全不同的种类：与海豚相比，鼠海豚科（Phocoenidae）的七种动物体型较小，区别是很明显的。

① 1英尺约等于0.3米。——译者注

引子

---

# 火奴鲁阿

去火奴鲁阿海湾的路在灰白的天空下是一痕红土，绕着断崖盘旋而上，七转八弯，中途会通过崖顶。崖顶是块平坦的空地，我便在这里停车。若在平时，这里多半停满了大小车辆，到处都是正找地方休息的冲浪者、拍照留念的游客；而在狂风大作的今天，这里却空无一人。在我立足之地的下方，细浪打在锯齿般的岩浆岩上，旋即弹起，海风中散成白沫。

低云四垂，月牙般的海湾变成阴暗的蓝灰色——海湾在平常则蓝光粼粼，蓝色不出淡青到藏蓝范围。不过总的说来，海湾的色调便在晴明之日也是晦暗的。在过去的几百年中，该海湾是夏威夷人拜神的地方。他们驾着独木舟，从海湾的背风处而来，并在岸边用石头垒起神坛，将祭品献给众神。这里没有宽广的沙滩，只有犬牙交错的岩石，岩石一直延伸到海里，海上的部分是一根根礁石，海以下则渐渐模糊，不再为眼所见了。

情况看来不太妙。但我千里迢迢才驱车至此，又素知此地海景优美、珊瑚丛生、物种丰富，而在明天的此时我就得飞回纽约，今后很久都不会再来——若就这样水都不碰就走了，我是无论如何不会甘心的。何况我还了解到，此地最近发生了几起鲨鱼袭人的事件，以至人心惶惶，大家独自下水之前不得不犹豫再三，有些甚至不敢下水了。似乎毛伊岛上的每个人都突然意识到，这片海域里除了自己，还有时不时会咬人的巨兽。

先前还算安全的海域，为什么会出现这种变化？是海龟太多？是鱼类不足？是气候的改变？抑或是地球的两极发生了偏转？——真相亟待查明。我伫立在风中，不禁想起各种有关鲨鱼袭人的传闻：被咬断的四肢、被撕开的动脉……最后满脑子都是破烂泳衣的画面。我们总得先把情况搞清楚，进而将问题解决，让鲨鱼袭人事件不再隔三差五地登上新闻头条。于是我继续前行，穿过林立的岩石，踏足入海，向海湾游去。

反正在陆上也好，在水里也罢，我都同样地感到孤独，如果真遇上什么不测，估计我也不会在乎吧？

自家父因心脏病去世，如今已快两年了，这两年来，我对所有事都不上心。父亲发病之日，已届71岁的高龄，身体倒还算硬朗，当时正住在我们家的夏日别墅中消夏。他从屋子里出来，下到码头去，要驾他的水上飞机兜风，他的心脏病就在那时发作。据医生说，发病约五秒钟后，他便不行了。

在我心中某个遥远模糊的角落，如同所有人一样，我并非不知，我的父亲是不可能常在的。然而，一想到要失去他，我便觉难以承受，因此总不给这念头以可乘之机。我的父亲会离我而去，这算是我今生所能想出的最可怕的事了，我多希望那一天永不会来临。我是离异之人，自愿选择了不生孩子，加之天性中有不安的一面，到我已过不惑之年的时候，我恍然觉得，父亲成了我生命中最重要的人了，是我赖以系船的石墩，是我停船的锚。只要这位智者还存在一天，我便可以安心地满世界闯荡，不断地犯错，不断地冒险，因为我一直深信，父亲总会在最后出现，助我脱出一切的困障。没有父亲的人生我无法想象，正如同我无法想象我没有身体一样。可到底他还是走了，剩我在这孤单的尘世。

说来也怪，当你最可怕的噩梦成真了，你反而会无所畏惧。最初的伤痛大潮平息之后，我发现我自己变了，之前令我害怕的一切，我能从容地面对：如在虎鲨大量出没的海域，我敢独自一人在黄昏游泳——恐惧已被长久的麻木取代。

游进海湾的入口，略微向南，继续朝远方游去，一直游到离岸半英里[①]的海上，泳姿改换成原地踏水，将护目镜摘下，游目四顾。海底覆满平匀的细沙，隔着海水依稀可见，情况也比较乐观，所以我并未游回，而是继续前进。有人在失意时诉诸毒品，我则用海水疗伤。海洋这个浩瀚的蓝色之国，不知是因为宁静还是远离尘世，总之都能给我以安慰。

正要回游的时候，什么东西进入了我的视野：只见斜下方划过一道巨大的身影，接着看见突耸的背鳍，背鳍旁是白色闪耀的一片。阳光缕缕穿云而下，瞬间将

① 1英里约等于1.6千米。——译者注

海水照亮。我满怀激动，目睹巨兽在眼前现形。

原来，一大拨飞旋海豚正朝我游来，足有四五十头之多。他们像幽灵般现身，在苍穹下闪闪发光，先是隐约可见，接着又不见踪影，过一会儿又重新出现，四面八方向我涌过来，将我包围在中间。如此近距离邂逅海豚，生平还是第一次，不禁惊叹于他们的美貌。一群稍大的海豚中间，有一头慢慢地向我靠近，目不转睛地看我。有那么一个瞬间，我们悬停在水中，你看着我，我看着你，彼此交流着什么，仿佛是种颇有深意的、超越物种的致意，不然没有其他解释了。我发现，他的眼后连着一条巧妙的黑色带纹，一直到胸鳍为止，酷似银行劫匪所蒙的面罩。我在想他是否有责任保护与之同群的海豚，同群海豚是否也唯他是从。这些海豚三五成群，群虽小却界限分明，每群的成员从两头到五头不等，同群成员之间都有亲密的身体接触。我看到他们的鳍与鳍互碰，看上去像在握手；也有的用腹部去蹭对方的脊背，用头斜着去挨对方的头，用喙去拱对方的尾鳍。

飞旋海豚的游速之快，完全可以在一瞬间游到远方，然而他们并没有离开。他们还是出了名的运动健将，每当心血来潮，一跃而起，像火箭从水面射出，如今却在我的周围逗留，显得平和而安定，除了几只保龄球瓶般大的幼豚藏在母亲身边，其他也不见有丝毫的恐慌。他们只是围着我，我在水下还能听到他们之间神秘的对话：咯咯、哒哒、嘤嘤、嗡嗡……

我向下潜了10英尺左右，那只大海豚重又出现在我的身边，而且离我更近了。他的喙细长，体色跟企鹅相仿，背部灰黑，腹部则是淡雅的白色。虽然身长八英尺，孔武有力，但从肢体语言看，他对我没有任何敌意。我们待在一起大概只有10分钟，水下的时间却像凝固了一样，仿佛这场人豚际会永远都不会散去。海水颇有节奏地起落，几乎快要催人入睡了，但在天地缺席的海下，我既没有参照物，也看不见地平线，一切所见都放着光芒，像是透过一块巨大的蓝色棱晶看到的一样。我看着他们，他们也在看着我，举止若天仙般优雅，俨然是群灵魂为主、形体为辅的精灵。我与他们同游了一段，直到他们向深海游去，细长的斜光穿向无何有之乡，我才不再跟着游。他们渐渐地远了，最终消失在那片混沌之域，我最后一眼看到的，是他们整齐一致划水的尾巴。

◇◆◇

从那以后，我时时想起他们，有时几小时几天地想，有时几周几月地想；夜里睡觉时也想，想起他们舒缓的泳姿，人也跟着安定下来，昏昏欲睡。自我离开夏威夷、回到曼哈顿之后，太平洋明亮的蓝色成了一段遥远的记忆，生活于我从未有安定可言。曼哈顿的中城区，一栋由玻璃和钢筋构成的摩天大楼，在我36楼的办公室内，我将海豚的照片钉在办公桌后的一堵墙上，以便我在通电话时能够时刻看见。

尽管我与海豚的邂逅是如此短暂，他们却在我的脑海中长住下来。我像被一道闪电击中，一瞬间成了失忆之人，先前熟悉的思维模式、脑电波及神经脉冲都被清空了，脑子里全被换上了那些海豚的精彩集锦。我无法忘掉他们打量我的样子，还能听见他们吱吱嘎嘎的语言，还能体会到与他们同游所带来的无限乐趣。在那每一双眼睛后面，我总感觉有什么人藏着，这个印象是如此离奇，以至在我遇见过的其他海洋动物身上从未感应到此点：它们虽然都极具魅力，有的拘谨，有的高傲，有的拥有漂亮的外表，有的丑到只能引起自然之母的爱怜，但是没有一种能像海豚那样，让我有种邂逅万物之灵的感受。就连面若佛陀、一双慧眼、微型鱼鳍高速旋转的河鲀，或是长得很像外星飞船的纳氏鹞鲼，或是难缠的羽鳃鲹——一种矫健的，你海钓时绝对不想再次碰上的鱼类，他们都无法与海豚媲美。我还见过大白鲨，他们与流线型的群居海豚不相上下，看上去却像一具金属的躯壳，我总觉得他们一定还带有铆钉。不妨将其比喻成在水下的兴登堡战舰，宏伟却不近人情，若你正好遭遇过一头，那一定不是一场愉快的经历。

我是在事后才知，与海豚同游的经历有多么神奇：一不小心，我就成了掉进兔子洞的爱丽丝，满目所见都是新奇的事物。印象最深刻的是，他们仿佛来自另外的世界，那是一个至今未被定义的地方，比我们的陆上家园更让人难以捉摸——当他们从身边游过的时候，我能明显感受到那种气息。他们栖息的所在，古代海洋民族称之为“梦都”，一个缥缈的极乐世界，介于我们所能理解的现世与一切神圣国度之间。

当然，海豚本身也有很多神奇的本领。他们能靠听觉辨物，通过发出并接收生物声呐形成清晰的超声波视觉识别系统，并能够轻易地将物体看穿：要是某头海豚或某个人有了身孕、疾恙或损伤，他们都看得明白。如此高超的回声定位能力，远胜过人类目前最先进的核潜艇定位系统。科学家猜想，海豚甚至能用超声波读出其他生物的情绪。他们用以交流的频率，几乎要比人类所能测出的频率整整高出一个数量级，他们能够感应我们无法感应的电场和磁场，还能连续15天保持清醒警觉的状态。

最近，科学家惊奇地发现，海豚还有强大的自愈功能，哪怕再深的伤口，也能零感染、零痛觉、零出血地愈合到原状。在一篇发表于驰名业内的《研究性皮肤病学杂志》上的文章中[①]，研究员、医学博士迈克尔·札斯洛夫将海豚的自愈过程形容为奇迹，并指出，与其说那是自愈，毋宁说是一场重生。“无论躯体受了多么严重的损伤，不出一个月，海豚便能恢复正常的外观。”他在一次采访[②]中提到：“一块橄榄球大小的组织损伤，海豚也能近乎完美地修复。”他还猜测海豚组织含有“人类久寻未果的天然吗啡”。

不仅如此，海豚的进化历程本身就是一桩惊人的伟业：其前身是陆生的哺乳动物，酷似带蹄的、小个儿的狼。经过一段时期沼泽地与沿海低地的生活，这些渐谙水性的来客索性在水下定居，之后再没有上岸。大约两千万年过去了，四条腿变成鳍状，身体变成流线型，毛皮变成海豚脂，鼻孔则移到头顶——换句话说，他们已

① 题为“Remarkable Wound-Healing Process of the Bottlenose Dolphin”。——译者注

② 题为“Shark Bites No Match For Dolphins' Powers Of Healing”。——译者注

经进化出能适应海下生活的一切结构。较诸其他海洋动物，海豚不但不逊色，而且还高出一筹：从水动力学上看，他们进化出的流线型躯体简直可称为完美。若将水的密度与海豚的肌肉量做一个考量，我们便可以发现，海豚的游速之快，快到物理学已无法解释的程度。对于快速游动，精准定位，乃至深潜和保暖，海豚的身体都进化得如此理想，我们很难设想还有什么进步的空间。

虽然我们很容易将海豚神化，认为他们拥有一切我们渴望拥有的超能力，但我清楚地知道（至少从理智上可以推知），他们也无非是普通的生物，也有脾气坏和消沉的时候，也会碰上自己倒霉的日子。海豚常以一种温驯的、永远都在微笑的独角兽形象被人们记住，但在目前已被众人周知的是，他们并非总是如此；实际上，海豚不讨喜的行为也非常之多；尽管很多方面与我们迥异，然而海豚最让人惊讶的是，他们竟然与我们惊人地相似。“看来海豚与鲸共同生活在这浩瀚的、融合多种文化的海底社会。”达尔豪斯大学的海洋生物学家哈尔·怀特海德曾这样说道，“要用什么来类比的话，没有比用人类社会更恰当的了。”

海豚有“拉帮结派”的现象，派系也分很多种：有两头的、有三头的、有四头的；有母子与阿姨一伙的；有热血青年一起抱团的；当然，熟练的猎手也可以组队；蹦得老高的也不妨建一个圈子；德高望重的老海豚也常常同游——总之都有森严的组织划分，决不会随便凑合。海豚还精于谋略，老是群居，很爱聊天，可从镜子里认出自己；会算数，会欢呼，会咯咯笑，会感到沮丧，失意的时候会彼此安慰；他们还注重打扮，会使用工具，开玩笑、耍阴招都来；喜欢听音乐，约会带一点礼物，会自我介绍，遇到危险也懂得互救；不仅如此，他们还可以推理、即兴表演、建立联盟、大发脾气、说长道短、打小算盘、勾引或摆布别人、设身处地为他人着想、表现出七情六欲——简直就跟人一样。

邂逅这些夏威夷海豚，正如邂逅某个上古部落，虽然既不知他们的血统，也不懂他们的语言，但通过某种方式，我可以和他们交流。更重要的是，因为某些不能道出的原因，这些海豚使我感觉好多了，他们冲淡了我的忧伤，我一想到他们就觉得高兴。

◇◆◇

一旦我开始关注海豚了，便对他们处处留心。有关海豚的新闻头条并不罕见，海豚在网上的人气颇高，我看到很多有关他们的故事：他们帮助打捞人员定位海底宝藏的所在，救出快被鲨鱼袭击的冲浪者，还被美国海军训练成战士。虽然学界对于动物文化的存在与否说法不一，但人们发现，无论是海豚，还是海豚的近亲鲸，他们都会在照顾幼崽上分工合作，会为死去的同胞举行葬礼，会用名字来称呼彼此。与海豚同属齿鲸家族的白鲸因其声音极具表现力，一直以来都有“海中金丝雀”之称。据《卫报》消息，经过七年的驯养之后，一头名为诺克的白鲸开始模仿人类说话。其他不明的声音之外，诺克明显说了一个什么词，要求与自己同处水族箱的潜水员上岸。在那篇描述此事的科技论文中[①]，几位作者还指出，那些“其他不明的声音”听上去像“含混的人声，既像俄罗斯话，又像中国话”，而那要求潜水员上岸的词被重复了几遍——“多次观察后发现，那个几次三番重复说‘出去’的家伙，正是诺克”。

我们早已知道，海豚的脑容量惊人，甚至大过我们认定的完美大脑——人脑。然而，海豚的大脑进化得如此之大，以至于给新陈代谢增加额外的负担，但它究竟有什么用呢？科学至今仍无法解释。这又连带造成一个新的困惑：人脑的优势究竟何在？因为对于物种的存续来说，如果脑变大了并不会增加优势，那这巨脑也无存在之必要。下面这一事实或许能提供线索：研究发现，海豚的大脑与人脑一样，都含纺锤体神经元——一种与同情、直觉、交流、自我意识等高级概念相关的特化细胞。比较耐人寻味的是，该神经元在海豚大脑中比在人脑中还多，而且海豚被认为

① 题为“Spontaneous human speech mimicry by a cetacean”。——译者注

在3000万年前就进化出此种结构，而在大概2980万年之后，地球上才出现了第一个智人。

即便如此，人脑的灰质体积与海豚的大脑类似，并且人与海豚都有表达愤怒的能力，尤其让我吃惊的是，海豚的基因密码在2011年被成功破译，结果显示其酷似人类的基因图谱。研究人员将海豚的基因突变体与其他动物的比较后发现，在228个案例中，海豚都比其他动物更聪明，他们的大脑与神经系统在进化中得到改良。海豚的进化特点更接近人类，而不是受试的其他动物，甚至不是海豚的近亲。海豚的出现比人类早如此之久，以至进化出某些高明的技巧：比如他们对于2型糖尿病的反应之一，便是在体内关掉一种生物开关，从而阻止这种疾病的恶化。

当科学界不断出现有关海豚的新发现之时，电影界也注意起海豚来了。《海豚湾》揭露了日本太地町渔民猎杀海豚的残酷行径，这部电影很快便引发关注，并一举夺得2010年奥斯卡最佳纪录片奖。据电影称，当地渔民每年都要猎杀海豚，他们将成群的宽吻海豚、条纹原海豚、白腰斑纹海豚、灰海豚——基本上所有能捕到的海豚——驱赶至一条狭湾中，用网将狭湾的入口封死，最后用鱼叉及长柄刀将海豚一举屠杀。渔民们将海洋鱼类越来越少的原因归结为海豚的捕食，因此尽可能多地猎杀海豚，并称这是“防控有害生物”的关键所在。

绝大部分海豚被宰杀后出现在日本的各大超市及餐馆中（虽然海豚肉已被汞及其他毒素严重污染），只有少数被保留下来。一些年轻的雌海豚及幼崽被单独囚禁，再经训豚师及海豚交易商挑选，最后以六位数美元一头的天价被卖到海洋主题公园，每年被杀被卖的海豚数以千计。

该事件曝光之后，詹妮弗·安妮丝顿、伍迪·哈里森、罗宾·威廉姆斯等名流纷纷表态，谴责太地町渔民的这种做法，从而使更多人将目光聚焦到这个秘密小镇。可悲的是，海豚的大量死亡并非只发生在该地，全世界都有海豚不断搁浅的消息。对此，科学家们努力想要找到一个可能的解释，但就世界范围来说，海豚死亡的原因是如此之多，以至很难将其归结为某个具体的原因。在加州，宽吻海豚为表皮的创伤所苦；在欧洲，搁浅的条纹原海豚憔悴不堪，身上布满了疱疹，免疫系统遭到致命的破坏；在佛罗里达州，海豚常死于恶性肿瘤。从澳大利亚到北美南美，再到塔希提岛，全世界的海豚都正遭受杀虫剂、重金属、阻燃剂、一级致癌物等化工污染物的严重毒害，他们的尸体只能当做有毒的废物被处理掉。除了化学屠杀之外，听觉敏感的海豚还不得不忍受来自海下钻井机、轮船引擎、石油钻探设施、爆破装置、潜艇声呐的各种噪声，这些噪声穿越整个海域，无数海洋生物都受到影响，甚至还有可能毙命。《新科学家》杂志上的一篇文章声称："海豚的未来远比他们的笑脸所示的要惨烈得多。"

如果你正为海豚的不幸而感到沮丧，你并不孤独，因为我们都一样。海豚不但以其不幸——而且以其整个存在——唤起我们内心深处的共鸣。尽管有时候难以察觉，但在某种程度上，我们仿佛能感到人与海豚的关系是如此密切，人与海豚如此不可避免地经历着共同的命运。我们还固执地认为，通过某种天生的灵性，这些动物如此深刻地影响着我们，虽然这种观点并不为严谨的科学接受。谁要是曾与一头海豚共处过一段时光，那他一定得面对一些抽象的哲学问题，海洋生物学家蕾切尔·斯默克勒就曾经问过："海豚是否具有人类的推理能力？……他们会否感受到爱、恨、怜悯、信任及不信任？他们有没有对死亡的困惑？有没有是非观念以及伴随而来的内疚感及正义感？关于海洋的启示，他们能教会我们什么？他们如何看待彼此？又如何看待人类？"

尽管海豚的魅力非凡，却很少有人像伦敦的音乐会组织人莎伦·坦德勒一样亲近他们，莎伦·坦德勒是全球首位与海豚成亲的人。在以色列南部的埃拉特珊瑚礁旅游胜地，莎伦·坦德勒与相恋15年的"情郎"辛迪—— 一只35岁的雄性宽吻海豚——举行了婚礼。新娘身着一袭白色礼服，披着纱巾，戴着一圈兰花头饰，跪在埠头边与辛迪亲吻，而辛迪接受了新娘送上的鲭鱼礼物。尽管海豚是出了名地讨女人喜欢，对跨物种恋情表现出强烈的兴趣，然而坦德勒明言，这是一段无性的婚姻。"我是世上最幸福的女人，"她向媒体说道，接着又加了一句："但我的性取向正常。"

◇◆◇

毫无疑问，海豚的魅力完全不输上古的野兽。如果再将他们神化为天使、神灵或灵魂导师，显然多此一举了。然而，他们还是被推举为这类角色。走进随便哪家新纪元书店[①]，留意有关海豚的事物，你会发现他们无处不在：书签、海报、贴纸、3D记事卡、风铃、CD封面、T恤衫、各种杂志的封面等等。再留意一下，发现在森林、草原或丛林中，即使最独特的野兽通常也不会被人类当做嫁娶的对象。

海豚的魅力究竟何在？我们为什么会如此迷恋他们？有史以来的证据表明，人与海豚之间早就存在一种独特的交集。毛利人、澳洲土著、太平洋岛民、希腊罗马人：奥德修斯、阿波罗、亚里士多德、苏格拉底、普鲁塔克、老普林尼、小普林尼、奥古斯都大帝——他们都是海豚的铁杆粉丝。实际上，我们每个人都是。海豚被画在宫殿的墙上、刻在雕像上、印在金币上、纹在皮肤上。在古希腊，海豚享有的权利显然与人一样多，可能比人更多：抽死不忠的奴隶被视为理所当然，杀死一头海豚则意味着犯罪。我们与海豚的交集可能还包括语言交流。在公元前350年问世的《动物志》中，亚里士多德写道："海豚在空中的叫声听上去就像人声。他们能发单元音与多元音，但发辅音则比较困难。[②]"

海兽将头探出水面与人说话的样子，仿佛来自《爱丽丝漫游奇境记》、或是最新的皮克斯动画杰作中的画面——那是一种无法阻挡的魅力。从理论上说，海豚毕竟很聪明，又有交流的能力，他们能在人类的想象中独占一隅，那是不足为怪的。他们将我们带回人类的原始时期，那时我们相信人与其他生物都可以交流，因为彼

①新纪元书店（New Age bookstores），传播新纪元运动（New Age Movement）思想、售卖相关书籍的一类书店。新纪元运动旨在促进人类意识的转变，心灵的回归及飞跃，以进入更高的存在状态；新纪元运动三大代表作：《奇迹课程》、《与神对话》、《赛斯书》；三大中心思想：爱自己；不批判、不定罪、不认同；活在当下。——译者注

②据亚里士多德分析，能发元音是因为有肺和气管，不能发辅音是因为舌头僵滞，并且无唇。详细参见《动物志》（吴寿彭译，商务印书馆2010年版）184页第1段内容。——译者注

此生存的世界还没被隔开。“孩提时代，我们很想与动物说话，并曾努力弄明白，为什么这是不可能的事，”自然学家洛伦·艾斯利写道，“长大后，进入孤独的成人世界，我们才逐渐打消了这个念头。”艾斯利指出，这个念头的破灭，是件非常可悲的事。

海豚的智力与人的智商可能属于不同的概念，但有一根意识之线联系着彼此。只是这根线转瞬即逝，几乎可说是被烧成余烬的线了。虽然我们无法对此做简单的定义，却渴望被这根线维系。在内心深处的某个角落，我们希望遇见另一种智慧，另一种引导——总之有别于人类就行。这也是为什么我们将望远镜对准星辰，并好奇是否存在某种想与人类交流的太空生物。一想到他们有可能存在，无论这种可能有多么渺茫，我们都会既兴奋又感到敬畏。我们既对一些重大的问题感到好奇，想了解更多有关生命目的与可能性的真相，那么，探究海豚在蒙娜丽莎式微笑的背后，是否隐藏着什么有关宇宙的终极秘密，难道不是很自然的吗？

◇◆◇

回想在火奴鲁阿海湾我与海豚同游的经历，我既兴奋又困惑。他们究竟是何方神圣？据说人类是唯一一种会讲有关自己的故事、并相信这种故事的生物——那么海豚呢？他们又有怎样的故事？他们让人魂牵梦绕的声音代表着什么？他们的啸叫、尖叫、咯咯叫，在我听来正如水下交响乐，一段来自另一世界的讯息，一种含义丰富却无法破译的语言。当我看到他们，我感到喜悦，同时也感到敬畏。虽然他们并不狰狞，但我感觉到一丝恐惧，感觉到他们神秘与真实的矛盾组合，还感觉到无穷尽的好奇之心。

孤独感，神奇地消失了。

第一章

# 水的意义

夏威夷大岛面积大、地势低，是由五座活火山形成的巨岛。在由3600英里长的海底山脉撑起的可见岛屿中，夏威夷大岛是最年轻的一座，它有大得惊人的螺旋结构的熔岩，覆满淡绿的绒毛狼尾草。驾驶着租来的汽车，我离开科纳机场，直奔巨大的、蜷伏着的莫纳罗亚火山——世界上最大的活火山，下定决心要去饱览一下火山附近严酷如月球表面的景观。即便新开的塔吉特百货公司就矗立在山下的熔岩区，给人一种绚烂夺目的观感，熔岩与海洋不断冲击形成的基本地貌仍然一览无余。每位到过该岛的游客一定惊讶于以下事实：这个地方在50万年之前已经形成了，远比史前时期还要早——即便这样，它还处在婴儿期。

向南开往凯卢阿镇，右边是无垠的海洋，前方是被烧得更黑的熔岩。朝左方看去，云压得很低，莫纳罗亚火山之巅穿云而出。如果沿顶部下探，直至大洋的底部，你会发现它比珠穆朗玛峰还高——火山的绝大部分位于海面以下。我能看见山顶上有13座天文望远镜，其圆顶在阳光下闪耀。这是全球著名的观星象之所，天文学家在这里研究夜空。此地位于太平洋中心，远离一切城市的灯光，拥有全世界最黑的夜空，数以亿计的星星——包括行星、系外行星及其卫星，整个太阳系及其星云、星暴及太空，小行星、彗星及超新星，太阳及其他恒星——都像问号一样清晰地悬在宇宙中，等着谁去将它们解决。莫纳克亚天文台网站上有这样的评价："夏威夷是地球与外太空的连接点。"

然而，我到夏威夷是为了低头看海，并不是为了抬头看天。使我感兴趣的是海洋的深处，是海下那个别样的宇宙。我希望在水下找到我自己的连接点：一片盛产海豚的水域。这里拥有成群的飞旋海豚，一群就有上百头之多。每个早晨，他们按时光临海岸线上的某些海湾，以至于一大批人围着他们建立起一个完整的社区。这个社区被称为"海豚镇"，与其将它说成一个具体的地方，毋宁说它是一种共享的情结。"我们的人数在200左右，虽然分居在30英里长的科纳海岸线上，但我们在精神上彼此联系，"我读着他们的介绍，"这里的很多成员都被海豚招呼过，我们像个大家庭，在这里游泳、沉思并一起工作。日复一日陪伴这些大家伙，和他们一道游泳，我们与他们进行着密切的交往。”这段文字之后，还有一张大合照，他们被晒得黝黑、身体健壮、个个都在笑，我在大陆还未见过如此快乐之人，他们看上去也并没有陷入迷狂。

海豚镇的事迹令我兴奋异常，我几十年来听过的稀奇古怪也不在少数，但像海豚镇这样的组织还是第一次听说：可以连续三四个小时在户外游泳。当我发现它的创始人（或叫群主，称呼什么取决于你怎样看它）竟是一位名叫琼·奥切安的女人。奥切安出生于新泽西州，之前是心理学家，目前是新纪元世界的海豚上师，据她估计，她与野生海豚共处的时间已超过两万个小时。我给她发了邮件，问我能否去夏威夷和她一道下海，她不但说行，还邀请我住在她家。

我恨不得马上下水。在我第一次邂逅飞旋海豚之后，我便将生活的重心转移到海豚上来，我不断地腾出时间空间，去了解人与海豚之间那种奇特的、持久的、偶尔不幸的、更多时候却是美妙的关系。为什么要这样做呢？因为这种探寻的念头照亮了我的生活——而且家父还在的话，他一定会支持我的；因为我是如此好奇，以至于哪怕是天涯海角，我也不得不去追寻海豚的足迹；因为我很想知道，我们是否能更深入地了解人与海豚的共通之处，以及这种共通之处对双方都意味着什么；因为有个问题一直困扰我：为什么我与海豚仅仅10分钟的邂逅，就能如此地震撼我的心灵？

20世纪60年代以来，有关海豚的研究进步喜人，在海豚生物学、生理学及认知能力方面，科学家们取得很多重大的发现。然而，我们知道得越多，我们仿佛也就越需要理解这些发现，不光在智力上理解，还要在心灵上理解。虽然科技论文与海洋哺乳动物教科书有很大的魅力，但我知道，如果我只求助这些，我的问题并不会得到解答。只有亲临海下世界，我才能找到答案。

◇ ◆ ◇

“我把我在做的事称为‘参与式研究’。”琼·奥切安说着，赤脚踩在港口码头上，热情洋溢地笑着。我们一行20多人，正在等潜水船开来，该船名叫“水上阳光”，它将带领我们出征下海，去搜寻附近的海豚群体。早晨的天空明亮开阔，海面呈现一派诱人的海蓝。其他人扛着标配的浮潜装备，看上去笨重迟缓，与之形成鲜明对比的是，奥切安只带了一对光滑、超薄的自由潜脚蹼，在一干游客中特别亮眼。她有金银两色的长发，但最吸引你的是她的眼睛——仿佛海蓝宝石的魅影，孩童般活力四射。她穿一身黑色泳衣，外披轻薄透明的花巾，十个脚趾头被上了粉色的脚趾甲油，看上去闪闪发亮。她整整74岁了，已经做了曾祖母，可奇怪的是，她看上去并不老。“如果想了解别人的文化，并能得到别人同意的话，你最好去与他们同住，随时随地观察他们，并尽量入乡随俗，变得跟他们一样，”她继续说道，“我就是这样了解海豚的。最初的12年中，我一直住在此地，每个早晨我都泡在大海里，我学到很多东西。”

20世纪70年代末，奥切安开始与海豚交往，那时她还不会游泳，她是到了45岁才会的，但她很快弥补了过去的遗憾，经常一游就游出好几英里。进入新奇的海下世界，按她自己的话说，“正如来到了另一个星球，只是这个星球比地球更美。”在她还未迷上海豚的那些年中，奥切安一心投入人类的世界，不辞辛劳地为受虐儿童、不良少年、惨遭家暴的妇女、分崩离析的家庭提供心理咨询。她同情他们，她担惊受怕，她想尽一切办法去劝导他们，帮他们脱离苦海，结果却令她失望，她只好眼睁睁看着这些人重蹈覆辙。她祈祷过，冥想过，只求能用更好的方式去帮助别人。她的心灵之眼看到海豚的形象（偶尔也看到鲸），她开始寻找他们：去佛罗里达州寻找宽吻海豚，去加拿大的卑诗省寻找虎鲸，去夏威夷寻找飞旋海豚，去巴西寻找亚马孙河豚。与他们的每一次相遇，她的精神都得到升华——她想，其他人难道不会这样吗？她感觉到这些动物是在传达爱与智慧的讯息，这些讯息正是我们急需听到的，只是需要心灵感应才能够听到。从那以后，奥切安明确了自己的目标：让更多人了解鲸目动物。

据她的解释，科纳的海豚生活在“亦分亦合社会”中，也就是说，海豚们在本质上是这样的动物，他们在海洋里穿梭，不断地变换圈子，这很像在鸡尾酒会上轮流扎堆的人们，这里去招呼两下，那里去凑凑热闹。这是一种高明的社会关系，不常见于自然界，因为它要求动物们彼此认识，互相来往并建立联系，能重新聚集起来，到了新环境能和谐相处。究竟有哪些因素导致了海豚离开旧群并加入新群？科学家们很好奇。他们发现，海豚来往于不同的社交圈，其动机与人类一样。例如，一头半大的海豚与他的母亲同游，但他有可能离开母亲，转而加入一群玩得正欢的同辈之中；带小孩的母海豚很喜欢结伴出游；少男少女通常被彼此吸引；在危急关头或恶劣的捕猎环境中，他们会重新聚拢，组成一个大集体；而当情况好转之后，他们便又彼此散开，自寻方便去了。在研究人员看来，该地的飞旋海豚似乎都认识对方，至少也是点头之交。

奥切安很快地指出，她并不是科学家。她没有学术论文发表，也没有任何相关证件。“我没有走那条路。”她说。但她对这些海豚再熟悉不过，她积极地观察他们的社会，整整26年从不间断。她清楚他们的习惯、怪癖、好恶、肢体语言以及他们爱玩飘入海中的露兜树叶。她认识单独的海豚个体，并记录下每个个体的另一半。当谁被鲨鱼咬伤，丢失了一块皮肉，或被船舶螺旋桨打伤，身上出现了很多孔洞，她都了解得一清二楚。她甚至还摸清了他们的作息规律：每天破晓之后，经过一整夜深海觅食的飞旋海豚都会游回近岛的浅湾，准时得像上了发条。他们一般在浅湾游逛、闲聊、休息，直到下午三点钟左右，才开始向深海游去。对他们来说，夜间觅食有明显的好处：在晚上，白天潜得太深的鱼虾和枪乌贼都会成群结队游上来，正好大吃一顿。

我觉得，很难有谁能像奥切安这样痴迷于海豚，以至于数十年的生活都以海豚为中心。当其他人在拼命创造地区销售纪录，或者努力跻身常春藤名校，或者踏上各种寻常之路、追寻各种世俗的目标之时，奥切安却不为所动，反而在墨西哥的月光下与小抹香鲸同游，在亚马孙河中与粉红淡水豚嬉戏，在大金字塔内考察有关海豚的象形文字。她的人生轨迹与世俗迥异，正因为这样，她在生活中常遇到这样的问题：“我可以在这里搭帐篷吗”“谁去买日常用品呢”然而，当你听从内心的召唤、拒绝向生活妥协之时，生活反而会给你惊喜：经过多年的无常与重重困难之后，你的生活就会变得跟你越来越像了，这是以前从未有过的事情。奥切安坚持不走寻常路，数十年如一日地进行所谓的“参与式研究”，生活终于向她显露出起色来了：她的影响不断壮大，甚至建立起一种独一无二的存在。全世界的海豚爱好者将她挖掘出来，他们纷纷飞往夏威夷，去参加她主持的为期一周的研讨会，入会券通常提前数月就被抢售一空。

人们陆续上船，“水上阳光”静静地浮在水面，吃水量缓缓增加，船客们摆弄着脚蹼、相机，给自己涂防晒霜。一个潇洒的、戴墨镜的夏威夷男人，冲下甲板就给奥切安一个熊抱。此人名叫迈克·伊，人们亲切地称呼他为“中国迈克”，他是该船的船长，也是该船的所有者。“我和琼是老交情了，很老很老的交情！”他大声说，“哈哈！25年前，我就带这美女出海了！”迈克高兴地招呼周围攒动的人群。“好的！既然大家都到齐了，我就按照夏威夷习俗，举行一个简单的仪式，然后开启今天的行程，”他说道，开始滔滔不绝的独白。“在夏威夷，不管在什么时候，聚会都要以某个仪式开始。这是我们的传统之一。无论你是坐船旅行，还是办生日宴会，或是其他所有类似的事情都没有关系。呐，这是我自制的夏威夷吹管，我们喊它‘莆（Pu）’，呐，它是用欧赫（Ohe）竹做的。啥？这不是学校，妹子，有啥就问，不用举手。不过我现在没空回答。大家不要分心，我等会儿吹四下，仪式就要开始了。老规矩，开始时，我会朝东拜‘卡拉（Kala）’，就是太阳，我们地球的生命之源。呐，我们两千年前就发现：要是太阳不出来，我们这个美丽古老的地球就不会是这个样子了。”

迈克将莆吹响，其声凄怨低沉，如雾角颤鸣。众人低头静立。“今日出航，求神保佑，愿我们一帆风顺，”迈克开始念念有词，“我们的欧马库亚

（Aumakua）[1]，我们的灵魂导师，世上所有的海豚与鲸，我们在此将爱心献上，今天，请允许我们与你们同游，感受你们带给这个世界的欢乐、幸福、知识和智慧。就是这样，唵嘛嘛（Amama）。”念完一笑，说：“好了，你们都被祝福了。”

之后，迈克向大家解释，由于他今天休假，所以将由另一位叫杰森的船长掌舵，达斯提当他的大副。杰森与达斯提都是黝黑的少年，比起成天在船上伺候这些插管穿蹼的一干人等，他们仿佛更喜欢冲浪。潜水船轧轧地驶离港口，达斯提用他那干脆利落的行话流利地讲解与海豚同游的规矩，奥切安恭敬地听着：“那个，尽量温柔点。你越温柔，你看上去就越从容、越识趣，他们也就越亲近你。那种菲尔普斯式的狂泳就不要来了，因为他们会觉得受了冒犯，并因此疏远你。他们简直太棒了。”

“他们可以活多久？”一个敦实的、带德州口音的女人问道。

“呃……20……大概25年吧！”

“那是在饲养条件下，”奥切安突然插话，“他们的自然寿命我们实际上并不知道，但估计也有70～75年吧。从多年前第一位到这里的研究者肯尼斯·诺里斯算起，我这里有所有记录。与诺里斯同游过的海豚至今仍在，而且还有很多头。因此，我们有充分的证据证明，他们要比我们想象的长寿。而鲸可以活到一百岁。”

奥切安的声音被越来越大的引擎声掩盖，船逐渐南行，航向那些白天常被海豚光顾的海湾。“要不要来点松饼，或者水果也可以？”达斯提用比引擎声还大的声音喊道，“咖啡要吗？小吃要吗？”

我与奥切安坐在船尾，只要有海豚出现，随时都可以下水。明媚的晨光中，科纳海岸在渐渐远去，船尾拖出的水沫被吹向天空，阳光下看去，仿佛一颗颗细小闪耀的钻石。今天是与海豚团聚的绝佳日子——我知道他们一定会来。我们来到的地

①在夏威夷语中，“Aumakua”指“家庭守护神”。——译者注

方，正是飞旋海豚世界的中心，如果你想确保能看见他们，此地无疑便是最佳去处了。在这里，每平方英里的海豚数是如此之高，科学家们早就注意到这点。飞旋海豚是这里的大族，除此之外，科学家们肯定还能发现更独特的海豚种类，很多深海动物常常活跃在这里，如领航鲸、伪虎鲸、糙齿海豚、条纹原海豚、侏虎鲸、灰海豚、瓜头鲸、宽吻海豚、花斑原海豚，等等。

奥切安提到的一个男人——肯尼斯·诺里斯，此人乃是海豚学的重量级人物。20世纪60年代末至80年代中期，他成了夏威夷飞旋海豚种群研究的先驱，发现很多有关海豚的基本事实。他称自己的研究对象为“世上最神秘的动物群”。他最终证明，海豚是用声高手，他们能用声呐精确地描绘出周围环境的画面，甚至精确到一个物体的分子组成。例如，就算被蒙上双眼，一头海豚也能将一片铜与一片铝区别开来。这些特异功能令诺里斯惊喜，他提出一个颇有挑战性的问题：“在满是蠢货的海里，这种大脑有什么好处？对于一群水母、海参或海绵来说，如此复杂的神经系统显然没必要。”对于海豚的能力诺里斯已了解了一个大概，接下来就要弄清楚为什么了。

从此地向南17英里，就是诺里斯开始研究的地方。该地名叫凯阿拉凯夸湾（Kealake’akua Bay，在夏威夷语中，该名的意思是“众神之路”），一个被海蚀崖环绕的完美水湾。除了丰富的海豚资源，该地出名的还有令人难忘的潜水体验、童话般的落日景观、神圣的地位、屈辱的历史——1779年，库克船长于此登陆，之后因为船只失窃事件，与当地人发生矛盾，最终被乱刀捅死。

“凯阿拉凯夸湾的地势最适于研究海豚，”诺里斯在一篇题为《野生海豚群体一瞥》（*Looking at Wild Dolphin Schools*）的文章中写道，“一段500英尺高的悬崖近乎垂直地矗立在这片半圆的海湾，气势恢宏，而海湾则长年平静、清澈。一群海豚几乎每天都要来这里休憩。站在悬崖上下望，海豚的身姿尽收眼底，当他们离去之时，他们的一举一动也常常一览无余，直到他们从视野里淡去，消失在灰茫一片的海洋深处。”

诺里斯与几位同事在悬崖上扎营，用望远镜观察海豚，可谓占尽了地利。但对诺里斯来说，这仍嫌不够，他又临时动用一种半潜式水下观察潜水器，之后又换成新的改良机器，一切只为一个目的服务：为了更好地观察海豚。“我们得像一头海豚一样观察其他海豚。”诺里斯写道。

这也正是奥切安奋斗的方向，当科学家在收集、记录并分析数据时，她却仍在自家的后院——凯阿拉凯夸湾——游泳。她在岩石磊磊的岸边租了间小屋，天一亮就出门下水，去与飞旋海豚相会。无论是波谲云诡、暴雨狂风，还是风平浪静、天日晴和，她都照游不误。有时别人和她一起游，这些人多是海豚镇的居民，偶尔也有大胆的游客加入。不过更多的时候，奥切安都是孤身一人，有时甚至独自游到很远的地方。

“我总是唯海豚是从，”她告诉我，“我完全信任他们——他们从不让我撞到珊瑚礁上，也不会将我带到远海。这使我能连续几小时跟他们眼对眼同游，我靠通气管呼吸，不必到水面换气。”奥切安说，长期像这样游泳之后，她的“意识状态都被改变了”，思维慢下来，尘虑尽消，知觉却变得敏锐，最轻微的动静都瞒她不过，就连一条鱼啄珊瑚的动作，她也能察觉。“久而久之，我在水下完全游刃有余了，”她说道，“我开始明白他们的语言。”

奥切安在海豚中游了无数个小时，作为回报，她有幸目睹了一些稀世的美景：例如，一天早晨，她看到五头飞旋海豚同时生产，海豚宝宝从尾到头被从母腹中硬挤出来，接着扭扭捏捏游到水面去呼吸第一口空气。看到这一幕，她好奇这些海豚是否可以根据情势的需要，自行决定何时生产——因为根据统计学知识，五个宝宝同时出世这种稀奇的事情，“纯属巧合”几乎是不可能的。这种可能性转而又让她深思：海豚是不是也能自行决定自己离世的时辰？这个假设之前已被人提过，虽然至今仍无法证明。（科学家发现，雄海豚能随心所欲地勃起，随时都能让生殖器像自行车脚撑支架般伸出，也能将它随时整个儿地缩回。海豚还有什么可以自由控制的身体功能？这是一个很有意思的问题。）

行至凯卢阿湾，杰森船长令船速慢了下来。在长长的海岸线上，零星地分布着酒店、公寓、商店、餐馆，一条海滨步道贯串其中。这里的海面平静，最适于游泳、桨叶冲浪及皮划艇运动。每年十月份，两千名铁人三项赛选手蜂拥至此，角逐2.4英里天然水域游泳一项，白花花四溅的浪沫充满了海湾，凯卢阿湾也因此出名。我纵目望去，出租喷气式滑艇的地方架在一座矮台上，掩映在一片棕榈树丛之中。谢天谢地，时间还算早，那里没有一个人，至少有五只观豚船闲着；浮潜客则到处都是，有的在水面踢蹬，有的趴在圆柱状、荧光色、绰号“面条”的浮板上，基本上都在水里扑腾。海湾人声嘈杂，很难想象能在这里看到原始的野生动物，但飞旋海豚偏偏就选在这里休憩。他们的背鳍破水而出，密密麻麻一大片。当我的眼睛适应了强烈的阳光，才看清他们这次集会的规模：这儿的海豚足有数百头之多。

杰森关掉引擎，大喊道：“泳池到了！”闻听此言，我与奥切安探身入水，她很快就游走了。她跟着海豚可能游去的方向，我跟着她。海水温和，我像被包裹在蓝色的茧中；水深在60英尺，我能看清点缀着礁石的海底，以及靠近海底色调一致的中型游鱼。当游鱼遁去，海底隐约可见一点晦暗的黄色。水面下一片安宁，水面上却活跃喧嚣——有人从船上下到水里，有人从水里爬到船上，水上水下的对比简直是不可思议。海豚的身影却遍寻不着。

通过阅读，我了解到海豚怕羞的天性，他们不喜欢被谁主动地亲近，而宁愿主动去亲近别人。当一百个浮潜客一窝蜂下到他们中间，他们往往会散开，接着重新成群，最后再决定要离人多近。宽吻海豚常常主动亲近人，与之不同的是，飞旋海豚却显得拘束，甚至近乎冷淡了。“我总是提醒别人，不要与他们同游，”奥切安已警告过我了，“不然你会累垮的。他们并不会游走，只一个劲在远离船只或人的地方转圈。大家一开始就纷纷下水，这在他们看来是一种骚扰。他们会用声呐观察我们，等我们冷静下来。”

调整好面罩，我打量其他潜水者。大概20英尺开外，一位穿荧光绿冲浪裤的男人正疯狂地游着，只见他手握连着长杆的GoPro相机，双腿剧烈摆动，脚蹼不停地划水，头部快速地转来转去，急切地勘察着海里的情形。GoPro在水中横扫，像挥着的高尔夫9号铁杆。估计他是等着在Facebook、Instagram、Twitter等朋友圈发照片吧！他的身体语言仿佛在说："这该死的海豚在哪儿？"他令我极为不悦，我怀疑海豚也这样想。

不久，在我的下方深处，十几头飞旋海豚并鳍而过，我辨认出他们的身影。他们在离我30英尺的水下，我只能看见一点模糊的轮廓，但这足以令我着迷了。这些海豚属于一个更大的群体，当后面的海豚跟来，附近所有人都迅速追赶。然而，就算是最慢的海豚，也将这些手舞足蹈的浮潜客远远地甩在后面，所以再拼命都是徒劳。"他们远比我们游得快，"冷眼旁观的达斯提说道，"你要是追上去，今天你就只能看到逐渐远去的尾巴。"

奥切安却沿相反的方向游去，她攒劲踢水，下潜至20英尺处，我紧随其后。几乎同时，三头海豚在她的前方现身。奥切安继续下潜，努力不掉队，仿佛是众海豚中的一员。海豚们先是向下，接着拱背出水，换气之后，又继续下潜。他们的动作惊人的一致，如同奥运会上的花样游泳，但是并没有事先彩排。不知为什么，每头海豚都清楚其他海豚下一步将如何行动，他们毫不费力就能协调得如此完美。

我们早上在凯卢阿湾，因为海豚也待在那里，绕着不同的圈子转圈。他们常常从这头斜穿到那头，使我们有短暂的机会与他们相遇。不过就算遇上了，我们也很快掉队。奥切安将这种造访形容为"飞车而过"。然而，近距离看到大片的海豚游过，那也足够令人神魂颠倒了，即便海豚对我们并没有特别的兴趣。如果当时我戴了心率监测仪，上面显示的一定是大幅下降的心率：如之前一样，飞旋海豚令我很快地禅静下来。有时我发现我游在他们后面，我下潜得比平常要深，沉浸在一片极乐的眩晕中，而周围全是催眠的蓝色。费了好大劲才恢复意识，我急需空气，遂离开他们，朝水面游去。每次上来我都痛感到一阵遗憾。

在某个时刻，一只蝠鲼从眼底飘过，它像一只巨大的黑色风筝，在海底呈波浪状前进，后面优雅地拖着一只鞭子一样的尾巴。我久久地盯着它看，几乎错过在我身后徘徊的两头海豚。他们饶有兴致地盯着我，正如我饶有兴致地盯着蝠鲼。我马上就认出，他们并不是飞旋海豚。他们的身形更大、更粗，也不躲避人类。其中一头游近我，朝我摆头，我感觉他正发出声呐，接着听见一阵怪异的咯吱之声，好像门轴锈掉的一扇门在来回摆动，我们的目光接触，他频频点头，看上去非常激动。我感觉我们正在进行热烈的对话，只是我不知道他说的什么。

将我打量一番之后，这些大块头从我的身旁游过，直奔附近立在桨叶冲浪板上的男人。那人虽然站立，腿却不住地哆嗦，勉强没有倒罢了。他执桨向后，努力使自己不掉入水中。海豚们近乎挑衅地将他环绕起来，他颤巍巍地划向岸边，海豚们仍一路追随。发现海豚之后，他更加慌了，腿一软便跪了下来，桨掉入水中，他用双手抓住冲浪板边缘。我不爱将海豚看作吓人的动物，但这两头让我看到他们令人畏惧的一面。之前听奥切安说过，有一次，她的腿被一头海豚的尾巴打到，后来连路都走不动了；还有一次，一头宽吻海豚将她的腿肚衔住，愤怒地盯着她看，一点没有松口的意思。“人们总认为，‘啊，海豚真可爱，’”奥切安笑说，“他们确实可爱，但其蛮力也足以伤人。”

中午将近，海湾里浮潜的人也渐渐上岸，飞旋海豚似乎放松下来，游得慢了，离岸也近了，毕竟他们也需要睡觉——谁能在纽约中央车站人满为患的地方睡着？海豚与我们不同，他们从不将双眼闭上并沉沉睡去，他们的呼吸靠意识控制，也就是说，无论何时，他们吸入氧气与否都是由意识决定，而不是靠自发的行为。对于此点，我们稍微想一下就可以明白。他们实际上是用肺呼吸的哺乳动物，只不过碰巧生活在海里罢了。一头海豚在水下若被打晕，而身体还在努力吸气的话，那他就有溺死的危险。海豚似乎知道这一点：一头海豚失去意识之后，同群的伙伴会将他带到水面，并扶着他直到苏醒。

因为每次呼吸都是有意识的，所以他们必须不停地游动，并保持警惕，随时令机体运转。这对身体的要求颇高。不妨想象一下：你无法在松软的羽绒被里安眠，而只能一边打盹一边缓慢地跑马拉松，或者绕着一百英里的圆周小跑。这样做的话，我们肯定会崩溃的，但海豚不会，因为他们大脑的两个半球能独立运转：一个半球要休息了，另一个半球便起来工作。这是一种十分厉害的兼顾本领，是一个物种数千万年进化的成就。就算睡着了，他们至少也有一半的意识是清醒的。难怪飞旋海豚回到这些海湾的时候，虽然一直在游动，但也并非总是那么顽劣。

他们还通过结伴同游来照顾彼此。他们的生存策略、生理机能和作息规律，无一不为整个群体健康的延续服务。对海豚来说，群居带来力量，保障安全，而且据我的观察，群居还会使他们快乐。诺里斯与我的看法一致。“我将群体视为他们赖以存续的社会环境，”1978年，他在致某位科学家的信中写道，“因此，这种结构决定了他们的一切。”他最终认定，海豚的一生便是集体生活的一生。

不久之后，我感到冷了，遂回到船上。其他船客已在甲板上休息，他们一边吃菠萝片，一边交流海豚的故事。一位头发红艳、刺青耀眼的女人正对一位年纪稍长、头戴遮阳帽、下巴系着固定绳的女人说：“你知道吗？我感觉他们提升了我的频率[①]。”在她们旁边，一位约莫10岁的男孩闷闷不乐地坐着，飞快地吃着一大袋薯条。他的双耳戴着立方体氧化钴耳钉，手上还戴了一只镌有“I LOVE BOOTY”字样的手镯。

奥切安爬回船上，接着将脚蹼脱下，问我有没有看到两头花斑原海豚。即便在兴奋中，奥切安的声音也是低缓平和的，只稍微有点沙哑。她说到“海豚”一词，将音节拖得老长：“……海——豚……”好像她特喜欢说这个词。我告诉她我不止见过，还近距离目睹过大块头的身姿。我还告诉她，当时我有点不安。“嗯，对，”奥切安表示同意，“花斑原海豚很皮，他们甚至将水下的人视为威胁，而且可能游过来衔你一口。飞旋海豚就不会，他们一直很乖。我们喊花斑原海豚为‘飞车族’。”达斯提就站在我们旁边，他点点头说：“遇到飞旋海豚就想打招呼

① 著名心理学家大卫·霍金斯博士（David R. Hawkins）著有《意念力》（Power vs. Force）一书，根据该书的内容可知，此处的频率（Frequency）指意识能级（Consciousness Level），频率越高，意识能级越高，人的境界也越高。——译者注

‘嗨！你好吗？’遇到花斑原海豚就想狂呼‘嘿！你想干吗！！！’”

突然，一头飞旋海豚如箭离弦般射出水面，又如鱼雷般投向天空，旋转至少900度，几秒钟后，又一头海豚射出，做了一次完美的空翻。每个人都拍掌欢呼，“哇！真漂亮！”德州腔女人喊道。奥切安正用毛巾擦头发，见此情景也笑了。“他们为什么跃出水面？”我不禁问道，“是为了显威风还是吸引异性？或者……”

“娱乐，”奥切安说道，“那更像娱乐。他们似乎有很多娱乐活动。”但她补充说，“有时也是为互相致意，或者为甩掉身上的鲫鱼。”鲫鱼吸附在海豚身上，免费搭个顺风车，捞食小型的鱼类、浮游生物或者一路遇到的任何食物。“曾经我在脚上捉到过一只鲫鱼，”她告诉我，“那是顶可爱的小东西，但咬得我好痛！”要游多久才可能被鲫鱼盯上并吸在身上？我好奇地问到这点，她回答说很久。“你有没有感到过你仿佛能一直在水下待着？”我继续问道，“只要发现了一群海豚，便会一直跟下去？”

奥切安笑了，她点点头道：“一直有这种感觉。”

◇◆◇

奥切安住在天空岛牧场。开车去她家，得先上一段拥挤的沿海高速路，接着驶入一条狭窄的大街，然后转弯，爬一段山路，再换单行道，穿进茂密的云雾森林，直到眼前豁然开朗，出现一座带红色波纹金属屋顶的木屋，木屋周围草木丰盛，该地专为防风挡雨而建，雨势再大也不受影响。四下里全是蓬勃的鲜花、蕨类、乔木、藤蔓、灌木，仿佛谁要是胆敢离开，就一定会被拽回来。“我们从来没有买房的打算，”奥切安说道，她过了大门，开进私家车道，“我们想活得像海豚一样，不要任何私人的财产。但后来做房产的一个朋友劝我‘这座房子你一定得去看看，那简直是你的理想住处。’我看了就——哇！”

奥切安养了三匹矮马，两头驴，三只猫，与她同住的还有她的老友兼拍档——艺术家让·吕克·伯佐利。伯佐利致力于描绘缥缈复杂的梦境，以及来自遥远行星或其他次元的幻景，作品多以海豚为主角。20世纪70年代，伯佐利首次遇到奥切安，很快就一拍即合，因为双方关于新纪元世界的信仰有很多交集，他们不仅信从主流关于海豚的合理解释（认为海豚是高度进化后的智能生物），也相信一些不太合理的奇谈怪论（海豚声呐的震动能激活休眠的人类基因，使我们具备接收外星编码信息的能力）。

而我既不唯前者是从，也不大相信后者，我的态度介乎二者之间，胸中满是有关现实与内心世界本质的疑惑，一想到人类的存在可能远比我们通常所能理解的广远，我就好奇得不行，以至于有次还专程飞往巴西去见一位精神治疗师。然而，你若问我的信仰，问我最坚定地持守着的、无论怎样都不改变的信念，我却只能十分模糊地回答：我相信生命远比我们想象的神奇；我相信浩瀚的宇宙中有这样的一位上帝，他的样子我一无所知，但大自然的一切毫末细节无不体现着他的存在，我们不可能与这样的大自然分离，相反，我们完美地融入其中，并且无可避免地成为其中的一员；我还相信那些不可思议的、令人着迷的、能够引起探索兴趣的事情一直都在发生着，只是无法被人类的思维及知觉穷究，而是被一种我们看不到也理解不了的智慧掌控着，并且不知为什么，这一切都那么美好。为什么所有事物都如此神奇？当然，量子力学已经给出了解释，但那些艰深的概念——平行宇宙、主观现实、可以瞬间抵达一切地方的粒子——很难让我们共鸣。世上那些伟大的宗教，即便拥有数千年的智慧结晶，也只是开启未知旅程的门户，而不是整个未知世界的地图。

难道海豚真的如奥切安所言，是种“多重次元的存在体”？他们真在用“全息图像”和我们交流？他们真的“拥有完全不同于人类的意识能级”？谁能断言？这些说法如果缺少科学证据的支撑，我多半不信。我也知道科学有它的局限，但就目前来说，除了利用科学来检验真理，我们再无其他更靠谱的法子了。奥切安自己也意识到了，她的某些观点听起来十分荒谬；每当这时，她总是用诙谐的自嘲来化解尴尬，既不强迫别人接受她这些观点，也不去对别人的看法说三道四。就连她的一个儿子和两个女儿（都是四五十岁的人了）也不是完全理解，奥切安不无调侃地说道："他们肯定有一些怨言'唉，老妈。老妈总搞些离谱的名堂，我只希望她能做个正常的老妈。'"

奥切安和我已在一家健康食品店买了午饭，我跟着她来到厨房，房间舒适宜人，地板以多结松木铺就，直铺到门外的露天木台。房间里能闻到燃木壁炉味、海水味及少许的猫味。对奥切安来说，在此工作再好不过了——每年她都要主持六场研习会议，很多参会者就下榻此地。楼上的客厅足够容纳几十位来客，楼下除了一间宽敞的冥想房外，还带有多间卧室及公用卫生间。两周之后，44位客人将来此参会，会议的题目是"从这里通向无限"。

正坐下准备吃饭，伯佐利也进来了。他身量不高，气质温雅，头发灰偏褐或褐偏灰，有几丝从脸侧耷拉下来，给人的印象是位不修边幅的学者。与奥切安一样，他也是上了年纪的人，但同样地，他看上去比实际年龄要年轻得多。伯佐利是法国人，当他开口说话的时候，声音如音乐涌出。这些天，他正忙着完成一部精彩的3D动画电影，影片主要讲述水的神秘特性。"水的意义深远，"他搬来椅子，与我们一同坐着，"关于这点，我们可以从鲸和海豚那里学到很多。水就像全宇宙最大的一台电脑，它储存着一切事物的数据，不管是现有的，还是曾经有过的，它都记得。"他热情地盯着我，继续说道，"水无处不在，它就在我们体内。你既要喝水，也要排水。"

"而且它不会消失，"奥切安补充道，"它只会循环。"

我点点头，因在喝汤，无法加入他们的谈话。早上的太阳太猛，晒得我有点难受；而在潜水的时候，呼吸面罩勒得太紧了，现在头部还留有阵痛；加之我还沉浸在与飞旋海豚同游的四个小时中，还不太有谈论宇宙力学的准备，所以我一直沉默。但我还是很喜欢听伯佐利谈论这些。水的奥秘确实很多。它是我们理解得最少的一种成分，我们既爱它，又怕它，而且对它早就习以为常了。“水会带你去往异境，你将从此理解它。”伯佐利说着，点点头，以示强调。

海豚是我们的导师，是预知未来者，是来自其他次元的使者——这样的说法，总觉得像科幻片《星际迷航》中的内容，但就是对这些说法的确信，使得奥切安与伯佐利结伴来到夏威夷，也使其他同道者前来探索。就在离此不远的山下，很多房屋聚集在海边，海豚镇的居民便住在这里，他们正通过电话交流早上出游的情况，并且汇报海豚的行踪，正如往常每隔一天所做的那样。奥切安对我说过，她曾收到很多信，寄信地址只写一个“海豚镇”，好像小孩子寄的邮件，上面写着“北极圣诞爷爷收”。而且几十年来，海豚镇的居民无一人去世，这也很令她惊奇：“每个人都好好的，就算之前有病的人，现在也恢复了健康。”她觉得这是托了海豚的福。

“我相信事实，决不搞神秘主义。”在一封写于1977年11月30日的信上，诺里斯表达了自己的不满，他觉得，人对动物产生过分主观的感情，不利于研究工作的开展。如此看来，早在那时，大家就有神化海豚的倾向了。确实，将他们看作海里的一种好玩的、像鱼的猪，平平常常没什么新意，而将他们看作天外来客的话，那就有趣得多了。讽刺的是，诺里斯写信的对象，是位名叫约翰·坎宁安·里利的神经科学家——此人碰巧又是奥切安的导师。那些既玄乎又时髦的海豚画作，多半都是拜此人所赐。里利富有创造力，又满怀激情，他在研究海豚大脑的时候，自己都被震惊了，他很想知道的是：神秘主义会不会与事实重合？

第二章

# 宇宙中的婴儿

1949年的一个早晨，一具意义非凡的大脑出现在美国缅因州一个名叫比迪福德的海滨小镇。大脑的主人乃是一头身长28英尺的领航鲸。由于一场猛烈的大西洋风暴，领航鲸搁浅在沙滩上，不久之前已经咽气了，尸体朝右边躺着，海沙埋去一半的右身，左眼直直地盯着天空，黑色的躯干如车厢般大。当时34岁的里利碰巧就在附近的马萨诸塞州伍兹霍尔逗留，获悉此事之后，他马上致电两位神经科学的同事。“我们讨论了是否有必要将这具特别的大脑弄到手中，因为我们很想知道这些动物的脑容量是否够大——甚至远大过人脑，”里利在后来写道。此项提议得到三人的一致赞成，他们带上钢锯、斧子及30加仑[①]的甲醛，连路赶赴缅因州南部，开车开了五个小时。

对于大脑迷来说，这不啻为一座宝藏。当时仍没有谁研究过一具状态良好的鲸脑——所有研究都是以死去多时的动物为对象，那些尸体被搁得太久，以致组织器官已经腐烂了。现在突然就有一个难得的机会，可以得到一具比较新鲜的大脑样本，而且据说这种大脑还是所有大脑之中最有魅力的一种。

刚一下车，几位科学家便跑向沙滩，那头鲸很快出现在眼前。实际上，他们是先闻到气味，再看见鲸的：“当时有股强烈的臭气挥之不去，”里利回忆道，“闻起来既像腐烂的牛肉，又像放得太久的黄油。”“我们频频掩鼻……”三个人强忍恶臭，将鲸脂、肌肉和骨头锯开，巨大的鲸脑最终被暴露出来。“我们发现，它比人脑大得太多，而且更接近球状，看上去像两只巨大的拳击手套，”里利形容道。他还惊叹于它的结构，那像迷宫一样复杂的沟回。对比之下，他在实验室里研究着的猫脑与猴脑实在太小太无趣了。

可惜的是，那具大脑经不住暴晒，后来有点腐烂了，里利未能如愿地取得脑样。但他带回了更有价值的东西：对于鲸目动物的终生痴迷。“我感到敬畏，也感到自己的渺小，”里利写道，“我好奇这体壮如山的生灵经历过怎样的生活？它的

① 1加仑约等于3.8升。——译者注

脑子里在想些什么？它是否与同伴交流？在这头神秘且令人敬畏的鲸面前，我们全体沉默了。”

当时，里利的科研事业已步入正轨，前途一片光明。他是一个整洁的男人，面容刚毅，已获得加州理工学院物理学学位、宾夕法尼亚大学医学学位；他研究过军事高空飞行，为了评估爆炸减压的效果，甚至拿自己当撞击测试的活靶；他在生物物理学、化学、精神分析学、计算机科学、神经解剖学上都有很深的造诣；他还是位现役的外科医生，即将在美国国家心理健康研究所担任要职。而最让他着迷的却是大脑，思维的神圣计算机。对他而言，大脑就是终极的黑箱，一种和宇宙同样不为人知的内部空间，一扇通向奇迹的门——前提是我们得跨过门槛。对于人脑的研究只是小打小闹，只有摸透世界上最复杂的脑灰质，才有可能解开一切有关大脑的谜团。拥有巨型大脑的领航鲸的出现，无疑带来了一些新的可能。

里利有个朋友是海洋生物学家，朋友建议他研究宽吻海豚——宽吻海豚与领航鲸都有相似的超级大脑，而且海豚的个头更方便研究。另外，对里利来说，海豚都是现成的：1955年，经海洋工作室（位于佛罗里达州的一座海洋主题公园兼研究室）的负责人福勒斯特·J·伍德同意，里利及其他七位科学家到该处对五头宽吻海豚进行了大脑实验。

◇◆◇

生活常常安排一场关乎我们命运的鸡尾酒会，让我们在合适的时间遇到合适的人，接着又让我们突然受挫——最后历史便被改写了。里利与海豚的情缘，经过20世纪50年代的冷战时期、60年代的迷幻风潮之后，便成了这样的牺牲之物。而在里利艰难曲折的学习之路上，首先遭难的却是海豚——十几头宽吻海豚不得不死。

说得委婉些，1955年，人们研究大脑的方法还比较粗鲁。里利的研究包括活体解剖——在活着的猫、狗、猴子、鸽子、绵羊及小白鼠身上进行的外科实验——

及电线植入。他将钢套筒锤进动物的颅骨，透过筒孔拨弄颅内的脑，以确定引起疼痛、愉悦、抽风或其他反应的神经分别在哪些区域。里利的实验记录中有很多这样的句子，比如“在颅压下往上层头颅内注射液体，用针每刺一下，该动物便跳一下”以及“芒卡斯尔医生将手塞进动物的嘴，用力往下伸，一直要伸入喉部，将喉头一指抠出，最后再植入一根小管”就是通过这样那样的办法，里利和其他科学家在海洋工作室内花了两周的时间，才将海豚的大脑皮层绘出。

在佛罗里达州，事情进展得不太顺利。因为里利团队的研究，五头海豚悉数死亡。第一头被注射了戊巴比妥钠麻醉剂后，很快惊厥，心脏停跳而亡。第二头也出现同样的状况，虽然暂时被救活了。“我们将他放回到水族箱里，看看他能否游动，大脑是否因为一段时间的缺氧而已经死亡。”里利写道。只见这头海豚向右侧严重倾斜，重复地发出尖叫。正在观察的时候，剩下的海豚中有两头游了过来，他们一起努力，将受伤的海豚扶正，并推至水面。里利听到“一种啁啾啸叫的声音立刻传来，仿佛三头海豚在交流着什么”。他被海豚照顾同伴的用心震惊了，在他看来，海豚懂得同伴正处于危险之中，彼此谈论的也正是此事。即便如此，那头海豚的大脑严重毁损，已不可能存活了，他被执行了安乐死。研究继续进行，剩下的第三头、第四头、第五头，最终都相继死去。

“海豚麻醉后的死亡率如此之高，我们都被震惊了，同时也感到悲哀。”里利写道，“对我们来说，每头海豚的离去都是一场新的打击。”他们这才意识到，自己缺乏很多基本的常识，不知道海豚是靠意识呼吸的动物：失去意识之后，海豚就活不了了；不知道在离开水后，海豚会受陆上重力的影响，体内器官会被自身的重量压碎；不知道海豚的皮肤比人类敏感，一不小心就会刮擦甚至脱皮。所以准确说来，实验得出的结论是：对于有关海豚的知识，八位著名的科学家竟一窍不通。

要放到现在，那一定是不堪设想的。但直到20世纪60年代，绝大多数人连海豚的样子都没有见过。实际上，人们对于整个海洋的了解都还是一片空白。当时雅克·库斯托才刚刚出道，他的著作及同名纪录片《静谧的世界》引起人们极大的兴趣，人们却很少见到关于海洋的真正知识。海豚是种长得像鱼的、谜一般的存在，他们主要生活在我们看不见也想不到的海里，一会儿追捕枪乌贼，一会儿与水母及成群的海藻嬉戏，一会儿与同伴嘤嘤嗡嗡地交谈，一会儿在模糊的海下随海浪起伏，与同伴互蹭胸鳍。

而在里利那里，一切将得到改善。

◇◆◇

十月里一个清新的早晨，我从旧金山出发，开车穿行在硅谷拥挤的上班人潮中，来到秋色明丽的斯坦福大学。校园内的树叶五彩缤纷，有黄褐色的，有深红色的，还有的是活泼漂亮的赭色。到处都能闻到桉树的味道。踩着沙滩巡游自行车的学生们疾驰而过，其速度远超"巡游"。他们穿梭在长长的树影之间，赶着去上各种课参加各种推介会。一切建筑庄严宏伟，不过对于我来说，就连空气都是疲惫的。在格林图书馆门前，喝光了一杯双份意式特浓咖啡之后，我进入馆内。

在图书馆里，大理石地板之上，柯林斯廊柱之间，漂亮的拱形天花板下面，肃静的特藏区阅览室内，五个档案盒正等着我。这是我从一列杂乱的目录之中精心挑选出来的，将目录所指的档案盒排列起来，足有240英尺之长，这些档案盒内装着的，都是"里利留下来的关于海豚智力研究的手稿、提案、报告、笔记、简图、照片、图表、数据、重印本以及大量的录音带、录像带、DVD-R或CD-R资料"。2001年，里利去世之后，斯坦福大学将这些文件收集起来。虽然文件的内容引起外界广泛的兴趣，但是绝大部分文件既未被披阅，也还没被编入索引中。里利的一生就是一座庞大的资源库，在长达86年的生涯中，他似乎将所有论文、信件、会议手册、科学报告、便笺、操作指南、零碎的收据，乃至各种鸡毛蒜皮的小事都保留了下来。

"我看你在研究里利的文件。"参考馆员说道，将第一个灰色的档案盒递来。她有一头银色的短发，气质干脆利落。“他这人倒是有趣。”她摇摇头，继续说道，“我都不知道我们有没有搞懂这个。可不可以告诉我们，你有什么新发现吗？”

我抱上档案盒，来到一张长长的木制书桌边，我想我到底发现了什么。从他第一次邂逅海豚以来，里利一直霉运不断，事业路上转了好几个急弯。后来反思自己在海洋工作室的失败经历，他决定弥补自己犯下的错误，继续研究下去：“我受到激励……我想投入更多的精力、时间、金钱去理解这些迷人的生物。”1957年，里利相信他已找到一种安全的、不需麻醉的研究方法。为了确定方法的有效与否，他甚至在自己的身上试验，将一截钢套筒敲进自己的颅内。只要这个步骤成功了，就能将电极植入大脑，并“通过小针管向大脑的任何部位”注射药剂。

里利认为，在大脑内进行实验的好处在于，我们可以找到控制生物反应的机关。令他着迷的是海豚惊人的脑容量——他觉得那是高等智能的标志——以及他们特色鲜明的、奇怪刺耳的声音。他们发出这么多声音，是在表达情绪、思想或意见？还是在讲荤段子？没人知道。但如果你通过刺激大脑的某个区域，就能让一头海豚感到幸福的话，那么从理论上看，海豚接下来的叫声就可以被破译出来了，这样你就开始懂得他说的是什么，甚至还可能推断出他用这么大的脑袋来做些什么。

掌握新技术后，里利回到海洋工作室，申请到第六头海豚。穿颅过程非常顺利；紧接着，他便成功地定位出海豚大脑的快感中枢（同时还找到能使海豚前后转动眼球的区域）。每当这块区域被电极刺激之后，海豚就会兴奋地叫唤：“哨子声、嗡嗡声、尖叫声、吠叫声，还有一种听上去像吐舌头的噗噗声。”里利很想知道的是，海豚是否可以学会主动去刺激这块区域，作为对自己的一种奖励；为验证此点，他设计了一种电闸，海豚可用他的喙够到。“组装电闸的时候，”里利写道，“我发现他正密切地注视着我。”

结果表明，海豚不仅学会了开电闸令自己快乐，而且里利还没完成接线的时候，他便学会了此点。如此迅速的理解能力引起了里利的注意。对于其他实验动物来说，学会这点要花很长的时间："我有一种非常不安而且诡异的感觉，海豚行为背后的意图比我研究过的猴子要多得多。"海豚不停地拨弄电闸，电闸后来都被弄坏了；这时他勃然大怒，发出各种他能发出的噪声，据里利的记录，甚至还"露出水面，爆发出一连串尖利的叫声"。电闸被修好之后，海豚又玩起来了，将电闸拨来拨去，结果使用得太频繁，以致癫痫大发作。"我突然意识到，他在刺激大脑运动皮质附近的区域，刺激太猛了，所以才有这样的反应。"里利接着悲伤地写道，"可惜因为我们的无知，这头海豚也死了。我们这才慢慢看清海豚与人的不同，以及我们的错误有多么致命。"

后来，里利研究了这头海豚发怒的录像。因为海豚的声音比人的声音更快更高，他将视频切换到慢放镜头。令他惊奇的是，海豚似乎在模仿工作人员的谈话，就连他们的笑声都被学去了。随后，里利发表了一篇论文，其中详述了这头海豚给他带来的震撼：

我们产生了一种感觉，我觉得用"诡异"二字来形容再好不过……这头小鲸的声音越来越像我们说出的话，我们不约而同地感到诡异，仿佛某物或某人在场，而这物或人与我们之间隔着一道透明的墙壁，墙那边的世界，我们就连见也没有见过。他那模糊的轮廓正渐渐显现。

在20世纪50年代那个灰暗的时期，一位公职科学家说出这种极不寻常的话来，这无异于平地惊雷。然而里利并非一般意义上的科学家。里利在明尼苏达州圣保罗市长大，从小信仰天主教，在教堂中他看到很多异象及预兆；在他十三四岁的时候，他每天花好几个小时讨论生死、恋爱目的以及宇宙的性质；到了16岁，他在预科学校校报上发表了一篇文章，文章提出这样的问题：对于研究来说，思维怎样才能做到足够地客观？23岁那年，他目睹了母亲进行脑手术的整个过程。

在里利留下的这些档案中，至少有53箱关于海豚感情表达的音像资料，其中除了海洋工作室的实验记录外，还有很多其他的东西。有些磁带录下了海豚之间啾啾嘎嘎说话的声音，里利称之为"海豚语"。在另一些磁带中，我们可以听到人们在训练海豚，试图教他们学说英语——或者用里利的话说，“类人语”。既然人类在婴儿时期也只会呱呱乱叫，而这些噪声也能表达可被理解的信息——那为什么海豚就不可以呢？

◇◆◇

1958年，里利决定全身心投入海豚研究，他放弃了主流医学事业，转而迁居到位于美属维尔京群岛的圣托马斯岛，并在那里新建了一座研究人类与海豚的实验室——交流研究所。提及建所的目的，里利毫不谦虚地说道：“我将启动一个大型项目，其规模不输我们目前的太空计划。该项目将投入我们时代最聪明的大脑、最优秀的理工人才以及强大的计算机人才资源库，还有大把的时间，来完成在地球上进行跨物种交流的和平使命。”在该项目中，一种前所未有的研究方法将得到运用，研究者不仅要研究海豚，还得与他们共同生活在专门设计的建筑之中。据里利解释，只有通过这种朝夕相处的办法，才能让海豚“了解我们人类的语言及行为方式”。

在我看来，该项目最奇怪、最令人不解的地方在于，不管里利那种鲁莽的、堂吉诃德式的计划，那种一意孤行探索未解之谜的欲望，以及那种对于海豚比人类高等的信念有多么荒唐——他的支持者却如此之多，以至你能想到的所有传统、保守的政府机关，都赞助了这个项目。其他的不说，名字响当当的就有美国国家科学基金会、美国国家心理健康研究所、美国海军研究办公室、美国国防部、美国国家航空航天局等。

他们关心海豚都有自己的理由，不过大多数理由都非常拙劣。阴郁的冷战时期，人们互相猜疑、监视，里利关于海豚大脑的研究证明思想是可控制的，这一结论正好为有关部门所喜；当美国国防部苦于应付苏联与中国的间谍之时，若知道在大脑的哪个部位植入电极，那无疑会大大方便审讯工作的开展；而对美国国家航空航天局来说，他们希望通过里利的研究，使他们与外星智能生命进行交流；美国海军部则希望破解海豚声呐的原理，因为海豚的声呐不知要比笨拙的潜艇精确多少倍，他们还想知道海豚如何能在没有减压措施的情况下潜得如此之深。

为让海豚更多地服务于人类，里利也有自己的算盘：“不言而喻，如果我们与海豚的交流成为可能，那么海豚将会帮助我们解决很多海洋军事问题。”他建议利用海豚来找回并发射导弹，搜寻沉船幸存者，侦查敌方潜艇，并像带鳍的宪兵队一样在海里巡逻。因为是在人类看不见而海豚看得见的海下作战，所以海豚成了当之无愧的终极掠夺舰：在心理战中，他们可以偷潜至敌方潜艇的底部，突然向听音器大叫……里利还有一种设想，那就是让海豚“在渔业学、海洋学、海洋生物学、航海学、语言学以及其他各种涉及大脑与空间的科学上，帮我们获取最新的信息、数据及自然定律。”

对于一头动物来说，这些要求未免太多了，但是里利着手打造的设施可以实现上述的一切目标。“我从零开始，”他写道，“直接到丛林中、野外热带海岸线上去开展工作。”那里将建成一系列由连廊及观景台连在一起的海边实验室、办公室及海豚池。如果岛势崎岖，不利于建设，那么就请海军爆破组以炸药伺候，将海岸线炸平。里利还将自己的家人接到圣托马斯岛——为了应付这种反复无常的生活，他将自己新娶的妻子接来，同时接来了她的孩子。不久前，里利与第一任妻子玛丽离婚，玛丽给他生了两个儿子；接着他又娶了时装模特伊丽莎白·比约格为妻，比约格与前夫育有三个孩子；而在前往维尔京群岛之前，比约格又为里利诞下了一个女儿，里利家的小崽子就有六个之多了。

一切就绪，就差海豚了。1960年，海洋工作室有两头宽吻海豚——莉齐与芭比——从迈阿密空运过来，然而刚到不久便死了，以至计划一度被打乱。莉齐摔在水泥地上，当场毙命；芭比因为细菌感染也没能幸存。失落的里利回到大陆，加倍努力地学习海豚空运技术，终于运回了两头不同性别的宽吻海豚，公的叫埃瓦尔，母的叫托尔娃。

埃瓦尔很快就有出色的表现。研究记录上说，他是一头“鲁莽且爱出风头的海豚”；他有很宽的音域：除了标准的哨音及咯咯声外，还能发出一系列的吠叫声、号啕声、呻吟声、嗡嗡声、喇叭声、嘎嘎声，以及班卓琴一样的声音。虽然研究有点离谱，不过我在一张照片中看到，埃瓦尔的英语老师金杰·纳达尔正在水池中教“发音课”，她将埃瓦尔横放在腿上，埃瓦尔乖乖听课，看上去进展不错。

翻看交流研究所成立之初的照片及文档，我感觉那一定是段幸福安宁的岁月，并深深地为之震撼。如果时间冻结在1961年，你将看到里利正在一生中最辉煌的时刻，在一棵棵棕榈树下，他沉浸于那种令人羡慕的研究，一大群美女助手簇拥在他的周围，众人浩浩荡荡地朝海边走去，对他们来说，那是一道闪闪发光的新疆界。就在同一年的夏天，里利出版了一本名叫《人与海豚》的新书，书的开头便是一段大胆的陈述：“未来10年或20年内，人类将与另一种生物进行对话，这种生物与人类迥异，他们可能生活在地外文明中，不过更可能生活在海里；无论哪一种情况，他们都非常聪明，甚至有可能是智慧生物。”书一出版便引起轰动，里利的预言迷倒一大片拥趸，他本人也迅速走红。谁不想与一头绝顶聪明的海豚对话？里利的魅力越来越大：交流研究所的研究工作吸引了那个时代最杰出的人才，其中包括卡尔·萨根、奥尔德斯·赫胥黎、理查德·费曼诸人。但对里利这位经验主义科学家来说，这些浮名只是研究走到尽头的先兆。

◇◆◇

1968年，交流研究所解散。供研究的八头海豚不是死了，就是被放生了；里利的第二任妻子比约格也离他而去，并带走了自己的孩子；研究经费全被花光了，工作人员各奔东西，里利来到西部的伊莎兰学院，一座位于加州大苏尔的心理治疗所。“我把实验室关了，否则它将成为一座海豚集中营，我不想让我的朋友们受难。”里利随后写道，但其中显然还另有隐情。

里利的麻烦首先来自一群知名科学家关于《人与海豚》一书中有很多伪科学的批评。（如果你要断言海豚可以告诉我们有关太空的知识，那你就得拿出证据来支持你的结论，不然就是伪科学。）“毫无科学根据、无知。”美国《自然史》杂志上的一篇评论说道，“科学研究都没有做过。”“模糊其词，不负责任……预测都是捕风捉影的，”著名生物学家E·O·威尔逊撰文抨击此书，“里利的写作不同于赫尔曼·梅尔维尔及儒勒·凡尔纳[①]的地方在于，该书不但在文学上的价值不高，而且最根本的是它充满毫无根据的论述，但语气又一本正经，要人相信那是严肃的科学报告。”美国海军部有一位叫比尔·艾文斯的研究员，他在《华尔街日报》上的言论代表了一般大众的印象：“里利博士的作品非常有趣，苏斯博士的绘本我也喜欢。[②]”然而，对于这本书的差评还不足以令交流研究所解散。差评只不过是动地而来的战鼓，致命的打击还没有到来。当里利的研究开始涉及LSD[③]与种间交配时，他才算闯下了大祸。

对于一位神经科学家涉足迷幻剂一事，本不值得大惊小怪；何况在20世纪60年代初，LSD还不是违禁物品，反被认为有望根除精神创伤、酒瘾等疾病。但是里利并没有疯狂地爱上LSD并使自己——和他的海豚朋友——沉迷于吸食LSD后带来的欲仙欲死的新奇世界。“我几乎查遍了有关迷幻药及迷幻状态的资料，”他写道，“我打算先在海豚身上试验LSD，以帮助我了解这种物质以及它对身体的伤害。结果很明显，注射LSD后，六头海豚都体验到强烈的迷幻快感，而且没有出现任何呼吸、心搏或者游泳能力方面的问题。这些实验给了我信心，让我可以放心地在自己

① 二人分别是文学名著《白鲸》与科幻名著《海底两万里》的作者。——译者注

② 苏斯博士（Dr. Seuss），美国家喻户晓的人物，自言喜欢胡言乱语，因为可以激活脑细胞。其绘本作品以丰富奇崛的想象力闻名于世。——译者注

③ 即麦角酸二乙基酰胺，已知药力最强的迷幻剂，极易为人体吸收，目前已被列为违禁药品。——译者注

身上做LSD实验。”（我们很难知道里利判断海豚享受LSD迷幻状态的依据，因为据现有的资料看来，里利的记录只提到在注射LSD后，海豚呆滞地浮在水面，看上去非常安静。）

里利认为，致幻剂是了解海豚的内心世界、解开人脑秘密的关键所在。为了体验到他一直寻求的意识高境界，思维一定不能被寻常的事物干扰，以便能够自由地悬浮在存在之海中。在他以自己为对象所进行的实验中，里利服用了LSD，并将自己封闭在隔离箱内——当时美国陆军想要研究“感觉剥夺”现象，里利就发明了这种装置。隔离箱内完全无光，充满盐水，并且温度恒定在33.8摄氏度，人就悬浮在中间。通常情况下，隔离箱是隔音的，但在圣托马斯岛，里利进入迷幻状态后，海豚的声音通过管道被传输进来，这样他便可以更好地与海豚交流了。

他还修筑了一间灌满海水的房子，海水深度在22英寸①，人与海豚可以同住在里面。他在当地招了一位名叫玛格丽特·贺维的女助手，贺维勇敢地住进去了，与她同住的还有一头名叫彼得的雄性宽吻海豚。他们一住就住了十周。贺维每天要教彼得很多东西，诸如礼仪、词汇、发音、数学等。

实验期间，贺维记了很多笔记。“最初的几个晚上糟透了。我浑身不自在，很难睡着。”她写道。当她发现头发总是干不了之后，她将发型剪成四分之一英寸的平头。彼得会在贺维讲电话的时候朝她喷水，会在贺维煮饭的时候溅起水花，有时他还把水溅到贺维的床上。她的腹股沟皴裂了。墙上长满了海藻。

贺维认为彼特是头“调皮的海豚”，很喜欢撞人夹人。“为此，我带了一把长柄扫帚，以便让他规矩点。”虽然她确信彼得在英语上有所进步（即便他的声带严重缺乏），但令她失望的是，彼得常用自己的母语进行大声的表达。“他咯咯啾啾地叫着，想引我注意，我偏不理睬。我已明确地表示过了，我听不懂那些声音。”

从里利最初设定的目标来看，实验算是失败了。“我的床上都能挤出三英寸深

① 1英寸约等于2.54厘米。——译者注

的水了，”贺维写道，“我的胫部从上到下都是伤，那是他用鼻子和胸鳍不断地撞出来的。我不止浑身疲累，还变得抑郁……我好想离开这里，看看其他人也好。”她总结道：“整天整夜与海豚住在一起，对我来说太累了。”

但在另一方面，里利的人豚共住实验成功得有点过头。彼得开始死死地跟着贺维，而且阴茎持续勃起，想与她发生关系。“他从不离开我半步，”她用表示强调的斜体字写道，“这是个麻烦事，一定要先解决掉才行……我不能再让这头小色鬼戳我的小腿了。真恶心！”聪明的彼特很快学会了将贺维困在角落里。但是贺维并没有受到任何威胁，她在最后还是妥协了，毕竟得到海豚的关注乃是“一件不可多得之事”。她想，尽量去满足彼得的话，说不定还能增进彼此的亲密感，所以她对他有求必应，刚开始只是抱着试一试的心态，后来竟变得热情起来。

“这明显就是一场性交易，”贺维发现了这点，“气氛很温和……宁静……所有动作都是缓慢的……连声音都不大有……全场只听得见我的那点轻微的娇喘。”然而还是遇到了困难：彼得的欲望太强了，虽然每天贺维都用帮他自慰的方式来分担一些，不过她的身体还是受不了如此频繁的接触。

◇◆◇

傍晚时分，日头偏西了，阳光斜斜地穿过图书馆的拱形窗，我将五个档案盒中的第三个打开，首先抽出的是《鲸目动物的大脑》，里利发表在1977年5月的一期《海洋》杂志上的论文。编辑已将里利的手稿寄回，并将它整理成了最终版形式——21页的内容已进行了语法润色和排版，即将付印出版了。手稿中还附了一封信，信中请求里利尽量少做或不做更正。我将手稿翻了一遍，发现每页的边上都是密密麻麻的小字，我认出那正是里利的笔记。他不但没有听从编辑的请求，反而还在大多数页面上留下了更改信息和评论。特别令他不满的是，审稿编辑将指海豚的物主代词一律换成了“它”。例如这句，“虽然它醒过来了，但脑部所受的创伤已无法修复，结果只有死路一条。”凡是文中出现“它”字的地方，里利统统将该字划掉，并重新换上了“他”。这样的更改之外，他还潦草地写下一句话，并在下面画上一条粗笔线：“？？？拒绝用‘它’来谈论海豚，正是本文的全部意义所在。难道可用‘它’来指代你或我吗？”

该文发表之时，里利正埋头于海豚研究，在制药学与形而上学方面所做的各种努力已经耗去了他近10年的光阴。他研究过格式塔疗法、诺斯替主义和电休克疗法；涉足过裸体主义、罗尔夫按摩法和催眠术；在隔离箱内花费大量时间体验意识的扩张；发现一种迷人的新药——氯胺酮，该药甚至比LSD更让他着迷。该物质，里利称之为“维生素K”，其实是种速效麻醉剂，可以暂时让服用者意识恍惚（而且不幸的是，里利后来发现它让人上瘾）。他又结了婚，妻子叫托妮，二人相识于好莱坞山上的一次聚会。“很快我们就成了知已，”里利这样描述他们的初遇，“我们深深爱上了对方。”不久之后，里利与托妮成立了一个新的组织，组织名叫人类海豚基金会，总部位于马里布。

我在文件堆中找到一份里利投给美国国家科学基金会的研究计划书，上面注明的日期是1978年6月。文章写得很漂亮，作者附上大量的图表，十分清晰地勾勒出该怎样运用计算机设备在人与海豚之间“克服沟通的障碍”。然而一切努力都是徒劳的：当时里利已被逐出科学界。虽然他对海豚研究更有激情了，他也更加坚信海豚大脑中有很多不为人知的秘密，不过他向政府申请经费的本事已大不如前——换句话说，就连政府也不支持他。

和他保持联系的，只有曾经的几个同事，其中包括诺里斯。“我觉得你早期的那些见解非常有价值，我不希望它们就这样被忽视了。”诺里斯致信里利，避而不谈里利后期的那些观点，例如，里利在后来说道：“我有时觉得，在心理健康方面，每头海豚可能都比与他接触的人类优秀。”关于里利所用的方法，诺里斯巧妙地评价道：“他是在想象与确信之间找平衡点。我喜欢想象，但要确信某些有关海豚的知识，那实在是太困难了，我们很难找出一个像样的事实。”

“你的信像沉闷洞穴中的一口清新空气，”里利回复道，提及其他海豚研究者对他的攻击。里利之前出版了第二本书——《海豚的智力》，书中收录了贺维的日记，并将某些直露的描写原封不动地披露出来；接着又出版了《飓风中心》，详细记录了他与海豚服用LSD后的经历。这些书问世之后，人们对他的声讨越发厉害了。除了巨大的争议之外，很难想象里利还会遭遇到什么。但从他的回信可知，面对外界的不满，他还经历了深切的痛苦。里利在回信中向诺里斯抱怨，某位评论家“无知得令人吃惊，而且在谩骂他所不懂的事情上面，他有很高的天分”。针对另一位评论家，里利写道：“很显然，他连海豚都没接触过，要当海豚方面的权威，恐怕不太够格吧？”阅读回信中的每一行字，你都能感受到里利的沮丧甚至伤痛。“或许我太把它当回事了，”他写道，“真希望我不会这么痛。”

但就在同时，里利在公众中的影响力达到空前的高峰。他说海豚是种非常聪明的生物，这令那些刚刚认识海豚的人们产生共鸣；他对意识边缘的探索让他成为反主流文化的英雄；1972年，美国通过一项名为《美国海洋哺乳动物保护法》的大型联邦法案，里利关于海豚与鲸的智慧的那些声明，或多或少促成了该法的颁布。1973年，迈克·尼科尔斯导演了《海豚之日》，一部以交流研究所的科研成果为基础的科幻惊悚片，乔治·斯科特在片中饰演杰克·特勒尔博士，里利正是这一角色的原型。同年，里利在服用氯胺酮之后，昏倒在马里布的热水浴缸中，差点将自己淹死。整个1974年，里利尝试了很多不同的迷幻剂，以致无法分清现实与幻觉，他先是被送往精神科病房住了几天，之后的下半年中，他又出现短暂的昏迷。1977年，他的新书《上帝的模型：关于信仰的科学》出版。在书中，他将自己描述为一个“到地球上来找人附体的外星人”。可惜的是，他继续写道，“车太小，容不下这位乘客”。1979年，《变形博士》上映，该电影由威廉·赫特主演，其蓝本便是里利的冒险之旅以及他在隔离箱中的经历。整个20世纪70年代都是引人瞩目的。

同样在20世纪70年代，生物学家罗杰·佩恩让全世界听到座头鲸那令人惊奇的歌声：一种复杂的、类似哀号的声音从海下传来，我们只能隐约猜测它所传达的信息。在加拿大的卑诗省，另一位叫保罗·斯邦的科学家通过对虎鲸的研究，得出了与里利同样的结论："我在目前的任务是把一种全新的、甚至不为人知的智慧尽量揭示出来，哪怕略窥一二也好。"斯邦的研究对象很喜欢音乐（特别是长笛和小提琴），维持着紧密的家庭关系，拥有很多惊人的特点，其中包括幽默感。斯邦发现，与他们的同胞宽吻海豚和座头鲸不同，虎鲸利用丰富多样的声音来进行交流："用于回声定位的咯咯声、爆裂声、纯音、哨子声、喇叭声、变调的尖叫以及一些无法形容的声音。"

我们对海洋的了解不断加深，于是也出现了这样的观点：海洋是个奇妙的平行宇宙。谁说这不可能呢？毕竟我们知道得太少了。例如，我们并不知道章鱼拥有长期记忆的能力，不知道大白鲨还会害羞，不知道企鹅在水下的游速可达到每小时25英里；而对于暴躁的领航鲸、潜水高手白鲸或者其他海豚科亲属的生活，我们也知道得不多。海豚有很多神秘之处，而在未知之域，里利也是一个狂热的探险家。实际上，那才是他最爱的地方。

因此，虽然政府机构不再支持里利了，但他还在继续着自己的研究，得到一些好奇之人的资助也是合情合理的，人类海豚基金会董事会成员就包括了杰夫·布里奇斯、约翰·丹佛等名流。与上次一样，里利的目标还是与海豚对话。但这次是1979年了，人类技术水平有了很大的提高，最新的Apple Ⅱ电脑运行飞快，里利计划用它设计一种人和海豚都懂的第三语言，即以海豚的咯咯声与哨子声为基础的代码。他用罗马的双面门神"雅努斯（Janus）"的名字给该计划命名。（该名还有一个不太浪漫的含义："Janus"由"Joint Analog Numerical Understanding System（联合模拟数值理解系统）"每个单词的首字母组成。）一位私人赞助者拨款一万美元使该计划得以实施；利用这一笔启动资金，里利买下了两头分别叫作乔和罗西的宽吻海豚。

总的说来，预算并不太宽裕。在一份份档案中，我发现他对资金不足的担忧：

大家都在抱怨小额备用金的缺乏，甚至为了10.89美元的零头而发生矛盾，而且很多信件都提及他们恳求通用汽车公司资助一辆货车的经过。在一封写给某位潜在资助人的信中，里利直奔主题：“如果每个月有7000美元的资助，我保证在五个月后解决这个主要的问题——我们是否能让一头海豚懂得或者选择一种可行的计算机代码？”

真希望我可以说：这段故事有个完美的结局，里利得到了他长期以来想得到而得不到的一切，海豚通过Apple Ⅱ上的神奇接口实现了与人类的对话。然而事与愿违。因为员工矛盾、资金短缺、恶意嫉妒以及组织全面瘫痪等缘故，计划最终泡汤了。可能由于海豚与员工远在挨着旧金山的红木城，而里利与托妮住在马里布吧，计划的运行过于随意了。读着那些旧笔记，我感觉员工们像教室里的高中生，老师不在就炸开了锅。我偶然读到一些会议记录：会议详细讨论了员工乱搞男女关系的问题，甚至不放过谁比谁更有机会赢取某某欢心的这类细节；有人被批“在个人恩怨上纠缠太久”；某位管理者写道“别人诽谤我，说我太严厉了，有时过分挑剔，更多时候毫不留情。好心没好报，我活该”。根据档案来看，员工有次因为待遇的问题罢工，还有一次集体反对某位工程师。很多志愿者为雅努斯计划服务，其中一位写信向里利抱怨：“我们一直在人性自私的泥淖中互撕，想要与地球上的另一种生物进行交流，恐怕不太现实吧……或许最好的结局莫过于，无论何时，鲸目动物永远都不会相信人类。”

整整三年，雅努斯的软硬件被改来改去，代码写了一次又一次，机器被反复调整，但是海豚一直不开窍。乔和罗西只学了几个短语，他们都掌握的单词就只有“鱼（Fish）”。

身心疲惫的里利一家求助于伊莎兰学院，他们又有新想法了。我注意到他们此次拜访的记录，当时他们咨询了一位名叫珍妮·奥康纳的女通灵师，此人乃是撒旦教堂九人议会的成员之一，这些人宣称自己是从天狼星B到地球上来的，为给人类指引方向。“我已彻底崩溃了，彻底崩溃了，”里利倾诉道，“我四处奔走，筹集资金，作为一名科学家，我按自己认为正确的方法开展工作，而其他科学家认为该方法不对，我与他们纠缠不休，全是这些狗屁事！”他抱怨说，计划“气数已尽了”。托妮也说：“我希望我……在热带温暖的水里，能和海豚们玩得尽兴，只要能保证这点，怎样都行——我才不管科学不科学。”

九人议会通过奥康纳向里利建议，希望他从众人的视野中消失。在他们看来，如果里利突然失踪，而不是在雅努斯计划上纠缠，那他一定会是个传奇：“人们只喜欢在日落之前及时退隐的英雄。”

或许里利已经考虑到这点，但他还在死守着这项计划，托妮正设法将总部迁到更加和谐的环境——就在墨西哥的巴亚尔塔港附近，一个叫作科斯塔卡热伊斯的地方，一片“跨物种胜地”将拔地而起，模型都设计好了，其说明册还保存在档案盒中。根据说明册来看，该胜地包括了酒店、温泉浴场、研究设备以及一片“人与海豚可以最终彼此了解”的海湾。海豚可在海湾中自由来去，除了一艘浮筏上传出现场音乐之外，也没有什么引诱之物。每位游客将被发放一台类似双肩背包的，名为“海豚对话机”的设备，只要测试有效，他们就可以和野生海豚交流了。在海湾南边，雅努斯计划将继续进行有关乔和罗西的研究。

翻阅这些材料的时候，我佩服里利的执着。无论是交流研究所的失败，还是贺维乏善可陈的经历，亦或是雅努斯计划的瘫痪，都无法将里利打倒，这个男人依然深信人与海豚当属于同类，彼此可以学说对方的语言。即便里利在墨西哥的海豚胜地终化为泡影，他的愿景仍然不倒——无论被人围攻得多么厉害、有多么地站不住脚。

◇◆◇

里利活到了21世纪，但托妮没有。1986年，托妮死于骨癌。岁月和伤痛并没有让里利学会温柔地对待尘世，若说他对人类的态度有什么改变，那也是变得更加悲观。“如果我来自茫茫宇宙中的某种更古老的、高度发达的地外文明，我会建议我的同胞们对地球死心，”他写道，“人类是如此傲慢，以至有眼不识泰山。很显然，他们的民众只可能在一种情况下尊重异类，那就是在战争中被异类打败。”

通过对里利手稿的阅读，以及对他生活的理解，我怀疑他沉迷海豚的原因，正如他之所以喜欢吸毒并将自己关进隔离箱一样，仅仅是为了逃避社会。不难理解，作为一位亲历“二战”、“越战”及冷战的科学家，浩劫给他留下深刻的印象，他像我们平常失去理智般胡乱地想道：“一个物种必须统治其他物种的观点，已被我和同事们抛到九霄云外了……我们常被人质问，‘如果海豚真那么聪明，他们为什么不统治世界？’我能想到的答案是，他们的智慧太高，不会试图去统治世界。”

虽然里利无法证明自己的观点，但他关于人豚交流的看法还没有走到末路。从他刚开始研究以来，其他科学家们也在这条路上取得了巨大成功。在巴哈马群岛，“野生海豚计划”创始人、生物学家丹尼斯·赫岑发明了一种便携式水下设备，听上去很像里利的海豚对话机，只是赫岑的似乎已经奏效了。在大巴哈马浅滩与一群花斑原海豚游泳的时候，通过模式识别软件，她成功地将海豚的声音译成英语。最近，有科技期刊报道称，赫岑研究的海豚中有一头已发出英文单词“Sargassum（马尾藻）”的代码，马尾藻是一种海草，是研究人员拿来给海豚当玩具的。

在生命的最后十年，里利一直住在毛伊岛，用里利的说法，环岛的海域里住着“鲸族”。飞旋海豚、花斑原海豚、宽吻海豚、虎鲸、座头鲸，乃至每一种海豚与鲸——他们都属于同一个宗族，而且里利认为，这个宗族至少应该享受一部分人类的权利。他以反捕鲸人士的身份参加了国际捕鲸委员会召开的很多会议，并常常到日本去。作为一位上了年纪的人，里利已是一蓬白发了，但他还像年轻时一样，一双眼睛桀骜不驯。他在海边一坐就是好几个小时，目不转睛地盯着海面。

他好像知道自己会被议论，也能分清什么才是重要的。“面对责难的心理准备，我行我素的决心，对别人信仰的挑战，敢于纠正他们的勇气，这些显然都是必要的，”里利写道，“但并不明显的是，在黑暗的、不为人知的海湾深处，一道透明的保护墙将人与海豚隔离，一个人的头脑该怎样准备，才能接收来自遥远另一边的信号呢？也许我们必须意识到我们还是宇宙中的婴儿，前方还有很多路要走。有时候，我们从孤独里挣扎出来，将友谊之手伸向某种智能生物，他们可能存在，也可能并不存在。但至少我们已经主动伸手了，而且得到海豚令人满意的回应，虽然这种回应仍显得简略。我们谁愿意向他们伸手，他们就会迎向谁。”

**Babies in the Universe**

◇ ◆ ◇

# 第三章

## 嗑啦噼，嗑啦噼！

海洋世界冒险公园号称“全世界与海洋动物互动的公园之中最先进的一座”，如果你想去那里与海豚同游，你首先得进入多米尼加共和国境内。这个加勒比海国家的面积约有新罕布什尔州的两倍，虽然毗邻贫穷落后、地震频发的海地共和国，但她却是一个充满活力的地方，那里常常会举行活动，梅伦格舞音乐声声在耳。开车从普拉塔港机场出发，一路向西，路边尽是一排排桃红色的小屋、橘黄色的酒店、鲜黄色的商铺等，仿佛穿行在五颜六色的弹球机中，摩托车、卡车、微型小客车疾驰而过，令人来不及细看。就在一片拥挤与嘈杂中，我一直开出了好几英里，直到进入郊外的旅游区，路况才逐渐好转，道旁建筑涂满不太讲究的灰泥，叶子花开得正艳。继续沿海岸行进，隔三差五就会看到这种毫无特色的搭配，一座标志性建筑却赫然在目：在海洋世界的入口，矗立着一尊高达30英尺、装饰着霓虹彩灯、由水泥塑成的海豚模型。

在入口内，震耳的音乐透过层层大门、透过大巴下客区弥漫的尾气传来，这时你得停下来买票：是买“皇家海豚游（票价：199美元，可在水下与海豚待60分钟）”呢？还是买“普通海豚游（票价：169美元，可在水下与海豚待30分钟）”呢？或者买“海豚情缘（票价：109美元，不熟水性者也可以与海豚一同涉水）”？如果觉得不过瘾，还可以买250美元的“训豚师一日体验”，整天与海豚待在一起。不管选择哪一种，还可再花79美元，加买一张“海狮情缘”或者“鲨鱼及赤魟情缘”，或花两个79美元，各买一张。也就是说，总有一款适合你，除非你是身怀六甲的孕妇。

排队买票的时候，我看了看裱好的海报，上面全是游客与大门内的各种动物的合影，其中包括一对人造石穴中的孟加拉虎，游客与虎隔着一道树脂玻璃，但从照片上看不到玻璃的存在，给人一种游客冒险戏虎的错觉。离我最近的一张照片上是一位身着比基尼的女人，她正抓着一头海豚的两片胸鳍；海豚的喙端磨损了，露出粉红的伤口。在另一张照片中，一位穿救生衣的男人笑嘻嘻地跪在水里，两头海豚一左一右，用喙蹭他的脸颊。

在其他海洋主题公园内，游客只能坐在看台上，观看海豚按部就班的表演；而在这里，游客可以尽情与动物互动，只要肯花钱，就能与海豚共舞。他们的网站宣称："我们的海豚都被训练过了，他们可以不分性别、身高、体型及能力与任何人建立互动。"根据购买套餐的不同，游客可以选择骑海豚，将自己固定在海豚的背鳍上；或选择被海豚亲嘴；或选择让海豚煞有介事地与他们跳舞。再不然，试试被一头海狮舔在头上、拍拍毒刺已被去除的赤魟，或者摸摸护士鲨粗糙的皮肤。如果你对这些都不感兴趣，你可以去一家以海豚为主题的游乐场兼迪斯科舞厅，该处俯瞰着一座拥有海关移民机构的码头。

我去的那天，正值冬季的萧条期，本以为可以看到这样的画面：一群群前来晒太阳的游客从大门内鱼贯而入，结果到了才发现，那里一点也不挤。我从大门走进去，好一阵才弄清状况：公园内占据着一条长长的海滨区。出入口的正前方有一家礼品店，里面的商品琳琅满目；礼品店的对面有售货亭，游客在此可以买到自己与动物的合影，有专门的摄影师为他们拍摄；礼品店的前方摆满了毛绒的海豚和老虎。

我最近一次去海洋主题公园，已是20世纪60年代的事了，地点是在佛罗里达州的劳德代尔堡，那时我才四五岁。巧得很，那座公园也叫海洋世界。我依稀记得那是一个充满异国情调的地方，到处都有我连想都没有想过的动物，例如双髻鲨、短吻鳄、鹦鹉等——我刚从加拿大来，鹦鹉还是第一次见到。那里还有很多海豚，在他们表演完节目之后，人们可以与他们玩耍，喂他们吃一些小鱼。虽然只不过是愚蒙年代一种过时的遗物，劳德代尔堡海洋世界直到1994年才停止营业。当时美国农业部起诉它虐待动物。其他罪名还有：将很多海豚塞进过分氯化的狭小水池之中，很少安排兽医照顾，向塞米诺尔河中大量排污以及"胡乱将海豚埋葬在公园中"；甚至有一段时期，在没有将海豚移走的情况下，园方管理人员试图在海豚池的内壁上刷漆。另外，园方还被一位名叫欧内斯特·克莱尔卢佐的游客起诉成功，该游客来自纽约市的布朗克斯，当时他站在可与海豚互动的水池旁边，结果却被一头宽吻海豚咬伤了。克莱尔卢佐宣称，一头名叫杜碧丝的海豚无缘无故攻击他，导致他的左臂神经受损。案件审理过程中发现，原来杜碧丝已是惯犯了，之前至少有六人被他咬过，还有更多人被他的尾巴击伤。然而，园长不但没有严惩他，反而还在采访中为他辩护："那是场意外……杜碧丝是我们的家族成员。"

几十年后的今天，我又来到一家名叫海洋世界的公园，看看对于一头生活在"世界上最大的人工海豚围场"里的海豚来说，生活是什么样的。因为要谈论海豚，就必须考虑以下事实：人们宁愿花很多钱，也要跟海豚在一起玩。还有什么动物可以吸引一个四口之家，让他们破费800美元，只为与海豚待一个下午？毫无疑问，这里没有谁会为了亲一头赤魟而掏199美元，或者花费120美元与犀鸟、海狮甚至树脂玻璃后的老虎合影——人们只舍得在海豚身上花钱。

多米尼加热如火烧，走道与海豚池暴露在刺眼的热带阳光下，毫无荫蔽之物。我来到海狮馆，掏出水瓶大喝一口。这里全被厚厚的水泥环绕，温度高得人难受。活泼的桑巴舞音乐震天响着，到处都有配备武装的警卫，以至海洋世界隐约透出一点军营的气氛。一栋建筑的侧面上有警示标牌：场内严禁枪支或其他武器。

16头海豚生活在公园内的环礁湖中，过道与码头纵横交错，将湖隔成网格状，每一格被码头下方的铁丝网拦着，里面栖息着一头或两头海豚。海豚多半都在水面悬着，很少游动，这是他们的一种休息方式，科学家们称之为"定息"。走着走着，发现一头海豚跟着我，眼睛直直地盯着上方。另一头海豚推着浮在水面的一只红球，有点心不在焉的感觉。

这里所有的海豚都是宽吻海豚，这并不奇怪。海洋主题公园都选择这种海豚，因为较诸其他类型的海豚，宽吻海豚更容易适应人工环境，而且他们很快就能学会用尾巴模仿走路的动作，或者与其他海豚同步跃起——这些都是他们必须掌握的杂技。（虎鲸与白鲸也很受欢迎，只是他们的体型过大，不容易存活；一离开野生环境，他们就会以惊人的速度死去。）公园偶尔也会展示一些不太常见的品种，例如亚马孙河豚、灰海豚、领航鲸、太平洋短吻海豚、瓜头鲸、飞旋海豚、沙捞越海豚、花斑喙头海豚、点斑原海豚、条纹原海豚、真海豚及伪虎鲸——但是都活不太久。历史已经表明，所有海豚，包括宽吻海豚，在水族箱中都变得焦躁。虽然适应性的强弱有个体差异，然而，根据海豚在自然状态下的平均寿命来看，他们在人工条件下会提前死去——而且经常提前很多年。

我知道这个事实，而且觉得很难过，对于参观人工饲养的海豚，我也没多大兴趣，特别是当他们像这头那样无精打采的时候。一般说来，我不喜欢观看游乐场中关在笼子里的老虎，也不爱看人工环礁湖中乖乖拖着趴板上的孩子的海豚。但同时，我也想知道，这些水族箱中是什么情况？把海豚这样关起来，对人或海豚有没有什么可能的好处？我喜欢一流的设施，例如，在北加州的蒙特雷湾水族馆，所有展览都是根据最新的海洋科学知识设计的，而卖门票所得的利润又被投入重要的海洋研究——训练有素的海豚也可以创收，但这些收益并没有包括在内。游客观看海豚表演，去动物园抚摸海豚，或者花高价与海豚同游，这与买门票是性质完全不同的消费。这是为什么呢？或许因为，关于海豚研究的每项新发现都无不表明，海豚远比我们之前了解的更加聪明，更加有自我意识，其社会关系也更加先进，以至我们不得不重新审视：将这些高等动物关养起来为我们卖命的做法，在伦理上站得住脚吗？通过这种方式来研究海豚，其意义有多大？

但很多时候，人们并不会在意这些细节，他们照样会带孩子前往海洋世界这样的公园，在海豚的陪伴之下度过一个愉快的假期——可以想象，这些人都带着好意，他们也会强调自己对海豚的绝对珍爱，即便海豚在这狭小的池中来回不停地游着，好像脱离轨道的卫星，想想就觉得可怜。未曾稍歇的舆论宣传强化了这种分裂的态度，也强化了海豚是人类的欢乐大使这个主观的印象。不妨听听各大海洋主题公园的说法，他们觉得他们提供的是一个至关重要的教育服务平台，这不但对海豚有益，而且还能激发人们对于海洋的爱心，从而确保各种海洋动物都能得到长期的保护。这样说的话，他们所有的做法都是理所当然了，而且这些理由哪怕有一条成立，我也愿意改善我对他们的印象。

我买了一张“普通海豚游”的票，可以与海豚在水下待30分钟。我穿上泳衣，跟着指示牌，来到一家快餐店，快餐店叫“海豚小屋”，有人给我一套黄色救生衣，并引我到其他七位游客中，整装待发。我们挤在一片阴影下，听一名海洋世界的员工讲解规则，他举着一只毛绒海豚，一边演示一边说：“不要击打或掌掴他们，”他讲英语，带西班牙口音，“他们不喜欢。也不要摸呼吸孔，那是他们的私密地带。”

“我们刚摸了鲨鱼，”顶着活泼金发的女人对我说道，她指指自己的丈夫，一位瘦长的、头发稀疏的男人，正出着大汗，“他还下水了，我不敢下去。”

“那些只是护士鲨，”男人说道，看上去非常不满，“他们就连牙齿都没有。”

女人摇头道：“才不管呢。我只知道，他们是鲨鱼。”

讲解完毕，我们被带到码头，那里有个半圆的围场，两名训豚师已等在那里了。池水深蓝，可能是要营造一种真实池塘或小湖的感觉，水的能见度很低。其中一名训豚师踏上浮台，刚将一个塑料冷藏箱放下，前方水面就有两头宽吻海豚乖顺地探出头来，其热情不下于拉布拉多猎犬，只不过他们是比猎犬更大的野生动物，身长足有12英尺，体重足有一千磅[①]，当我近距离观察他们之时，其身之大，一目了然。比较起来，夏威夷的飞旋海豚小得就像浴室里的玩具了。

我们在浮台边坐成一排，脚垂进水里。两头海豚没入水中，沿池子飞快地游了一圈，接着重新出现在冷藏箱面前。第二名训豚师是个壮实的拉丁小伙，这里暂且叫他阿隆索，他开始向我们介绍这两头海豚：“这是塞丽娜，这是尼亚加拉，”他边说边指。两头海豚将头从水里探出，嘴巴大张，我能看到他们厚厚的粉红舌头，还有一口错落有致的牙齿，看上去像一颗颗削尖的松仁。他们都有银亮的身体，而在下腹部有最柔和、最暗淡的粉色皮肤。“他们喜欢扎堆，”阿隆索对我们说道，

① 1磅约等于0.45千克。——译者注

临末还加上一句："他们处不好的话，就要打架了。"边说边模仿拳击动作，而海豚们正饥肠辘辘地盯着他看。

阿隆索不像是一个不良青年，只不过从举止上看，他可能更喜欢待在一艘嘉年华游轮的栏杆后面，尽情地喝着代基里酒，度过一个可以畅饮的夜晚。很显然，他并不适合"学习并普及有关海豚的前沿知识、研究进展及其他信息"，而在国际海洋动物训练员协会的官网上，这些却被规定为一项使命。阿隆索将冷藏箱打开，向塞丽娜和尼亚加拉扔去两条透明的小鱼。"嗑啦噼，嗑啦噼！"他大声唤道，双手猛烈地挥着。两头海豚蹿出水面，上身与水面垂直，胸鳍不停地拍水，大家都被弄湿了，目睹此景却一片欢呼。

半小时的相处中，两头海豚表演了很多杂技，但似乎没有一种能让他们表现出一点激情，而且在整个过程中，如果你用半秒钟想想，也能感受到他们那种令人沮丧的麻木。他们时而同时跃过我们的头顶，时而拖着我们在池里游弋，时而在训豚师的命令下用喙蹭我们的脸颊。每完成一项杂技，他们就会迅速地游到冷藏箱边，重新做出乞食的样子。阿隆索一边厉声地指导我们，一边向海豚打手语、吹出尖利的哨音，海豚乖乖地服从。

即便是海洋世界令人沉闷的水泥建筑，也终究无法掩盖塞丽娜和尼亚加拉的魔力。不管从哪方面看，两头海豚都比训豚师要有趣得多，而且与其他动物相比，他们的特技表演显然达到一个完全不同的等级。然而，在大众教育方面，海洋世界与其他以海豚观光为主题的游乐园都是半斤八两。虽然海豚的自然史如此丰富，如此惊人，但是海洋世界一点都不曾涉及，就连一点海洋保护方面的知识也没有提供。浮台上除训豚师外，还有拍照牟利的摄影师，即使你没注意到这点，你也一定对海洋世界的意图再清楚不过——因为他们从未在任何人面前介绍野生海豚令人惊奇的真实生活。

终于，塞丽娜和尼亚加拉完成了所有表演，我为他们的样子而感到震惊：他们的眼神呆滞，紧紧地盯着冷藏箱里的小鱼，仿佛他们等这一刻已经等了好长一段时间了。这样想着的时候，听见阿隆索向人群提问："你们有谁知道这些海豚的寿命？"

"20年？"一个十几岁的小姑娘猜道。

"对！"阿隆索说完，咧开嘴大笑，现出一排不太整齐的牙齿。"但也只是在这里。他们在海里会活得更短。"他竖起食指，以示强调，"在海里，他们的生活非常艰难。"

◇◆◇

1861年，马戏团经理费尼尔司·泰勒·巴纳姆首次将海豚用于表演。当他在加拿大的东北部发现大量群集的白鲸时，他马上弄来了两头，并将其运往自己在纽约建立的美国博物馆。凭着鬼马小精灵一样憨憨的外表、巨大的体型、温柔的性格，两头白鲸在活着的几小时内吸引了大批观众。他们在博物馆的二楼接受展览，与之一同展出的还有一头已被制成标本的大象，一条电鳗，一头会吹口琴的海豹，一位肥胖的女士，一位独腿的军人，一位名叫天鹅小姐、坐在宝座般的超大椅子上的女巨人症患者。

"去年八月份，我从拉布拉多带回了两头活着的白鲸，"巴纳姆写道，"带回的当天就死了一头，另一头在第二天也死去了。虽然只是昙花一现，但有上千名游客前来目睹了这种罕见的生物。之后，我又斥巨资带回了两头，但是还没赶到博物馆，他们就不行了。"巴纳姆仍不死心，他又来到加拿大，弄到更多的白鲸，仿佛那里的白鲸捕再多也捕不完。唯一的问题是，在费尽周折的运输途中，这些身长18英尺、体重3000磅的大块头会损失一部分商业价值。至少有九头活着的白鲸在博物馆展出，但是很快全部阵亡了。1865年，博物馆被烧成废墟，连带遇难的还有剩下的两头白鲸。在一篇关于那场大火的长文中，《纽约时报》对被烧死的白鲸表示了哀悼。

其他企业也开始展览白鲸（白鲸很容易捕捉），包括康尼岛上的纽约水族馆、（当时由一位马戏团经理和一位动物经销商共同经营）、波士顿水族园、伦敦皇家水族馆，当时能让一头白鲸活四天。巴纳姆也卷土重来，建了一座新的博物馆，并开始展览白鲸，直到再次被大火吞噬，而且巧得很，又有一对白鲸与博物馆俱焚。1897年，纽约水族馆被迁到炮台公园，并且引进了两头活着的白鲸。其中一头不出一周就死了，另一头竟活了20天，直到被食物噎死。

1938年，海洋工作室在佛罗里达州的圣奥古斯丁市成立，宽吻海豚首次被用于展览。该机构号称全球第一家“海洋水族馆”，但在成立之初，它只是被用来拍水下电影的。两座容积50万加仑的钢铸水池并排卧于沙滩之上，看上去像两艘带有时髦艺术装饰风格的宇宙飞船。钢池中生活着很多适于拍摄的海洋动物，镜头以最佳角度被安装在两百扇水下舷窗中。这是一项庞大的工程，耗资不菲，但前景乐观；后来有人提议对公众开放并售卖门票，以补偿运营的成本。

该机构刚问世便引起轰动。开张的那天，游客量达三万人次，他们通过舷窗观看水下闪闪发光的珊瑚礁、五颜六色的鱼群以及缓缓游过的海龟、海鳝、蝠鲼及鼬鲨。1938年，美国正从大萧条中挣扎出来，水下呼吸器还没有问世，当时谁也没有见过这样的景象。一位戴潜水头盔的潜水者从池底走过，亲手给梭鱼、大海鲢及大石斑鱼喂食。海马在流水中偏着身子，反射着斑驳的阳光；月球灰的章鱼从岩石下射出。那一定是种悠闲美妙的体验，仿佛人们关于海下世界的梦想，如今却在陆上实现了。

海洋工作室的创始人包括：柯尼勒斯·范德比尔特·惠特尼（他是范德比尔特和惠特尼两大家族的后代，同时也是泛美航空的创始人之一）、惠特尼的表兄弟威廉·道格拉斯·伯登、列夫·托尔斯泰的孙子康特·伊利亚·托尔斯泰。他们都有好莱坞或美国自然历史博物馆背景；他们本身也是探险家和冒险家，并在海洋水族馆旁建了一座研究室，诚邀科学家们前来研究未知的海洋生物（研究室非常抢手，去做实验的科学家得提前一年预约，里利首次的海豚实验就是在那里做的）。电影明星与选美皇后常常光顾海洋工作室，帮忙拍几张用于宣传的照片；欧内斯特·海明威也来莫比敌喝酒，那是一家现场酒吧，看上去像飘摇在海上的一艘轮船。

在海洋工作室里，最受欢迎的莫过于一头孤单的海豚，他在池里游来游去，嘴上叼着一块写有“我是一头宽吻海豚”的牌子。这并非宽吻海豚的首次亮相——早在1913年，纽约水族馆就展览过宽吻海豚——而是首次被严格训练后用于杂技表演。令人兴奋的是，水池中不断有新动物加入，其中包括更多的宽吻海豚和花斑原海豚。1948年，46头鲸在海洋水族馆前的沙滩上搁浅，幸存下来的有四头领航鲸，他们也成了海洋工作室的成员。

当被转移到水池中时，四头鲸已被太阳晒伤了，皮肤上满是水疱。他们拥在一处，甚至在晚上也是如此，身体随时都是彼此靠着的。不到八天，四头鲸就死了三头，最后一头却活了下来，一直活了九个月。活下来的鲸叫赫尔曼，是一头年龄在一岁左右的小领航鲸，失去同伴后，有三头雄性宽吻海豚常常欺负他。宽吻海豚欺人太甚，而赫尔曼由于畏惧、无能或者天性温和，被欺负后从不还手。同所有鲸目动物一样，赫尔曼的发声系统高度发达，但他发出的声音非常哀怨。一位目击者将其形容为“小孩的哭诉”以及“小豪猪或海狸的哀鸣”。这也难怪：赫尔曼老是被咬、被撞、被追赶，他的肋骨破裂了，尾巴伤得也不听使唤，以至他不得不像一头鲨鱼一样侧着游。有一次，一头宽吻海豚重重地击在赫尔曼身上，使他整个儿从水里弹出。当工作人员赶来制止的时候，赫尔曼的下巴已被打烂了，很快就不治而亡。

20世纪50年代，海洋工作室通过“鼠海豚”——一艘48英尺的收集船——从附近海域中捕到很多海豚，海豚们来来去去，供应却一直未断。随着经验的不断积累，人们发现有些海豚比其他海豚聪明，管理起来也更加容易。在一段记录海洋工作室海豚训练情况的文字中，有这样一句话：“经过一段时期的进步之后，有些会突然退步，脾气无故地暴躁起来。”终于，海豚明星出现了——一位喜欢社交的、名叫弗利比的雄性宽吻海豚。弗利比被宣传为“世界上受教育程度最高的海豚”，他会投篮，会踢足球，会跳圈，还会推着冲浪板上的狗在池里游逛。1955年，他领衔主演了电影《黑湖妖潭》的姊妹篇《造物复仇》。

弗利比的光芒很快被一头叫弗里帕的海豚盖过。但他只是一个影视角色，不是一头真实的海豚。扮演过他的5头海豚均是雌海豚，而且都被打了类固醇，在水族馆接受训练，演起弗里帕来看不出破绽。1963年，以弗里帕为主角的电影《海豚的故事》上映，票房高达800万美元。紧接着，为其量身定做的电视剧开播，每周一集。每一集中，弗里帕都会救主人一家脱离一系列海难，如水下爆炸、鳄鱼撕咬、鲨鱼袭击等等。虽然剧情有点卡通化和不切实际，该节目却让很多人产生共鸣。“海豚会做出惊人之举，”《纽约时报》热情地评论道，“它用自己的方式表达同情和欢乐，使得一切八英尺内的生物相形见绌。”

这部电影从佛罗里达州的椰树林（节目拍摄地）传遍北美的其他地方，就连最封闭的内陆地区也知道这档节目。一时间，每个人都想看看活跃的海豚。《海豚的故事》开播之后，美国掀起一股海豚热，海洋主题公园成了数十亿美元的全球产业。在加勒比海地区，提供与海豚同游项目的公园正以每年两座的速度投运，有些公园甚至坐落在罗马尼亚与柬埔寨这样落后的国家。

热度消退之后，海洋工作室更名为海洋国海豚探险公园，目前已被佐治亚水族馆收归旗下。在该公园内，游客只需花费99美元，就可以让“海豚艺术家”——一头衔着颜料管的海豚——为自己画像，限时15分钟。（这里也卖“训豚师一日体验”票，票价475美元；比较起来，海洋世界冒险公园的收费还算便宜了。）甚至还有跟海豚相关的公司上市，这方面我至少知道一个例子：海洋世界娱乐公司，海洋主题公园行业中最大的一个品牌，于2013年4月在纽约证券交易所上市，市值25亿美元。“增加游客量并非我们工作的重心，”首次公开募股达到7.02亿美元之后，该公司的CEO吉姆·艾奇逊对《华尔街日报》说道，“我们只关注如何提升财务业绩。”

◇◆◇

围场内已没有人了，训豚师也收好冷藏箱，纷纷散去。我站在走道上，看见塞丽娜和尼亚加拉正机械地绕着圈子，很明显，他们已经意识到没有鱼了。扬声器大幅度振动，电子乐传遍海洋世界的每个角落，其分贝之高，栏杆都随之颤动。整天生活在震耳的音乐与游客的尖叫中，不知这对听觉高度敏感的动物来说意味着什么。噪音是种物理力，如果不断地受到噪音干扰，我们很快就会崩溃的（想象一下，你被锁在房间里，房间里有人开着手电钻，或者吼着嗓子唱卡拉OK，或者不停地刮擦着一块金属）。过多的噪音使我们心烦意乱，甚至带来实质的伤害。它能破坏神经系统、血液循环、心理健康以及正常的听力。海豚听到的声音频率范围比我们要高得多，所以更受不了这些噪音。在瑞士，一家名叫康妮乐园的海洋主题公园举行了长达16小时的狂欢，之后就有两头海豚死在附近的围场里。

在人类虐待海豚的历史记录中，康妮乐园很久之前便已臭名昭著了。之前有业主修建了一座水下夜总会，透过夜总会的窗玻璃，闪烁的灯光与劲爆的音乐直传到海豚池中，一位科学家将此举骂为“史上最变态的事”。在康妮乐园30年的运营历史中，其海豚还要遭受来自皮肤损伤、肺炎、脑损伤、心脏变形、肾脏病、卡在肠道里的蘑菇的伤害。

虽然并不清楚海豚为什么被蘑菇卡住，但海豚对各种东西都比较好奇，常常吞下游客扔进围场的垃圾。令科学家不解的是，为什么海豚在饲养条件下会如此频繁地犯错？他们拥有精准的声呐系统，为什么会突然认不清皮手套或薯条盒，以致将它们当成食物吞下？科学家怀疑，园方让海豚养成吃死鱼的习惯（而在海里，海豚只捕食活物），他们因此丧失辨别食物的能力，并开始将一切遇到的东西当食物吞下。对海豚来说，这是十分危险的行为，因为它会造成肠道阻塞，而肠道一旦阻塞，海豚往往就活不成了。塑料碎片常常夺去海豚的性命，但海豚也可能死于误食瓶盖、硬币、车钥匙、咖啡杯、瓦片、打火机、气球、橡皮玩具、首饰、钢丝绒、钉子、沥青块。（2006年，在中国抚顺，两头海豚将水池中的乙烯树脂膜吞下，救援人员无法用手术工具将异物取出，遂请来被吉尼斯世界纪录认证为“世界第一高人”、身高7英尺9英寸的蒙古牧民鲍喜顺帮忙，喜顺将他42英寸的手臂伸入海豚的喉中，塑料膜才被成功地取出。）

另一个原因可能是无聊。如果整个世界对你来说只是一方单调乏味的泳池，你也有可能对人们丢进泳池的东西产生浓厚的兴趣。对于海豚这样天资聪慧、创造力强、爱好交际的动物来说，单调灰白的水泥池无异于关押精神病人的房间。行为生物学家托尼·弗罗霍夫致力于饲养条件下海豚所受压力的研究，他观察到海豚不停地咬水泥墙壁，以致牙齿一颗颗碎掉，不但如此，他们还频繁地往墙上撞去。不堪重负的海豚，正同承受巨大压力的人类一样，会出现溃疡、心脏病、免疫系统崩溃等症状。他们很容易死于肺炎、肝炎、脑膜炎之类的疾病。

有些海豚学会了适应，但哪怕是最大的人工围场，也无法与天然的水域相比。在天然水域中，海豚与很多群体有紧密的联系，据此可在变化无常的环境中安然捕食、游戏及社交。无论在深海里，还是在浅水区，他们都能团结协作，想出机智的捕鱼策略。在澳大利亚的鲨鱼湾，一群宽吻海豚为从海底粗糙不平的沙层中找穴居鱼，会用海绵当保护套，将喙的尖端包好。在其他地方，海豚会吹出很多气泡，或者将清水搅浑，借以迷惑鱼群。有人还拍到这样的画面，为了捕食卧在一块浮冰上的海豹，一群虎鲸排成整齐的一列，同时用尾巴制造波浪，最后将海豹从浮冰上摇了下来。针对不同的环境，海豚可以制订不同的捕食计划。无论在什么地方，在巨浪中，在平静的海湾，在清冽如酒的热带海域，在泥沙沉积的河流，在海藻林，在鳗草丛，在阳光、月光乃至一切光所照射不到的深海，海豚都会并肩作战。

现在我们才逐渐明白，“并肩”一词对海豚有多么重要。在野外，海豚与其他海豚交往，他们一起游荡，一起打情骂俏，其生活都是围着关系转的。与我们一样，海豚之间拥有紧密长期的联系，岁月的流逝、长期的分离，都无法令其淡化。来自芝加哥大学的科学家杰森·布鲁克证明，即便分开达20年了，海豚也能认出老朋友的招牌声音，并且激动地做出回应。事实上，他们的关系之铁，以至在有生命危险的时候，他们都不会离开彼此，而当他们痛失所爱之后，也会表现出深切的悲恸之情。

海洋主题公园为兜揽生意，经常将人工池标榜为海豚的天堂，说在海洋污染越来越烈的今天，天然环境中的海豚很难再捕到鱼吃，而在这里却不会挨饿。在接受某家报纸采访之时，点抗动物园前总裁汤姆·奥滕总结了以上逻辑：“在野外虽然自由，但已没有什么必然优势了。”然而，就算在四季酒店享受金枪鱼生鱼片套餐，人工环境下的海豚还是有种被掏空的感觉。海豚为了适应海里的生活，经过数千万年的进化练就出一身技能，包括声呐、捕猎术及交流能力，可是一到了水泥池中，海豚就没了用武之地，他们不再属于那些还有机会运用这些本事的海豚集体，相反，他们无法选择交际的圈子，只能听凭园方工作人员的安排，他们做什么不做什么，都得以观众的喜好为前提。

难怪海豚们病了，神经过敏了，抑郁了，焦虑了；难怪园方在喂海豚的时候，会在食物里掺抗生素、地西泮和西咪替丁。跟我们一样，不同海豚表达情绪的方式不同：有些变得消沉、绝望；有些疯狂地迷恋性交，除了与异性交配，他们还会与同性、训豚师、甚至没有生命的物体交配；还有些会尝试着给自己找个固定的性伴侣：在海洋工作室里，一头海豚盯上了一条鳗鱼，不停地要与之交合。

他们还通过寻衅来发泄情绪。阿隆索一针见血地指出：“他们会打架。”2008年，在国际海洋动物训练员协会出版的一期杂志中，史蒂夫·赫恩（荷兰哈尔德韦克海豚馆海豚部部长）谈到令一群成年雄性宽吻海豚接纳年轻海豚的过程：“在我们从事过的所有培训及社会化工作中，这一定是最刺激，同时也是最危险的一种。

因为，说实话，我们对于海豚彼此的反应完全没底……最后实在没有办法了，你不得不将他们强行撮合在一起。”然而，我们从领航鲸赫尔曼的事例就可以发现，这种强行撮合的做法都不得善终。

我们无法统计海豚斗殴所造成的伤亡数——这是所有海洋主题公园不得不面对的难题，而且他们没有一家愿意将实情披露——但只要稍微找找，就不难发现一些残忍的记录。海豚被激怒后，往往出现磨牙、抖下巴、甩尾、撞头、撕咬、快速追赶等行为。有些海豚为逃避欺凌，从水池中一跃而起，结果死于头颅骨折。在中国，一头雌性宽吻海豚的背鳍受了重伤，最后被兽医整个儿地锯下，据大连老虎滩海洋公园的说法，该海豚刚刚经历过一场“种群内部斗争”。在圣地亚哥海洋世界，两头雌性虎鲸撞在一起，其中一头叫坎度，来自冰岛，体重5000磅，另一头叫科尔基，来自加拿大，体重7000磅。结果坎度的下巴骨折，一条动脉碎裂了，鲜血从呼吸孔喷泉般涌出。当时有数千名观众在看台上旁观，池中的水被染成深红，坎度失血过多而死。该事件被海洋世界描述成一种“正常的、由社交引起的侵略行为”。美国人道协会的专家们有不同的说法，他们在一篇报告中写道：“需要注意的是，在自然条件下，不同海域中的两头虎鲸永远不可能离对方这样近，而且目前找不到一条野外的虎鲸被同类暴力攻击致死的记录。”

人工条件下的海豚并非只伤害同类，他们每隔一段时间就会攻击人：在奥兰多海洋世界的海豚湾里，一头宽吻海豚死命咬住一位七岁小男孩的手，两个人都无法将他的嘴掰开；在另一座海豚馆中，一位男士与海豚同游的时候，其胸骨被海豚击断了；在日本的某地，一位女士的背部为海豚所伤，肋骨也断了几根；在别的地方，海豚撞落了一位与之同游的游客的牙齿；在库拉索岛最近发生的一起事件中，一头宽吻海豚跃到一群游客的上方，故意向他们砸去。你与愤怒的海豚相处越久，你就越可能遭遇不测：加州大学进行了一项调查，调查对象是与海洋哺乳动物打交道的工作人员，结果显示，52%的受访者承认自己曾被动物们所伤。

我在无意中浏览到一篇文章，作者是位俄罗斯籍科学家（署名为G. A.

Shurepova），他用详细的图解说明了这些争端是怎么发生的。文中提到了一个例子，训豚师将一头雄性宽吻海豚从其他10头海豚中分离出来，结果发生了这样的事情：

起初，训豚师R进入池中工作，海豚向他游过来，将他手中的鱼叼走……游到中途突然转向，并在水下迅速地转了两圈，接着游近训豚师，用喙部蹭他的身侧……然后是一连串较轻的撞击……突然间，海豚快速地回转过来，并用胸鳍狠抽训豚师……袭击成功之后，它又转过来看他。训豚师已僵在那里，它又从水中垂直跃起，整个头都露出来了，尾部却在训豚师身上重重一击，正好打在肚子上，差一点把他打晕。

训豚师R最终从水里逃出，但海豚仍不罢休。在接下来的训练中，它“用背鳍撞他的胸腔”“在他脸边剧烈地摆尾”“用背鳍狠击他的腹部”“猛然跃起，抽打他的双臂”“恶狠狠地咬牙切齿，突然一个有力的转身，尾鳍重重地一扇，所幸并没有命中”。随后，海豚“开始咬他了”。

一头盛怒的海豚可致人重伤，个头更大的海豚，其危险性也随之更大。虎鲸，地球上最大的海豚，自有令人胆寒的记录：每一位训练过虎鲸的人都曾被虎鲸痛击、冲撞、碰伤、咬伤或者通过其他方式折磨过。在接受《圣地亚哥联盟报》的采访时，一位训豚师说道：“这是我们每个人都免不了的。”在一本颇受欢迎的培训指南中，凡是虎鲸出现“撞、咬、抓、将人拽入水底并拖住不放”等行为时，即被视为有“攻击倾向”。

在我去多米尼加的前不久，佛罗里达州发生了一起悲惨事件，事发地在奥兰多海洋世界。该事件表明，与一头无聊沮丧且被粗暴对待的鲸共处，其危险性有多么大。提里库姆是头身长22英尺、体重1.2万磅的雄性虎鲸，在一场名为“与夏木[①]

① 一头雌性虎鲸的名字，世上第一头会表演的虎鲸，性情温顺，生前的人气颇高，在她死后，为纪念这头难得的虎鲸，海洋世界便用“夏木”命名一切虎鲸表演类节目。——译者注

共餐”的表演中，他杀死了训豚师唐恩·布兰乔。当时在池边咖啡馆里观看表演的观众，以及携家人在水下窗口排队与虎鲸合影的游客们，目击这一幕后都被吓坏了：提里库姆咬住布兰乔的手臂，将她从岸上拽了下来。虽然其他工作人员为救人已尽了全力——包括向虎鲸撒网、将池底升高——但提里库姆与他们成功周旋了45分钟，期间衔着布兰乔左摇右甩，将她按在池底，致其颈部与下巴骨折，部分头皮被撕掉，左臂断落，并最终夺去了她的性命。不得不承认，这是一场纯粹蓄意的谋杀，而且还不是一次两次的偶然事件。就在事发时的两个月前，在加那利群岛上的鹦鹉公园内，训豚师亚历克西斯·马丁内兹曾被一头名叫凯托的虎鲸咬住、碾压并按在水下。

虽然从未听说虎鲸在野外杀人的例子，但在有提里库姆的池中，布兰乔已是第三个遇害的人了。提里库姆刚被抓来的时候，隶属于太平洋海陆世界（卑诗省的一座海洋主题公园）。1991年，一名20岁的训豚师凯尔蒂·拜恩提着一桶鱼从岸上走过时，不小心滑了一跤，摔进提里库姆的池中，结果被提里库姆杀害，其死法几乎与布兰乔的死法一模一样。虽然尚不确定提里库姆是否该为她的死负全部责任——与他同池的还有另外两头虎鲸——但他肯定参与了。提里库姆咬住拜恩的尸体不放，救援人员花了将近两个小时才将拜恩拽出来。

拜恩死后，海洋世界正需要一头用于配种的雄性虎鲸，于是提里库姆被太平洋海陆世界转卖给海洋世界，并被运到奥兰多。某日清晨，在提里库姆的新家，保安注意到他拱着什么白色的东西游来游去，仔细一看，原来是一具男尸。死者名叫丹尼尔·杜克斯，是个27岁的流浪汉。前一天夜晚，在公园关门之后，他很不明智地溜进提里库姆的池中游泳。潜水员被派到池里打捞杜克斯七零八落的尸体，甚至还包括一只睾丸。

就算你是海洋主题公园最热心的拥趸，你也一定会觉得，将提里库姆关起来的做法会是一场反响极其恶劣的悲剧。提里库姆是一头生活在冰岛的虎鲸，被捕时只有两岁，之后过了30年的囚禁生涯——在太平洋海陆世界生活了七年，其他时间在奥兰多海洋世界度过。在这两个地方，虽然体型大如卡车，但提里库姆被雌虎鲸们打击得相当厉害，以致他不得不常常躲起来保命。

虎鲸的社会形态是母系社会，成员之间的联系非常紧密。在野外，提里库姆会跟随母亲长大，并从母亲那里学会一个群体特有的、代代相传的方言；在北大西洋物种丰富的寒冷水域中，他可以在一天之内游出80英里的距离；他本可以学会辨别方向以及虎鲸必备的捕猎技能（虎鲸可以轻松地捕到灰鲸）；他还会繁衍后代，与邻近群体的雌性交配。可实际上，他只能孤独地屈居在人工池中，吃着死掉的鲱鱼，还要被海洋世界的员工手淫，生殖器被涂上液体润滑剂，射出冷冰冰的精液，用来给其他被囚的雌性做人工授精。提里库姆作为一头虎鲸的真实存在已被夏木生前给人留下的印象取代。

人们用尽了各种办法，也无法将这头六吨重的海豚驯服。他与夏木不同，他并非为谁定制的卡通形象，海洋里的各种精彩对他来说可望不可即，他在人类的呵护下生活得太久了，已不可能在野外存活。由于多年不断地咬围场的金属栏杆，他的牙齿烂穿了，已没有多大用途，所以就算他能奇迹般地找到自己曾经失散的群体，也无法再适应下来。作为一头最具野性的动物，他却再没有机会回归野外。还有什么可以定义提里库姆，一头人工环境之下野性难驯的海豚？我们只能将他看作一个最疯狂的混合体：一个用于娱乐表演的连环杀人狂。

◇◆◇

我在走道上多站了一会儿，看水池中孤零零的塞丽娜和尼亚加拉漫无目的地转圈。太阳不再那么猛烈了，下午杏金色的阳光在周围闪耀，水波摇曳着金属的光泽，摇到阴影处又不见了。在环礁湖边，我看到训豚师脚步轻快地走到码头，为那些没有参加表演的海豚喂食。他们每人提着一只醒目的塑料冷藏箱，围栏里的海豚见到后纷纷活跃起来。其中一头跳到岸上，用尾巴扑腾着前进，仿佛在为得到一份鱼而卖力表演。边上有一圈按摩浴缸大小的围栏，围栏里浮着一头安静的宽吻海豚，两名工作人员就跪在旁边。一根透明的塑料管从海豚的呼吸孔接到一个金属罐中，金属罐又与一个电源插座相连，仿佛要把那海豚抽干。有一位员工转过身来，发现我在看他们，他愤怒的示意我走开。

我被他明显不怀好意的手势吓了一跳，所以只好转换阵地，藏到一块牌子后面。塞丽娜朝我游来，就在我面前的栏杆下闲转。她把头从水里探出，接着翻一个身，似乎想从不同的角度打量我。与文静的、个头较小的飞旋海豚不同，这些宽吻海豚看上去非常主动，似乎想要努力打破人与海豚之间的隔阂。我能体会到为什么与他们过从甚密的科学家会被这样的经历感动，为什么里利如此执着于弄清他们的想法。

我转身离开，正好碰到阿隆索。我向他点头示意，接着往出口走去，但我突然想起之前一直想问的问题，“嗨！”我向他喊道，“这些海豚从哪里来的？”他停下脚步，盯着我看了很久。“嗯，问得好，”他说道，虽然在笑，但语含怒意，眼神冷硬，“有一头来自洪都拉斯，有一头来自古巴，还有一头就是从那里来的。”他说着，手朝海边略微一挥。一共16头海豚，他才说三头，明显不够，但我不想再逼问下去。我的问题虽说简单，但也非同小可，虽然当时我并不知道这点。阿隆索的回答并不精明，他明显在回避什么。当时我也没有意识到，几个月后，当我了解了海豚是怎样从野外被捕来的，我像被一阵回头浪打到水下不为人知的深处，那简直是个地狱般的世界。

## Clappy, Clappy

第四章

# 友　谊

在爱尔兰，丁格尔半岛像一根被凯里郡伸进大西洋的巨大手指，岛上的标志性景区包括利斯波尔、巴利费利特海湾及佛拉翠斯尼格。在这里，特拉利是一个有音乐、有带草皮屋顶的霍比特人小木屋，以及有泥炭沼泽的地方；巴利内夫努尔拉夫以13世纪被遗弃的精致的石头堡垒闻名；瑞斯科是一座修道院废墟，有1400年历史的蜂窝形小屋就建在这里。丁格尔半岛的历史躺在厚厚的土层之中，这里有新石器时代的遗址、中世纪的古城堡、青铜时代的工具、铁器时代的武器以及一切你能想到的遗迹；这里到处都有神秘的石头，上面镌着凯尔特符号，按某种宗教仪式被堆成石冢，像是小规模的巨石阵；每个小村庄都有一段古老的故事，在大地上代代相传；每家每户都对自己家族的过去怀有强烈的自豪感，每天要喝好几品脱的健力士黑啤以作为纪念。丁格尔镇本身也不落人后，这里有著名的丁格尔海豚——弗吉。

我之前就听说过弗吉：一头雄性宽吻海豚，主动放弃远海的生活，一直住在丁格尔湾内。丁格尔湾是个平静狭窄的入海口，两旁是低矮的青山，山上零星地散放着绵羊。据当地传说，自从1983年10月，他就在这片面积不足几个街区的海域里活动了。对于一头海豚来说，这里似乎并不是一个理想的安家之地。虽然丁格尔湾幸免于北大西洋可怕的环境——汹涌的大海、呼啸的狂风——因为海豚完全能驾驭怒涛，而且他们似乎还以此为乐：随巨浪起伏、在船开过的海面跃起、在巨大的漩涡中游戏。相形之下，丁格尔湾只不过是一个鱼塘罢了，除了海豚弗吉以外，在丁格尔最具野性的动物恐怕要算吃草的牛了。

住在海湾内的弗吉还得面对频繁的船舶交通，镇上的渔船队在这里往返，而且看似平静的海湾却常常大起大落——有些日子，落差甚至高达15英尺，其水深变化如此之大，以致海豚稍不留神就会在淤泥中搁浅。丁格尔湾也不可能成为海洋动物们的避难所：在过去，这里的垃圾是出了名地多。那么，一头完全成熟的宽吻海豚，放着一片随他怎么游都行的大海不去，却偏安于一个小小的鱼塘，他到底想干吗？他的群伴在哪？弗吉无论在何时现身——他好像每天都在——他总是孤零零的。

尽管弗吉有他自己的脸书与推特账号，但我不确定他是否真像宣传的那样尽人皆知。不知为什么，关于他的故事在我看来总觉得可疑。他给我的印象更多的是一个小镇的吉祥物，而非一头真实的动物；他更像英国少数民族盖尔人设计的迪斯尼动画角色，设计的初衷很可能是为了促进当地的旅游。为什么这么说呢？第一，如果一头成年宽吻海豚要在丁格尔湾连续生活30年的话，他至少也有42～43岁了吧，虽然40出头的海豚还不算太老，但在丁格尔湾这种环境中活这么久，恐怕不怎么现实。群体生活能保障安全，使捕猎更容易成功，维持成员之间的社交关系、性关系及亲缘关系——这是海豚赖以生存的要素。“一只落单的海豚”像是运用矛盾修辞组成的短语。那么，这头海豚为什么却活得好好的？

海豚独行侠弗吉的故事看起来不那么可信。但没想到的是，与之类似的海豚竟不在少数。实际上，这样的记录可找到很多：因为某些不为人知的原因，海豚选择放弃自己的同伴——或者被同伴抛弃，或者与同伴走散，或者生下来就成了孤儿，或者通过其他方式变成了孤家寡人——并转而寻求与人类的友谊。这些动物多半是宽吻海豚，但也有虎鲸、花斑原海豚、真海豚、暗色斑纹海豚、灰海豚、白鲸、甚至罕见的南美长吻海豚——一种肚腹粉色的南美豚种——独来独去，并且住进一块面积不大的水域，长期与人类接触。

这种现象连科学家也无法解释，但自古就有海豚与人类为友的传说。亚里士多德写到海豚的时候，直接说他们“对小男孩十分依恋”，仿佛这是一个尽人皆知的事实。公元77年，关于一头名叫西莫的海豚与一个喂他面包块的男孩相恋的故事，罗马博物学家兼哲学家老普林尼记录道：“每一天，（海豚）随时都可能被男孩召唤，虽然他藏在视线不及的水底，但总是随叫随到，迅速游到水面来。吃完男孩手中的食物后，他会把背献出来让男孩骑……他欢快地背上男孩，并带着他游很远的距离……这种关系维持了几年，直到男孩病逝为止。然而，海豚还是如往常一样，每天都到水面来，一举一动都像沉浸在巨大的悲痛之中，并最终死于过度的悲痛——这是每个人都确信不疑的。”

普林尼还记录了很多人与海豚相处的例子，例如，一位名叫夫拉维安纳斯的罗马地方总督常常骑着一头海豚玩，后来海豚不让他骑了，结果海豚被判处死刑；又如，一个小男孩与一头海豚十分亲密，以至他走到哪，海豚就跟到哪，亚历山大大帝很喜欢这种关系，并任命小男孩为巴比伦尼普顿神庙的大祭司。

如果你知道海豚与人走得太近有多么危险，再想一下这么多人与海豚的故事都有类似的主题——海豚主动亲近人，海豚喜欢与人们玩耍，海豚助人，海豚救人——那结果就更加耐人寻味了。要不是海豚早就以其超人般救人于危难中的形象著称的话，以上行为根本经不起推敲。但是千百年来有关海豚的传说都在渲染他们对于自己遇到的人类所表现出的大度与善良，而实际上，人类这种靠两脚行走的笨拙生物与作为水下精英的海豚们是如此地格格不入。在大众的认知中，海豚就像一位本领高强的救生员，能在各种海难中将人类救出，他们偶尔也会帮我们一点小忙，例如，找回遗失的潜水装置、帮渔民抓鱼，等等。然而，很难相信海豚真关心我们——要知道，“我们”正是那些用网捕他们，用化学物质毒害他们，让他们表演愚蠢的杂技，甚至在有些地方还会吃他们的人——但他们的做法确实像那么回事，至少有部分如此。

在《美丽心灵》一书中，生物学家玛达莱娜·比尔兹记录了她在某个阴郁多雾的早晨，曾沿洛杉矶海岸追踪一群宽吻海豚的经历。当时海豚们在搜索鱼群，所以并没有注意到后面跟着的研究船。最终，他们发现一大群沙丁鱼，并开始追捕行动。如果有什么能使一头海豚注意的话，那只能是一大群鱼了。因此，当其中一头海豚放弃了捕鱼，突然以最快的速度游向远海之时，比尔兹猝不及防。剩下的海豚紧随其后，比尔兹与其他船员也跟了上去。朝远海飞速地游了将近三英里之后，海豚们不再前进，而是围成一个圈。令科学家们震惊的是，圈子中心竟有一名少女在水面漂着。该少女有十几岁，几乎快要不行了，而且就在不久前，该少女还企图自杀。她的脖子周围缠着一个塑料袋，袋里有她的身份信息以及一封告别信。多亏了这些海豚，少女得救了。“我至今还会想起甚至梦见那个寒冷的早晨，”比尔兹写道，“那位面色苍白的瘦弱女孩，迷失在大海中，却因某种无法解释的原因，又被我们，被海豚们发现。”

类似的故事一抓一大把：一个著名的例子是，五岁的古巴难民埃连·冈萨雷斯乘坐的小船沉了，船上其他人全部遇难，而他在海上独自漂流了48小时后，最终在距佛罗里达海岸3英里的海域里被救了上来。获救后，埃连开口第一句话就提到海豚，提到在13英尺深的海里，海豚怎样围着他，防止他从救生圈里滑落出来。还有，2004年12月26日，一场9.1级大地震波及泰国普吉岛附近的水域，在七艘满载水肺潜水员的潜水船上，大家都被眼前的一幕惊呆了：一群海豚戏剧性地出现在前方，他们纷纷跃出水面，以引起众人的注意，这一幕连经验丰富的船长或潜水长都从未见过。当时海浪翻腾，船长决定返航，但海豚们似乎在拼命地召唤他们，恳求他们继续前进。为一探究竟，船队接着跟上。当时谁也不知道的是，在船队的下方，一场巨大的海啸正朝海岸推进，而且不久便会造成空前的损失和人员伤亡。他们在事后才明白过来，海豚通过将他们引到远海，远离破坏力十足的海浪，救了他们所有人的性命。

冲浪者似乎特别受到海豚的关照：海豚帮助冲浪者的记录比其他的记录都多。在加州的蒙特雷海湾，一头大白鲨连续三次进攻一位名叫托德·恩得利斯的冲浪者，不料却被一群海豚赶跑了。接着，海豚们将恩得利斯围起来，护送他安全抵岸。甚至在大白鲨展开攻击之前，海豚们就在附近游来游去了，对他表现出异乎寻常的关注。当大白鲨第一次接近恩得利斯之时，海豚出现明显的骚动：将背鳍露出水面，尾鳍疯狂地拍水，看上去非常愤怒，以至另一位离恩得利斯15英尺开外的冲浪者韦斯·威廉姆斯在一旁纳闷：“他哪里惹海豚了？”当他看清形势之后，他划过去救恩得利斯。恩得利斯挣扎在一片血海中，鲨鱼紧接着又发动了第二次进攻。威廉姆斯看到一头海豚忍者从水里跃出，尾鳍重重甩在鲨鱼上，给那凶手一记李小龙式的飞踢。

做客《克雷格深深夜秀》之时，演员迪克·范·戴克讲述了自己与海豚的一次遭遇：当时他在一块冲浪板上睡着了，冲浪板从弗吉尼亚海滩上意外地漂入大海，越漂越远，以致看不到任何陆地的影子，后来还是一群海豚将他推回到岸边；澳大利亚职业冲浪者戴夫·拉斯多维奇站在冲浪板上，等着一道浪打来，令他吃惊的是，他看到一头鲨鱼朝他袭来，结果却被一头海豚打跑了。（巧得很，就在两天前，拉斯多维奇刚刚成立“冲浪者护鲸团”，一个致力于保护海豚与鲸的非营利组织。）

这些故事能说明什么？有一点值得注意的是：海豚对待我们的方式，常常也是他们对待同伴的方式。例如，海豚的一个典型行为就是驱逐鲨鱼，或者将受伤的同伴顶到水面，好使他正常呼吸，又或者带领同群的伙伴脱离危险。在海豚们居无定所的海下世界，独处意味着弱势，因此，他们如果发现水中有位孤零零的人，就觉得那人一定很需要帮助。然而，并不是只有紧急情况才会让海豚注意我们：在澳大利亚天阁露玛度假村，人们定期站在浅水区，喂鱼给野生宽吻海豚吃，生物学家已记录了23例海豚报恩的事，他们游回来献上新抓的金枪鱼、鳗鱼和章鱼作为回礼。

换句话说，他们并非随时都能分清人与海豚的区别。我们虽然不是他们的一员，不过他们有时好像并不太介意——他们直接授予我们荣誉海豚的称号。这或许能解释为什么弗吉会在人来人往的丁格尔安家。可能对他来说，丁格尔的居民只不过是样子有点古怪的海豚罢了。

◇◆◇

开车从都柏林到丁格尔，蜿蜒穿行在这植被丰茂、一派祥和的国家，一路经过一座座繁华的小城以及古雅的小镇。当地的交通规则要求汽车靠左行，驾驶员得在右舵驾驶，并用左手调档，我尽量去适应这些。但我还是觉得不习惯，仿佛都不知道怎么开车了，更惨的是，当时还有雨飑肆虐，路线太绕，街道又不宽，而且街道边上立着一桩桩邮筒，不高不矮，刚好遮住我的后视镜。整整六小时，我都不敢掉以轻心，生怕会撞上什么，当汽车爬过最后一片山冈，驶入通往丁格尔的山谷之时，我感到如释重负。远方出现一片银灰色的海湾，浓云从高空飘过，海湾变成薰衣草似的紫色。

丁格尔是一个海港小镇，镇上的一切都朝着大海。各种蜡笔色的酒馆、饭店与客栈整齐地排在主干道两侧，而在主干道的正前方便是海湾。从主干道起，一条条村巷分叉而出，如同大河的支流，迷人如画，只不过其走势有几分是朝上的。不同年代的渔船停泊在码头，三三两两并排着，船上配备有救生圈、绳索、网以及一堆锈迹斑斑的零件——只要你认得它们，它们还可能派上用场。

在小镇的广场附近，我停好车，并走出来四下看看。广场地面是由一块块“人”字形砖铺成的，宽阔显眼，正中闪耀着一尊弗吉的铜像，与真实的海豚一般大小——我知道，我已来到丁格尔的中心地带了。我看见两个小孩骑在铜像上，正吃着羊角面包，双方父母在一边用手机给他们拍照；还有其他家庭为等拍照的机会，在旁边盘桓不去。一个小女孩身着紫红的运动套装，绕着铜像跑圈子，不停地喊着：“弗吉！弗吉！弗吉！”

站着看了一阵，我问后面推婴儿车的男人，他有没有亲眼见过弗吉。我这一问好像让他大吃一惊。“噢，有的。我都见过好多次了，”他说道，接着朝海湾指去，“他都在这里。”那位小女孩也跑过来了，就停在面前。近了才发现，她的脸上有个蓝色的海豚纹身——应该是一次性的。“克莱尔，你能告诉阿姨海豚今天都干吗了吗？”男人笑着问她，紧接着向我耳语：“可把她给吓坏了。”小女孩使劲点头：“他差点就打到爸爸的头啦！”很难想象那样的画面，正当要问个明白，那个男人却离开了，他女儿则爬到铜像上，一个男孩被挤到了尾鳍边上。

铜像后矗立着一栋石头建筑，看上去像港务长的办公室；窗户上贴着有关弗吉的招贴画、广告与剪报。我踱过去看上面的文字。八英尺的纸板海豚就贴在窗玻璃后面，上面写着：“弗吉棒极了！今天就来看他吧！详询：www.dingledolphin.com”在一张描绘附近水域的插画地图上，弗吉正从海湾的中心射出，图画边配有“海豚”的爱尔兰文：“Doilphín”。在一块剪报上，照片中的弗吉正仰天躺着，旁边有一艘红色小船，一个女人靠在船舷边挠他的肚子，文章标题为《爱玩的海豚》。那么，为什么这头“善良的海豚”会在丁格尔待这么久？该文作者采访了当地的居民。“或许他只是喜欢交际，同时还喜欢爱尔兰的生活方式吧。”一位居民若有所思地回答。

另一篇文章宣称：“爱玩的海豚弗吉已打破世界纪录……正式成为地球上最忠诚的动物！”文章说，在这场头衔的争夺中，弗吉打败了一头名为“罗盘杰克”的灰海豚。从1888年到1912年，24年的时间里，杰克都在新西兰的库客海峡为船只保驾护航。作为新西兰北岛与南岛之间的一片复杂的海域，库客海峡囊括了一切可能的危险：波涛、暗礁、强风及激流——被毛利人称为“卷吸涡”的水域。杰克还没来的时候，这里发生了很多新西兰史上最严重的海难。

杰克的任务是为过往的船只护航。通常情况下，只要有船只经过，他会立即出现在船头；他如果没能及时现身，船长一般都会停下来等他。凭着精湛的导航技术以及愉快的表达方式——在船首波中横跃，用身子蹭船的外缘——杰克深得人们的喜爱。“他在我们旁边游着，给人一种小鸟依人的感觉。”一位水手回忆道。

大家都说，杰克是头十分漂亮的动物。他有14英尺长，体表呈现斑驳的银色，银色在尾鳍的末端转暗。年纪大些之后，他的体色变白了，随之变得明显的是浑身数不清的刮擦痕，他的身体仿佛成了人们胡乱涂鸦的地方。与所有灰海豚一样，他的头又圆又大，喙却只有一小截，给人一种既滑稽又睿智的印象。在任期间，罗盘杰克声名远扬，游客们蜂拥而来，只为一睹杰克的真容。人们为他创作了很多歌曲；吉卜林与马克·吐温都见过他领航的样子；有时他也出现在各种八卦专栏上。

后来，在当地一艘名为“企鹅号”的渡船上，一名船客用步枪将杰克射伤，杰克因此消失了数周之久。为保护杰克，新西兰政府特地通过了一道法案，杰克也在枪伤痊愈后回到了岗位。但有很多目击者宣称，杰克从此再没有替“企鹅号”导航，他一看见那艘船就迅速潜没了。或许真有业报一事吧，三年之后，“企鹅号”在撞上一块礁石之后，全部沉没了。

◇◆◇

第二天一早，我买了一张“阿瓦隆女士号”的船票。“阿瓦隆女士号”是一艘结实的、蓝白相间的拖网渔船，早上九点钟出发，乘着她，你就有机会在丁格尔湾看到海豚弗吉了。当天多云、无风，但空气潮润得快拧出水来了，尝一下能尝出咸味。我拉上雨衣的拉链，按照指示，站在船用坡道上，旁边的牌子上写着“海豚游船即将起航，请于线内等候。”我担心这雨蒙蒙的天气不利于观察海豚，但好像没人在意，甚至直接将其忽略了。年轻的家庭裹着戈尔特斯冲锋衣，爱好野外活动的夫妇们捧着一杯杯咖啡，排在我后面。

如果你留意一下丁格尔的海豚经济：出售海豚明信片、海豚T恤、海豚耳环的商店，挂满海豚油画、海豚素描的美术馆，推出“弗吉比萨饼”的比萨饼店——它们组成丁格尔一大半商业活动的内容，你会发现丁格尔镇简直就是海豚弗吉缔造的。据丁格尔旅游局统计，75%的游客都是冲着海豚来的。在夏季的高峰期，游客量每天可达到5000人次。加上“阿瓦隆女士号”，丁格尔镇共有九艘海豚游船，这些船一周七天不休息，每艘一天都要航行数次，每次航行一小时，而且如果见不到海豚，船方承诺全额退款。一张票卖16欧元，一艘船容纳30位游客以上。我快速地算了一笔。

在1991年的一部纪录片《海豚的馈赠》中，剧组采访了当地老人对于弗吉的印象，他们似乎想要获得一些内部消息：那头海豚到底在搞什么名堂？电影有一幕是在酒馆拍摄的，观众看了会觉得：自己是在窥视丁格尔人的灵魂。一位面色红润、正在喝酒的老人，鼻子上有个超大的肉瘤，灰白的头发狂乱，他握着一小罐啤酒，正往镜头里靠。“海豚是一座金矿，”他说话了，声音带有浓重的爱尔兰土腔，像是小提琴在背景里呜咽。“你知道这是什么吗？是一座金矿，”他抱臂环胸，笑声嘶哑，“噢，是的，我爱死海豚了。”

一位甲板水手领我们上船。几分钟后，游船缓缓驶离码头。鸬鹚争先恐后地在头上盘旋。不远处，我能看见海湾狭窄的入口，夹在陡峭的海岬之间。水面呈现沼泽般的橄榄色，平静得像在浴缸中一样，一经阳光照射，又变成活泼的蓝灰色了。一架小艇、一艘白色橡皮艇、三艘帆船在海湾的中心转圈。三艘帆船都是迷你型的，每艘勉强能够容下两个人，其中一艘拥有番茄红的帆，立在船上格外显眼，好像红旗对着翠绿色的原野和山冈。每隔几分钟，该船的船长都要用小铲一样的东西，靠在船舷上向船外铲水。我靠在栏杆上，尽量弯着腰，凝视水面的动静，身子快被折成两截了，结果什么都没有看到。如果不知道一头大家伙就藏在水下的某个地方，并且随时可能冲上来，我会很容易地认为，这趟海港之游简直就是全天下最无聊的一次航行了。

“有谁发现他了吗？”名叫吉米·弗兰纳里的船长从舵手室探出头来。没有谁发现，倒并不是因为大家懒于寻找。实际上，为了争睹海豚的真容，甚至有人骑在另一人肩上，早就端起相机对着海面了。水面一有波纹或任何动静，三艘帆船就立马开去。“海豚在哪里呀？”一个小女孩嚷道，“妈妈，他在哪？”她妈妈将她抱起，这样就能看得更远了。“艾米莉，眼睛睁大点，”她妈妈说，“海豚就在附近的某个地方。”

突然，一位披黄雨衣的女士在船尾喊道：“他在那！天哪！我看见他啦！”只听“嗖”地一声，海豚破水而出，他离我如此之近，以至我能看清他那独特的粗糙面庞。弗吉看上去像打拳的，巨大得令人畏惧；他的下巴周围密布着白色的斑纹，像是老头蓄的一脸络腮胡；他的伤痕格外显眼：喙的尖头粗糙不平，尾巴上缺一块肉皮。如其他海豚一样，他在脖子上有很多深褶。即便这样，他依然是头壮硕的宽吻海豚。据我之前的了解，弗吉身长12英尺，体重700磅，但现在看来，这还远不足以形容弗吉的个头。看到弗吉，我首先想到的是，这位“地球上最忠诚的动物”要是愿意的话，他完全可以把一个人打晕。

在船边游了一会儿之后，弗吉没入水中，几秒钟后出现在帆船附近。只见他一跃而起，看得出，他特别喜欢那艘带红帆的船。他像水下间谍一样冲出来，特别带劲，水手们被溅了一身的水。“他在做游戏，”一个戴格子帽、留着胡须的男人对我说道，并朝弗吉的方向点头，“他是离了群的海豚，离开了自己的群体。”

看着海豚，我为他的忠诚感到一阵强烈的喜悦。难怪小镇居民将他看作自己人了——弗吉就像一位熟人一样好认。你我的脸都有各自的特点，他的脸也有；从他不同时期的照片来看，他也明显在老去；你会发现他是一个独立的个体，有自己的怪癖、特点和习惯，靠自己的方式存在于这个世界。如果弗吉退休了，丁格尔商会再也不可能找到一头类似的海豚，并且神不知鬼不觉地将弗吉换掉。

弗吉一旦出现在人群中，就成了大家的开心果，他很善于逗大家开心。他有时在空中划出一道完美的弧线，有时用尾鳍模仿人走路的动作，有时一边仰泳，一边还拍打胸鳍。他的很多动作都非常花哨，与其说那是自然行为，不如说那更像是人教出来的——来丁格尔之前，他可能在哪里待过。我想知道他是否被关养过一段时期；之前是否生活在海水池中，接着又逃出来了。这种事并不是没有先例，特别是在暴风雨天气。例如，在卡特里娜飓风肆虐的那段时期，一场30英尺高的风暴横扫了位于密西西比州格尔夫波特市的海洋生物水族馆，并导致八头海豚的逸失。逸失的海豚后来出现在墨西哥湾，最终还是被抓回了。但偶尔也有成功逃走的海豚，只可惜，他们并不总是知道要逃往何方，或者如何面对突然获得的自由。因此，他们又想回到自己已经熟悉的那种环境：一个有人的地方。难不成，弗吉也是这样的难民？

我们只能猜测。随着时间的推移，弗吉早期的经历已无法考证，各种荒诞的说法又令其复杂化了。与所有独居的海豚一样，他的身世成了难解之谜：他是怎样脱离群众的？什么时候的事？为什么？是被渔网或渔线所困？是在汹涌的海里走丢了？或是因为种种缘故成了孤儿、病号或伤员？——这些情况中的任何一种都可能使一头海豚离群，从而不得不独自生活。或者正如我们都知道的那样，弗吉可能是自己游来的，最终喜欢上这里，所以选择留下来了。

最先发现弗吉并给他取名字的是丁格尔镇的几位渔民，当时他们从海上归来，弗吉跟在渔船的后面，很明显，他想讨一点鱼吃，可能还想给自己找伴。太阳落山之际，人们常常看见他从海湾的中心跳到空中，像是电影海报上的海豚剪影。有时候，他将抓到的绿鳕、鲑鱼或鳟鱼抛到船上，仿佛在表达谢意，或者想让人知道，自己是位多么体贴的邻居。

在丁格尔住了三年之后，弗吉有了一起游泳的伙伴。希拉·斯托克斯与布莱恩·霍姆斯是来自附近科克郡的一对夫妻，他们身着潜水服下到水里，要与弗吉一道潜水。连续好几周，弗吉一看到他们就敬而远之，但斯托克斯与霍姆斯仍不罢休，他们每天都在冷水湾里待几个小时，还很讲礼貌，从不主动与弗吉接触。他们的耐心没有白费：斯托克斯伸出手臂，弗吉渐渐地会来蹭了。“你会发现他像我一样激动，”斯托克斯说道，“因为他迅速地游走，在水面上翻跳一阵，接着又游回来了，想得到更多的抚摸。从那一刻起，他很多时候都愿意让我们摸了。”当斯托克斯在摩擦弗吉的鳍和腹部，并用双手来回地摸他的头和喙之时，霍姆斯在一旁录像，镜头中的弗吉好像一位木讷的中学生，正在与自己喜欢的女孩约会。

这些画面渐渐被流传开来，当地的报纸也纷纷报道。不久，到丁格尔来的游客络绎不绝，他们都急切地想与海豚度过一段不平凡的时光。弗吉基本上能满足他们，与他们进行了很多互动。他偏爱某些游客、皮艇或小船，但只要有斯托克斯出现，他就浑然不顾其他人了。海湾里挤满了水手、浮潜客、潜水团队、穿救生衣的小孩、乘坐喷气式水艇的少年以及通过晃动锚链和拖拽滑板来引出海豚的人。通常情况下，在面对噪声或攻击行为之时，弗吉都会迅捷地游开。但有一次，他撞在一位德国游客的腹股沟上，结果该游客因伤被送往医院。

最近，丁格尔船员协会的所有成员都在经营海豚观光项目，而且很多娱乐船在海湾里来去，游客基本上不会下水游泳了。无论情况发生怎样的变化，弗吉仿佛都对速度情有独钟。在弗兰纳里船长的操作下，“阿瓦隆女士号”加速前进，弗吉从红帆船附近斜着身子游来了，他跟着我们，一次次跃出水面，高度与栏杆齐平。

“哇——”一个男孩叫道，空中的弗吉离他只有几英寸。游览时限快到了，我感觉这是弗兰纳里与弗吉故意安排的腾空表演，好给我们看一出终场好戏。如果我看的是拉斯维加斯表演秀的话，没有比这更好的压轴戏了。

上岸后，我问弗兰纳里，弗吉最精彩的表演是哪一出？弗吉有没有什么临场发挥让他惊喜过？船长挠挠便帽下的脑袋，点点头说：“他会后空翻，整个儿地腾出水面。”

我决定将我的猜测告诉他，没想到的是，在丁格尔人的眼中，我这是在传播异端邪说了。“他好像被什么人训练过的，”我这样说道，“你知道这些事吗？”在我这样说之前，弗兰纳里都是一副愉快的笑容，现在却突然变脸，狠狠地盯着我看。一片云影从他头顶快速地掠过，他脸色阴沉，有种雷雨要来的感觉。“没这回事，”他很不耐烦地说了一句，鄙夷地转过身去，“他完全是野生的。”

法国的多莉、巴斯克地区的帕基托、在埃及的亚喀巴湾与贝都因人的一个部落成为朋友的奥林、纽芬兰的查理·巴博斯、西雅图的斯普林格、新西兰的斯卡、在泰晤士河爱上一只救生圈的查斯——除了这些，还有很多其他孤独的海豚，他们都是主动进入人类视野的，这往往是不幸的开端。

一头孤身的海豚与很多想看他的人过往甚密，这种不可避免的混乱关系令生物学家为之捏了一把汗，他们有理由担心这种关系最终会对海豚不利。但弗吉是一个例外，他的寿命远远超过一头与人朝夕相处的野生海豚所能活到的平均寿命。其他与人为善的孤身海豚就没这么幸运了，他们绝大多数甚至不能活过弗吉寿命的一个零头。迄今为止，他们最大的威胁来自螺旋桨，对天性好奇的海豚来说，螺旋桨不但致命，而且还充满诱惑：科学家曾听到海豚在水下模仿汽艇引擎的声音，他们以此为乐趣，就像孩子们玩他们最喜欢的玩具卡车一样。

新斯科舍省的两头白鲸孤儿——威尔玛与厄科——都死在螺旋桨下，之前他们已经迷倒了数千名游客，还曾滑到观光船上让乘客抚摸。怀特岛的一头名叫杰特的宽吻海豚因为尾巴被螺旋桨削掉了，失血过多而死。弗雷迪，一头来自英国诺森伯兰郡的宽吻海豚，在同伴吞下塑料袋并最终死在沙滩上之后，突然爱在小型汽艇的下方倒立，他还爱上了一根排污管，这些对他来说都是危险的。在化工废物的侵蚀下，弗雷迪的皮肤变得惨白，但最终还是螺旋桨要了他的命。卢那是头讨人喜欢的虎鲸幼崽，他孤零零地住在卑诗省努特卡湾的一座码头附近。在斯嘉丽·约翰逊提供画外音的电影《鲸》中，他是全片唯一的主角。他一共活了五年，直到被一艘拖船撞死。

宽吻海豚乔乔是特克斯和凯科斯群岛的明星，当地政府郑重地授予他“国宝”的称号。他被螺旋桨所伤的次数之多，好像至今还没有超过他的。从1992年到1999年，短短七年间，他就遭遇了37场撞船事故，有8场差点要了他的命。（神奇的是，他每次都能化险为夷，而且继续回到自己的总部——位于普罗维登西亚岛的地中海俱乐部附近的水域。）

然而，螺旋桨只是众多险患中的一种。了解了友善的野生海豚还没活够就会遭遇的种种恶劣下场，也就见识了人类所能犯下的种种恶行。在以色列，一头名叫多比的宽吻海豚爱玩水肺潜水者吐出的气泡，结果，他的尸体被冲到岸边，遍体都是子弹孔。在澳大利亚，人们将有毒的化学物质倒进一头名叫“零三”的年轻雄性宽吻海豚栖息的水域，结果使他毒发身亡。另一头叫哥斯达黎加的宽吻海豚爱上当地的一条狗，并天天与之相会，他还会将独木舟上的孩子推来推去，也不介意别人骑在他背上。误闯某位渔民布下的渔网之后，他也并没有慌张，而是静静地等待救援。然而，该渔民却将他叉死并拖到岸上。因为对筏子好奇，一头名叫吉恩·弗洛克的法国宽吻海豚付出了代价：人们用木桨把他打得遍体鳞伤。主动亲近我们的海豚也曾被小刀、螺丝刀甚至圆珠笔插伤，被电线和鱼线绞死，被矛枪刺穿，被人扔炸药炸，还有人故意开汽艇去碾压他们。

人们将海豚围着，想与他同游，想摸他，想抓他的鳍，这些都会刺激海豚的攻击性。远离了一切自己熟悉的环境，又常常为新认识的一切感到困惑，孤身的海豚有时会将浮潜客按在海底，用喙将他们的手臂、肋骨和鼻子戳断，或者向他们求欢，或者用尾鳍重重地扫在他们身上。一头盛怒的海豚不但不救人，而且还可能将人们困在水里，或者拖到很远的海上。

巴西圣塞巴斯蒂昂发生过一起致命的人豚冲突：很多人将棒冰投进提奥——一头孤独的宽吻海豚的呼吸孔里，并将啤酒灌进他的嘴里，提奥深受其苦，最终忍无可忍了，对施虐者进行了疯狂的还击，因这起事故而受伤住院的有28人。但是骚扰并没有停止。有一次，两个醉醺醺的男人硬将提奥拖到浅水区，好与他合影留念，结果提奥用鳍和尾将两人击伤，其中一人不久便因脾脏破裂而死。“海豚杀人狂！”当地的报纸头条鼓吹道。没过多久，提奥不见了，之后再没有出现，估计是被寻仇的人杀了。

相比之下，湖岸地产（路易斯安那州斯莱德尔市的一个带栅门的海滨社区）在对付一位不友好的宽吻海豚居民——人们提到他时，单以“海豚”称呼他——之时，其手段就更人性化了。因受卡特里娜飓风的影响，一头年轻的雄性宽吻海豚脱离了自己的群体，并独自来到郊区的一条咸水运河。从他到后的七年中，他在当地频频闯祸，其行为也变得越来越恶劣了。在一阵横冲直撞中，他连续咬伤了好几个人——其中一位女孩甚至被他咬住脚踝、试图拖到海里去，他还将游泳者赶出水面，对着皮艇一阵狂咬，用身体去冲撞小船。新奥尔良的《圣坦曼尼报》曾这样报道：“斯莱德尔纪念医院的新闻发言人目前不接受采访，我们无法确知最近被海豚袭击致伤的人数。”

担心暴戾的海豚仍会伤人，当地居民召开了一场社区会议，会众中有很多生物学家，他们来自路易斯安那州野生动物和渔业部，以及美国国家海洋和大气管理局（NOAA）。会议的官方主题为“斯莱德尔海豚困局：我们能做什么？”参会者还有大概60名当地人和两位市长。“这头海豚困扰我们多年了，”一位长着浓密白胡子的瘦男人这样抱怨，“为什么不把他弄走？要知道，随便将他关进一家水族馆，问题就会迎刃而解了。”

“或者大家给他找个女朋友也行，”一身白色衣裤套装的红唇女人建议道。（确实，海豚在游来游去的时候，常常出现勃起，并用生殖器往船上蹭。）

“真正有问题的是人。”一位魁梧的法国裔男子回击道，他头上戴着一顶海岸警卫队的鸭舌帽，目光严厉地盯着那位白胡子大叔。生物学家们一致同意他的说法，他们觉得为海豚好，最好还是远离他：不再开汽艇追他，不再给他吃热狗，不再将他当宠物看待，不再用手机拍他的阴茎。会议总结道，海豚与人接触得越少，他的存活概率就越高。如果人们不再关注他，他的那些不良行为——至少包括对他那些两脚邻居造成的冒犯——很可能就不再出现了。

虽然稍微抱怨了一下，不过斯莱德尔居民还是很识大体的，他们甚至同情海豚的遭遇。他们非常担心的是，人们因为海豚的不守规矩而将他枪杀，或通过其他方式伤害他。“你知道，他跟我们很像的，”一位在飓风中失去家园和经济来源的男人说道，“他什么都没有了，但他克服了这些，照样活得好好的。他是一个幸存者。人们现在只需要将他忽略就行。”

◇◆◇

我们还会遇到更多离群的友善海豚，这是完全可以肯定的。2008年的一项有关野生海豚与人为伴的全球普查显示，此类海豚的数量自1980年以来持续猛增。在《海豚之谜》一书中，研究员凯思琳·杜津斯基与托妮·弗罗霍夫总结道：“我们越来越容易发现离群后与人为伴的齿鲸，而且一次比一次发现得多。”从全球范围来看，他们的社会好像正在与我们的社会发生冲突。

仔细想想，如果没有遭遇什么严重的祸患，一头海豚绝不会在推特账号上被大家熟知，再想想目前海洋混乱不堪的局面，你会发现这种文化冲突根本不可能避免。就算海豚成功躲过我们的渔网与多钩长线，他们还是得面对持续的污染、石油泄漏、栖息地破坏、食物匮乏、接二连三的烦人噪声——例子是举不完的。他们当然会出现在我们中间，因为他们没地方去了。

我渐渐发现，丁格尔在很多方面都可作为一头失群海豚的不二之选。毫无疑问，弗吉似乎很享受这里的生活。他不但自己捕食，并且足够聪明，能避开螺旋桨的威胁，又有足够的辨识能力，绝不与混蛋为伍。他与人类打成一片的同时，并没有与同胞们失去联系：其他海豚偶尔也闯到这里。最近，人们发现弗吉与两头雌性宽吻海豚正打得火热，他们一个接一个地从水中跃起，看上去关系很好。当地的报纸甚至将弗吉捧成“一个桃花运似乎很旺的男性”。在任何情况下，丁格尔人都会维护弗吉的利益：只要是对弗吉有益的，他们就觉得有益。如果哪一天，这头“地球上最忠诚的动物”觉得效忠丁格尔已够久了，他随时都可以离去。

显然，丁格尔人并不希望那一天到来。2013年，为纪念弗吉入住丁格尔三十周年，丁格尔镇举行了一场为期三天的聚会，也即是过“弗吉节”了。看到节日的安排，我高兴得差点摔倒。活动的内容包括：艺术与摄影展览（全是弗吉的照片）、诗朗诵（诗作的灵感全来自弗吉）、音乐会（专为弗吉创作的音乐）、历史知识讲座（主题：《弗吉：初来乍到的日子》）、科学知识演讲（主题：《弗吉与地球上的其他离群海豚》）、儿童文学选读（以弗吉为主角的系列书籍）、在乡村酒吧里交流（人们纷纷谈及弗吉怎样影响了他们的生活）——外加早上和晚上的游泳活动以及一场精彩的船队表演，旨在“感谢海豚弗吉为丁格尔人无偿奉献的一切，并庆祝他继续留在港口的决定。”

当我驾车驶离丁格尔的时候，我看见海湾在我的后面闪耀，我在心里默默感谢丁格尔镇的居民，他们如此殷勤地照顾一头孤单的海豚，他们心中仿佛有一块地方已被弗吉的形象填满。而弗吉呢？他也回报以同样的、甚至更大的善意。这是一种多么不寻常的关系啊，看上去是如此美好。我想将我脑海里的前排位置留给弗吉节以及节日里的所有愉快的记忆，因为我深深地知道，那正是我急需的一块护身符。接下来我要去的地方也是一个风物闲美的渔镇，那里同样有海豚，而且海豚也对当地的发展作出了主要贡献。

然而，该镇并没有成为野生动物避难的天堂，而是选择了另一条路。

**The Friendlies**

◇ ◆ ◇

# 第五章

---

# 欢迎来到太地町

“大家注意，刚接到消息，看来我们必须先去警察局跑一趟了。”立在大巴前的马克·帕尔默对我们说道，一脸是汗地笑着。我喜欢帕尔默的男中音，一种蔑视权威的愉快腔调，听了觉得心里踏实。他的言下之意是：“虽然可能会摊上麻烦，但我们绝对会有一段不平凡的经历。”说实在的，有关帕尔默的一切我都喜欢——包括他的同事马克·贝尔曼，观光车上的所有乘客，黑咕隆咚的车窗，松软的坐垫，以及穿行在覆满雪松的山里、蜿蜒在日本东南部和歌山县“S”形的沿海公路上、一路颠簸抵达目的地（以猎杀海豚而恶名昭著的太地町）的经历。唯一不太令我喜欢的是要先去当局报道这回事。

如果你看过奥斯卡获奖纪录片《海豚湾》，你一定对当地的情况略知一二了。这座只有3500人的海滨小镇却在进行某种丑恶的勾当：从事海豚的捕杀和买卖。在捕杀海豚之前，太地町渔民以捕鲸为业，其捕鲸的历史可以上溯到1675年；相较之下，开始于1969年的海豚捕猎活动只是近几十年才有的事情。其行径唯利是图，对环境造成严重破坏，并且残酷至极，在世界范围内广受谴责。为此，该镇对外来者充满敌意。对在太地町捕海豚的渔民——以及支持他们的当地人、偏袒他们的政客、海豚贩子、从他们那里获得好处的黑帮、从太地町买海豚的海洋主题公园——来说，那些反对捕杀海豚的人不是找茬的，就是恐怖分子。这种倾向在《海豚湾》中一目了然：在太地町，影片主角、美国活动家理查德·奥巴瑞常被人跟踪、咆哮、赶出公共场合，甚至还被人威胁。“要是条件允许的话，他们恨不得将我做掉。”奥巴瑞说道。

现年75岁的奥巴瑞是反海豚虐待的圣斗士，名气很大，经历也十分传奇：他是弗里帕的前训练师。20世纪60年代，在他的训练之下，五头雌性宽吻海豚相继在《海豚的故事》饰演主角弗里帕，并且完成很多惊人的杂技，使该节目一炮而红。他在之前曾为迈阿密海洋馆物色了100多头海豚。这些海豚都来自佛罗里达州与巴哈马群岛附近。他不但负责抓捕海豚，还负责在人工池中照顾并训练他们。他靠海豚过上优渥的生活，常常驾着一辆保时捷在迈阿密椰树林附近兜风，他还接待那些慕名来看弗里帕的名模与摇滚明星，让海豚与他们互动，自己趁机大赚一笔。只是有一个问题他必须面对。与海豚打交道久了，奥巴瑞开始产生一种曾被里利描述过的奇怪感觉："节目录制到大概一半的时候，我开始对海豚圈养不以为然了。但实际上，我并没有洗手不干，因为一切进展得那么完美，令人不忍心去毁灭它。"直到1970年，奥巴瑞最爱的一头海豚去世，她似乎是在奥巴瑞搂着她时故意去世的——她抬眼看着他，死活不肯继续呼吸，结果憋气憋死了。"她非常抑郁，"奥巴瑞回忆道，"我能感受到，能看出那种情绪。"他相信她是自杀的。第二天，奥巴瑞便辞职了。在过去的43年中，他全身心投入海豚福利工作，奔波游走于世界各地，尽一切力量去帮助他们。

邀我来太地町的正是奥巴瑞。从每年的9月1号起，日本开始长达6个月的海豚捕猎期，奥巴瑞与他的"海豚计划"团队坚持到海豚湾守夜，跟踪渔民的动向，这样的话，那里发生的一切都会被记录下来。"只要我还活着，每年我都会到太地町，直到他们收手为止。"奥巴瑞对我说道。我立刻接受了邀请，虽然明知此行会遇到麻烦。我想亲自去感受一下。无论在什么地方，只要一看到海豚，我就会心潮澎湃，可是太地町的做法有点过分了。

我于8月30号飞抵大阪，奥巴瑞却临时因为一起海豚案需要出庭，所以推迟了行程。但我们还是决定按原计划行事，奥巴瑞会在两天后与我们会合。观光车上除了我之外，还有30名其他乘客，其中有来自世界各地的积极分子，年龄大多在20～30多岁，还有三名翻译官，外加帕尔默与贝尔曼。两位都是地球岛屿研究所（加州伯克利的一个环保组织）的副董事，与奥巴瑞一起工作；都有丰富的经验对付愤怒的渔民、焦虑的政府，以及那些故意的刁难，因为所有这些我们都可能遇上。

我们到达该镇的郊外时，坐在我旁边的贝尔曼向后方靠去，沉郁地摇摇脑袋，双臂交叉，像在给自己壮胆。"到海豚湾还有10分钟左右，"他说，"到那里之后，马上就会非常难受的。"我点点头，虽然很难想象他会崩溃得那么快。从大阪上车到现在的6个小时中，我已知悉了他的英雄事迹，我想，如果以后我不得不做一些特别令人讨厌的事情，我会打电话向他求助，因为他有个外号：思想家贝尔。

贝尔曼戴着一副金属细框眼镜，一头灰发，身板小，看上去像高中数学老师，却没想到他是环保界身经百战的猛士。在地球岛屿研究所，他发起了“‘海豚安全’金枪鱼监测计划”[①]，该计划成立于1990年，旨在禁止捕捞船队捕捞海豚的行为。为履行职责，贝尔曼必须严厉制裁那些违规者，在最猖獗的渔商面前也绝不示弱。虽然此类渔商根本不会关心海豚的死活，但若那些热爱海豚的消费者们拒绝购买他们捕来的鱼，他们也受不了的。这种经济威胁虽然有效，但在被威胁的一方看来，贝尔曼是个不讨喜的人。在所罗门群岛，他与土著们发生冲突；在菲律宾，他被一群渔民突袭了；在泰国，一名渔商恐吓他：“知道吗？让你这种人从地球上消失，那太容易了。”不过他好像从来都没有怕过。“我是犹太人，从小顶着一头卷发，在美国的南方腹地长大，那还是在20世纪60年代。”被问及无畏的秘诀，他解释道，“那么艰难的时代都活过来了。”

透过车窗，我能看到山坡上满是房屋，屋顶是棕色、米黄色或铁锈色的，颜色都偏于晦暗的土色，与活泼的海滨色调毫不相称。车子经过一块三角形的黄色海啸警示牌，上面绘满不祥的黑色波浪；接着开过一座桥，一尊海豚的塑像被置于桥顶，大小与花园地侏相仿，海豚的嘴张着，像是在大声呼救。桥上还有一对按照真实比例塑成的座头鲸母子，被架在钢柱之上，给人一种凌空之感，车子就从塑像的正下方开过。

在太地町的中心地带，我们看到停在干船坞的捕鲸船“第一京丸”。这艘800吨级船被涂成战舰灰和暗红色，船身写着一个粗体的英文单词Research（研究），它不久前还在南极捕鲸，现在却停在高高的水泥台上，仿佛一尊纪念像。全世界都在为体型庞大的鲸说话，并在1986年取消了商业捕鲸活动，但这并没有明确地将小型鲸

① 美政府规定，渔民在捕捞金枪鱼的同时，不得对海豚造成任何伤害，此即“海豚安全”标准；“‘海豚安全’金枪鱼”的意思是，金枪鱼是按照“海豚安全”标准捕捉的。——译者注

包括在内。利用这一漏洞，太地町与其他几个日本小镇每年都要捕杀两万头海豚。

是否任何鲸类都值得保护？对于这个问题，日本的回答与其他国家基本上是两样的。日本渔政官员曾公开表示，对海豚与鲸的捕杀类似于一种公益事业；一位发言人将他们比喻成“海里的蟑螂”。根据这种颠倒黑白的逻辑，鲸类的数量越少，鱼类的数量就会越多。但实际上，海洋动物之间的关系远比这个复杂得多，将捕食者从海里除掉的话，一种微妙的平衡就被打破了。研究表明，鲸类不但有助于维持健康的鱼类种群，他们还在增加鱼类数量上起到了关键作用。

根据《濒危物种国际贸易公约》，在大多数国家，吃鲸肉与海豚肉都是违法的。然而，这些肉在日本人的食谱中是根深蒂固的。在太地町，“第一京丸”骄傲地象征着日本先进的捕鲸技术；但在我看来，它却时刻在提醒我们：这些动物快被我们赶尽杀绝了。我把目光从船上转到海上，太平洋水清澈、宁静，泛着黄昏的光影，车子转过最后一道弯，海豚湾就躺在我们面前了。

它比我了解的要小，大概有200码长、60码宽，呈“U”字形，布满岩礁，两边都是郁郁葱葱的绝壁。在公路上朝海豚湾俯瞰，可以看到点缀着卵石的沙滩以及浅绿的海水；周围寂静得可怕，甚至没有一丝风；虽然没有游泳的人，一条白色的浮标绳还是从这头拦到另一头了；一顶用于野餐的帐篷搭在那里，但已被人弃置多时；街道空空的；带刺的粗钢丝围栏封锁了海滨走道，围栏上的几块警示牌写着“闲人免进”“危险”“当心落石”“禁区”等。这里没有玩玩具船的小孩，没有追飞盘的狗，没有卖冰淇淋的小贩，也没有看日落的夫妇。如果不算立在街对面的40名警察的话，这里简直空无一人。

我们的司机把车开进一个停车场，停在孤零零的几棵棕榈树旁边。这里是海豚湾在去年刚建的警察局。海豚保护活动家与海豚捕猎者之间的冲突可能激化，9月1日来这里报到的人数在逐年攀升；而最近，日本极右翼民族主义者与黑社会也在这里活动了，他们只想将事情闹大；这些都是我们不容忽视的威胁。在过去的几个月中，海洋守护者协会的抗议者们曾被人跟踪骚扰，有一次还差点被绑架了。为应付不断升级的紧张形势，联邦警察长期驻扎在这里。奥巴瑞的团队向来遵纪守法、爱好和平，即便这样，警察还是想在我们入住酒店之前，找我们单独谈谈。

帕尔默再次站起："我们会两人一组地接受审讯。"他说着，车门打开了。

"开心点，我是说你，贝尔曼。"他毫不在意地笑笑，"还有就是，如果你不知道他们在说些什么，你只需保持微笑、点头配合就行了。"

◇◆◇

"我想请你回答几个问题。"警察开门见山。他坐在桌子后面，身着整洁的海军服，面无表情。他说英语有点结巴，但还算清楚。他翻开我的护照，一页一页地检查，并做好详细的笔录。我感觉他检查了好久，后来才向另一位坐在旁边的警察倾身过去，并且指着护照上的一个印章。他们开始用语速极快的日语交流，我向他们微笑、点头。

说英语的警察转向我。"你来这里干什么？"他问。

"嗯……"不知有没有标准答案，我决定要点外交手腕："我是来学习的。"

"噢——"

"就过来看看。"

"嗯……明天这里有一场游行。你会参加吗？"

"会。"

"噢——问你一件事，你听说过这里有挑事的右翼民族主义者吗？"

"听过一些。"

"他们就在附近的镇上。"他说道，摇摇头，看上去非常严肃，"他们很危险的，而且明天就要来了，有很多人。嘴巴也不好，所以一定要小心。"

"我会的。我会非常小心。"

"不要理他们。"

“嗯，绝对不会。”

“而且不要推人。”

“不，不会的。我不推人。”

他将护照递给我，示意下一位进来。我点头致谢，出去跟众人会面。维罗妮卡，一位带女儿来的玻利维亚美女，盯着海豚湾哭了。亚兹与布里特，两位快满20岁、来自澳大利亚珀斯的少女，就站在她的旁边。“这一切我无法接受。”布里特面容苦闷地说。她在同情方面并非泛泛之辈：早在14岁的时候，她就用自己所存的钱飞往尼泊尔，在那里照顾弱势群体，继续特蕾莎修女的使命。

一位名叫阿丽尔的年轻加州人经过，浑身湿淋淋的，每走一步都滴着海水。她去海豚湾潜水回来，马上就要接受审讯了。湿透了的衣服紧贴在她娇小的身上；睫毛膏脱落下来，在脸上留下痕迹。阿丽尔有一头蓬松的长发，一张圆圆的、有恃无恐的脸。她是一名歌手，将在明天的游行中演出。在车上，我看见她十分爱惜地将吉他放进吉他箱，吉他的正面装饰着松软的白色羽毛。在她打开警察局的门，正要进去的时候，贝尔曼正好出来，看见阿丽尔，他起初一愣，接着反应过来。“天哪，”他说，“你真有勇气，还敢去那里游泳。”

我们都知道他的意思。很难说海豚湾不适合游泳，只是人下到水里，感觉像在屠宰场野餐一样。因为不但有成千上万的海豚死在这里，更恐怖的是他们的死法惨不忍睹。一旦被赶到这里，他们也就失去了逃生的希望，所以非常害怕。有时候，他们连续数天被困在这里，不吃不喝（跟我们一样，海豚只能喝淡水；这些淡水是从鱼肉里面摄取的）。屠杀开始后，他们可以听到同伴的哀号，他们完全知道发生了什么。一段偷拍的视频显示，这里的渔民干了太多随便屠杀海豚的事了——将受伤的海豚从水里倒提上来，一头一头叠在一起，用脚踩在他们身上——这样做的同时，还在有说有笑地抽烟。

最近，太地町渔民引进了一项新的杀海豚技术——他们声称时间缩短了不少，而且也更人道了——技术包括：在海豚活着的时候切断他们的脊柱，将金属杆桶进他们的呼吸孔，接着用木钉将其塞住。这种杀法远不够迅速：海豚首先要忍受瘫痪的痛苦，接着慢慢地死于休克、大出血、溺水或者窒息。这简直太不人道了，英美两国的科学家和兽医联合发表了一篇文章，文中分析了这种杀法对海豚造成的伤痛，并总结道："在发达国家，任何正规屠宰过程都不可能接受或允许这种杀法。"

◇◆◇

审讯结束后，我们开车到花游旅馆，虽然只是一座长方体建筑，但位置很好，离海豚湾只有扔一块石头那么远的距离。可我们只能在这里住一个晚上，本周剩下的几天会换到纪伊胜浦，一个紧挨着太地町的、离这儿只有五分钟车程的小镇。卸行李时，我问贝尔曼为什么不长住这里。"住在这里毫无意义，"他一脸苦相地说道，"他们不喜欢我们在这儿。他们也赚我们的钱，但并不喜欢我们。""对，完全不喜欢，"一位站他旁边的、苗条的金发女郎补充道，"纪伊胜浦地方大，酒店也更安全。"

这位女郎名叫嘉莉·伯恩斯，她是凭经验说的。在过去的三年内，她与丈夫蒂姆常常从佛罗里达州圣彼得堡市的老家飞到这里，而且经常一待就待好几周。与团里的其他人一样，他们是在看了《海豚湾》后，才决定到这里来的。"我们是在奈飞上看的，"嘉莉说，"看完当晚就去网上查机票价格。"打定主意之后，他们再也没有放弃过。嘉莉了解捕杀海豚的所有阴谋，包括每种海豚的捕杀数量，还能动用百科全书式的记忆与人探讨关于海豚被害的一切。蒂姆则是奥巴瑞海豚湾监控计划负责人，每天清晨五点钟，当捕豚船离港之际，他得确保有人在半山腰用双筒望远镜与长焦摄像机监视动向，一旦海豚被赶进湾里，监控员就拍照录像，记录被捕海豚的数量以及那里发生的一切，然后在社交媒体上曝光。

当海豚湾被鲜血染红，渔民用长枪与刀将海豚刺死刺伤，训豚师到水里挑选年轻漂亮海豚的画面纷纷流出之后，当全世界都知道那里在发生什么的时候，太地町便企图掩人耳目、设置障碍、封锁道路，甚至用巨大的油布将海水遮起来，然而还是会露出来一些。这些都不利于监视的进行，而且监控员来到一个之前还能进入的地方，却经常发现那里突然被围起来了，并且有警察把守，说是“维修中，禁止入内”。

尽管危险与困难重重，监控员却坚守岗位，他们随机应变，总能想出应对的办法。不过干这种工作对感情是一种折磨。对于心理承受能力不强的人来说，每天要看数百头海豚为了活下去而拼命抗争，结果仍然逃不了被杀的命运，那绝对不是一份人做的差事。蒂姆的脾气不坏，足球后卫一样的身板，举手投足一派稳重的气质。即便是这样的爷们儿，做这种工作也吃不大消。嘉莉告诉我，目睹特别血腥的一天之后，蒂姆常常崩溃得说不出话来。

帕尔默喊所有人先放好行李，然后去他房间讨论明天的安排。在酒店内走着，我总感觉有人通过钥匙孔或隐形摄像头在监视我们，走到帕尔默的房门口，迅速进去，这才松了一口气。所有人都围着一个名叫杰克的加拿大男人，他正将红酒往纸杯里倒。“好了。”帕尔默说，示意我们安静下来。虽然不爱出风头，但在一屋子的人面前，他有一种天然的领导风范。他是高个子，和蔼可亲，常常戴着一顶棒球帽，与人很容易打成一片，也很容易交谈。现年61岁的他毕生都致力于环境保护。他是加州濒危物种委员会的创始人兼领导者，曾在华盛顿游行演说，同时还兼任塞拉俱乐部的主席与副主席职位——数十年来，为了保护野生动物及其栖息地，他用尽了各种办法，参加了数百场活动，始终保持一种闲适的、充满幽默的、说干就干的风格。

“我们就从安全问题开始，因为危险时刻存在。”他说，“我们通常的做法是，将贝尔曼扔到海里，他要是能游回来的话，说明安全的问题不大。”众人哄笑，先前的紧张气氛缓和了。帕尔默继续说道：“这里显然有极端分子活动——不过警方不会让他们乱来。大家不要惹他们，任何情况下都不要动手。不然的话，你很可能跟动手的民族主义者一起被抓。”

大家都知道，在日本被抓将会造成严重的后果。他们可以关你一个月而不用任何罪名，而且绝对会将你驱逐出境，以后再也不让你到日本了。2007年，包括女演员海顿·潘妮蒂尔在内的抗议者们来到海豚湾，他们卧在冲浪板上，用双手划水，划到一群正被屠杀的领航鲸中间，结果被渔民推搡、咆哮、用鱼叉捅，于是快速地逃上岸来。此举十分勇敢，并成功引起一些媒体的关注，但为了不被罚款和拘留，他们不得不逃离日本。在那种情况之下，人们很容易凭着一时的冲动，将人家的渔网剪断，或者通过其他方式从中作梗，这也是人之常情，但奥巴瑞不赞成在太地町搞破坏活动，因为这些无济于事。他在发给大家的邮件中，强调了克制与礼貌的重要性。这些年他明白了一个道理：对这些刽子手的谴责只会令他们更加嚣张。因此，他采取了另一种策略，将一个惊世的秘密公开：吃海豚肉大致相当于吃工业废物。

◇◆◇

这反映了太地町被扭曲的现实：当海豚从太地町的海岸游过时，他们可能正经过超级基金污染场址[①]，以致被化工毒素严重侵害。一些毒性很大的毒素——包括强烈神经毒素汞——通过生物积累作用蓄积在海豚肥厚的肉中。汞中毒可不是小事：即使少量的汞也能引起失忆、神经震颤、心脏病、肝功能衰竭、脱发、掉齿、指甲脱落、视力模糊、听力受损、肌无力、高血压、失眠症以及一种可怕的脱皮症状。你就算摄入很小剂量的汞，这种毒素也会在你的体内停留，其影响会随着时间的积累而逐渐加重。

2002年，出现在太地町的超市以及日本小学生的午餐盒中的海豚肉被检测到

① 作为美国目前最严苛的环保法，超级基金法案规定，包含有害废物的废弃或非受控区域为“超级基金污染场址”。——译者注

含过量的汞，这个消息却被日本媒体忽略了；2008年，太地居民的体检结果显示，他们体内的汞含量严重超标，甚至到了引起脑损伤与新生儿缺陷的程度，然而媒体仍然沉默。意识到问题的严重性，两位太地町议员——虑野久人与山下纯一郎——自费印传单向众人分发，普及吃海豚肉的危害。“这是个小镇，人们不敢公开发表意见。”山下说，“但我们不能一声不吭地坐着，以致对这样的健康问题不闻不问。”“党的路线倾向于认为海豚捕猎是日本的文化传统，” 虑野插了一句，“但它们只不过是为了利益。这是生意，而不是传统。”（在与当地的政治势力水火不容之后，山下离开了太地。我最近听说，他在东京附近跑出租车了。面对同样的压力，虑野否定了自己之前的言论。）

这个问题不止在太地才有。虽然所有海豚肉以及大部分鲸肉都被污染了——有一份样品被检测出含超标5000倍的汞；还有一份只要一小口就能使小白鼠得肾衰竭——日本政府除了建议儿童与孕妇不宜食用过多之外，却再没有作任何警告。“鲸肉与海豚肉确实危险，然而消息并不会公开。”在接受《纽约时报》的采访时，北海道大学研究员远藤哲也说道，他在这方面已做了很多实验了。当另一位记者问及海豚肉是否具有可食用性时，远藤一口咬定道：“那根本不是食物！”

即便如此，太地町渔业协会、太地町市长乃至日本政府仍坚持认为，吃海豚肉是没问题的。我们明天的主要任务就是反对他们，我们将站在岸边，身着印有“拯救日本海豚”字样的T恤，举着写有“海豚肉已被汞污染”的日语牌子。“太地町不但有动物权问题，其人权状况也十分堪忧。”帕尔默刚解释完，一位体格健美的亚洲男人巴里·路易厌恶地哼了一声。“太可怜了，”他说，“政府的做法是在害自己人。”

路易住在大阪，他的家族是从香港来的，而他本人在加州长大。他讲一口流利的日语，是我们的翻译。之前他向我们简单介绍了这个国家的礼节：“日本有很多社会规范，最重要的一条是不与人正面对抗。在美国的话，大家有话直说，什么都写在脸上，是吧？那是极其自然的，甚至觉得很好玩。但在日本，这绝对不行。”

“今天就到这里，大家早点睡吧。”帕尔默说道，开始收拾东西了。“明早10点钟在大厅集合，办退房手续，记得将行李带上。”他告诉我们，警察建议我们10点前不要离开，但他接着补充道：“我觉得，只要不是单独出门就好。大家出门一定要与人同行，不到黑漆漆的地方去。如果有谁要出门，我乐意奉陪——只要我追得上你的步伐。”

◇◆◇

“去死！！！”

一个孩子——不确定这样叫是否合适，因为他可能已成年了——站在我面前，双拳紧握，大吵大闹，嘴里喷着唾沫星子，脖子上的青筋暴露。他戴一顶拉得很低的帽子、一副全包太阳镜，身上罩着宽大的黑色T恤，裤腰低到露臀的程度。他瘦小结实，但怒气不小，跟我有生以来领教过的所有愤怒都有得一拼。跟他一伙的还有几十号人，他们都非常生气。一位小伙甚至举着一块牌，上面有个大写黑体的“怒”字：“ANGRY！”路易之前提及日本人不与人正面对抗，看来他们并不崇尚这一点。在他们后面，一个中队的警察列成防暴队形，握着警棍，挺括的白手套十分显眼。

我们已从车上下来，挤在人群中了，噪音与暴怒像一堵墙砸来。天是雾蒙蒙的，空气湿润，热浪袭人，有一阵我感到头晕。

“恐怖分子滚出去！”另一位男人喊道，他身子前倾，一拳头捶在空中，但他牵着一条很可爱的博美犬，看见这么多人，那条小狗兴奋地摇着尾巴，将它主人衬托得不那么凶了。

“快走！”路易一边大喊，一边带我们离开，“快走啊！”

去海豚湾的路边挤满了民族主义者，我们只得硬着头皮走过去。他们挥着日本旗，骂着或生或熟的英文。“握草！握草！”一位胖乎乎戴眼镜的人不停地吼着；警察紧跟在我们周围，他们非常称职，似乎很乐意保护我们；两辆面包车徐徐开过，车顶的高音喇叭发出各种震耳的辱骂；骂街之人还包括一群妇女，她们身着传统的和服，化浓妆的脸像瓷器般苍白，隔街看去美丽动人，走近了却只看见一张张因轻蔑而扭曲的脸。“你们为什么不为海豚去死？”其中一位愤怒地嘶嚷，另一位跟着起哄：“去死！去死！去死！去死！去死！”

我们终于来到岩滩了，身后还跟着警察。那些民族主义者及各种愤怒之人聚集在上面的路上。两艘Zodiac海警船浮在海上，准备干涉随时可能爆发的冲突。船上之人戴头盔，穿装甲背心——感觉有点小题大做了，毕竟我们的武器只不过是T恤与示威牌而已。以我们为圆心，身后跟着的警察散成一个长长的扇形。太阳在云间照耀，将天空染白，气温少说也有100华氏度（约37.8摄氏度）。一群喧闹的摄影记者与新闻报道员已等在海豚湾了，他们朝我们涌来。“保持微笑，脸上乐起来！”贝尔曼一声令下。

打头阵的帕尔默停了。“大家好！这是从现场发回的报道。”一位摄影记者说完，将吊杆话筒对着他。“我们现在要做好几件事情，”帕尔默说，“首先围成一个圈，接着默哀片刻——你愿意的话，还可以加上祷告。为过去在太地町死去的海豚，也为今年将要死去的海豚……”他突然中断，好一阵没有说话，“我们也想为日本的人民祷告。你知道，在2011年3月，他们好多人在地震与海啸中离世。今天，我们同时纪念海豚与这些日本人的亡魂。”

帕尔默的声音温暖、平静，这是理智的声音，是希望的声音：他希望有一天，海豚湾不再有盲目的怒火，而有效的沟通将成为可能。奥巴瑞的计划之一是在结束海豚捕猎的同时，帮助当地的渔民发展生态旅游。太地町的海岸不缺旖旎的风光——和歌山县共有九大景点已被列入世界遗产名录了。海豚湾本身也可成为国家公园的一部分，这里不该成为一座血腥的屠宰场，它完全可以得到更好的利用。

从经济上看，海豚观赏业似乎远比海豚捕猎赚得多：敢吃有毒海豚肉的人会越来越少，何况一磅海豚肉也只卖六美元的价格——表面看确实如此。然而，太地町的利益动机来自另一方面，它无关于传统的捕鲸、古老的饮食习俗、乃至任何沾点日本文化传统的事物，甚至也无关于日本渔民之前定下的、尽量减少海豚数量的目标（他们认为海豚吃了太多鱼）。太地町最肮脏的秘密——以及仍然捕猎海豚的主要原因——在于该镇实际上是买卖活海豚的大本营。

对太地町渔业协会来说，一头死海豚大概值500美元，然而，一头活生生的健康海豚——准确地说，一头年轻的雌海豚——竟卖到15万美元的高价。平均一个捕猎季下来，困在海豚湾的海豚约有10%会活着卖掉，从而带来数百万美元的暴利。例如，2012年，海洋主题公园共从太地町买下156头宽吻海豚、49头花斑原海豚、2头领航鲸、14头灰海豚、2头条纹原海豚、24头白腰斑纹海豚。这些海豚被卖到日本的全国各地，也有些被卖到韩国、中国、越南、俄罗斯、乌克兰及其他地方。

方圆一英里地之内，至少有四家经营海豚买卖的公司，而且每家公司都有自己的训豚师，捕来的海豚会被送到其中一家公司，暂时圈养在肮脏的水泥池中，再由训豚师教授一些基本的杂技，以增加其市场价值。因此，太地町就是一个一站式购物目的地，任何想买海豚的人都可以到这里选购，只要他们不介意从血红的、含有鲸目动物尸体的水池中挑出自己心仪的海豚。

我们手拉手举行默哀仪式，上面的人们继续朝我们声嘶力竭地狂喊。我们越安静，那些人就叫得越凶。“握草！握草！”“滚滚滚！”“恐怖分子！恐怖分子！”一位和服女人靠在路边栏杆上，滔滔不绝地喷着日语，声音激动而尖刻。“她说什么？”我问旁边的路易。“哦，她骂你是卖春的，还问‘我可以朝你撒尿吗？’”他说着，耸了耸肩。

蒂姆听到我们的谈话，调侃道：“她至少还懂点礼貌。”

突然，沙滩边有人打起来了。一位民族主义者闯进来干扰我们，警察将他围起来，使他寸步难行。他狂躁起来，乱吼乱叫，将头拼命地伸出人群。我的感受是，当别人用你不懂的语言咒骂你时，你很难被对方激怒。这就如同被棉花糖打到——那些意义不明的话确实是针对你的，但你一点也不会受伤。“他对警察说‘你们没理由保护美国人，’”路易翻译道，“‘他们对日本文化一窍不通。’”

今年团队最大的成功之一就是吸纳了十几名日本成员——虽然第一次这样做，但事关重大。关于海豚湾的真相渐渐传开了，然而日本媒体再一次噤声，地方利益集团也在镇压反对的声音。在日本人根深蒂固的观念中，大胆直言或挺身而出是要不得的，即便如此，日本还是掀起了一场保护海豚的运动。在与我们一起的日本积极分子中，一位名叫卡伊的年轻人站出来了，他走到那位怒吼的民族主义者跟前，与他面对面站着。卡伊人很瘦，性情温和、文静，笑起来很甜，而那位民族主义者至少要比他重80磅。但当两人对峙的时候，卡伊一点也没有怕过。在对方的语言暴力之下，他泰然自若，接着以双倍的力量还击。不久，警察将他俩分开，那位滋事者愤然离去，用毛巾擦擦眉上的汗。

◇◆◇

第二天早晨，奥巴瑞到了。我们在下一座旅馆的门前与他会合。该旅馆叫“浦岛旅馆”，是嵌在崎岖的海边悬崖间的一系列白色建筑，看上去像一艘游轮，但其长度超过一英里。旅馆门前就是一大片海水，游乐船是照着海豚与鲸的形象定做的，船头上有睁得大大的卡通式眼睛，船尾则装有尾鳍，游客可乘船从旅馆大厅前往纪伊胜浦的主要街道。

连续坐了13个小时的飞机，在东京机场又一如既往被检察官盘问了三四个小时，接着开车开了7个小时才来到这里，甚至还没来得及进入房间，奥巴瑞就召开了一场新闻发布会。他花一个小时回答一些日本记者的提问，期间就站在街上，身着蓝色连帽衫、灰色休闲裤，脚蹬人字拖，疲倦的双眼藏在雷朋太阳镜后面，白头发从卡其布的棒球帽下露出来。“你……那个……你的意图是什么？你想让太地的渔民干吗？”一位热心的、拿着笔记本的男人问道。

“别再杀海豚，”奥巴瑞不悦地回答，“就这样简单。”

无论睡眠多么不足，奥巴瑞随时都是一个精力旺盛的采访对象、一位强大的辩论家。他说话明了、直接，带着沉静从容的口吻，时不时会冒出一种冷嘲式幽默。他善于针砭海洋主题公园的荒谬与伪善："我们把海豚当家人来爱——这种话我听过很多次了。真的吗？你会把家人锁在房间里，强迫他们在晚饭前表演杂技？"

记者们逐渐散去之后，奥巴瑞终于松了一口气，将双手插入衣兜。他每年都会到海豚湾来，今年已是第十个年头了，他一脸疲惫，丝毫没有兴奋之感。"老实说，我希望我不再干这个了，"他告诉我，"这是我的目标，但这辈子我都没办法实现，海豚交易的利润太大了。"关于这点，奥巴瑞有切身体会：他是直接从佛罗里达州的法庭飞往日本的。在法庭上，他是一连串涉诉案件的被告之一，这些案件都是关于从太地町买来的12头海豚的事。他被起诉诽谤及侵权干扰，起诉方是海洋世界，也即之前我去多米尼加看过的那家。如果将所有损失算上，海洋世界将向奥巴瑞索赔数十亿美元。

双方的矛盾始于2006年，当时在海豚湾被困住的海豚群中，渔民挑选出几头宽吻海豚之后，将剩下的海豚杀了，而奥巴瑞就藏在海豚湾上方的某处监视。当他发现活捉的海豚已被人承包——海洋世界从当地的一名海豚贩子那里订购了这些海豚，他们还雇了两名美国兽医（泰德·哈蒙德与迈克尔·B·布里格斯）负责监督交接——他将这个秘密公开了，一并被公开的还有残酷的海豚捕杀过程。随之而来的是公众强烈的抗议，多米尼加政府担心旅游业受挫，拒绝提供海豚入境的许可。这样一来，海洋世界不得不为12头海豚买单，每头支付了154000美元，却无法将海豚从太地町运回国内。

在一份立案文件中，我读到海洋世界的委托律师关于海豚湾案件的说明："原告，……海洋世界，做了一次合理的努力，以帮助这壹拾贰头海豚重获新生，并将其安全护送至充满爱与关怀的新家，一座价值壹亿美元整（$100,000,000）的世界级海洋馆设施。"文件洋洋洒洒30大页，满纸的排印错误，奥巴瑞的做法被解释成一项宏大的自我宣传计划的一部分，他无非是要多卖点书，多卖点光盘，不惜干扰海洋世界收养海豚的崇高与仁慈的行动。

为奥巴瑞辩护的是几位名声显赫的大律师，他们无偿接下了这个案子，因为他们认为，这是一起针对公众参与的策略性诉讼，其目的是为了镇压言论自由。在此类案件中，诉讼方并不是为了赢得诉讼，而是通过各种手段（特别是经济手段），不停地提出动议、指控、延期、要求对方提供材料、传录口供——那将是各种铺天盖地的法律文书，最终使被告崩溃。截至目前，超过6年后的今天，海洋世界还对奥巴瑞提起过另一次诉讼（只是后来被驳回了）；还起诉过两位同样公开反对太地町海豚捕杀的科学家（一并被起诉的还有他们任职的大学）；原始投诉文件已经装满28个档案盒，而且还在不断地增加。

◇◆◇

贝尔曼和我都想看看臭名昭著的太地町鲸博物馆，就在海豚湾附近。博物馆的名字颇具误导性，因为它实际上是一座捕鲸博物馆。在这里，你不仅可以看到有关鲸与海豚捕杀的事物，还能看到一些水族馆里很少见到的、即将灭绝的海豚种类。我把我们要去的想法对奥巴瑞说了，他无奈地点点头。“我讨厌那个地方，”他说，“那简直是海豚的地狱。”

在奥巴瑞睡觉的时候，我和贝尔曼打车回到太地町，并在一个交通枢纽旁下车，那里有一对真实大小的假鲸尾破地而出。同行的还有真子·麦斯威尔，一位来自洛杉矶的日裔美国技术专家，致力于呵护每一种动物。她有一头及腰马尾辫，膀子上纹了一圈纹身，言行举止透着一种安静的震慑力，一看就知道绝对不是好惹的。麦斯威尔并不需要虚张声势——她只是简单地将事情摆平。“我在日本长大，来海豚湾帮忙是我的使命。”之前作自我介绍时，她这样说过。“当然，她非常低调。”帕尔默曾插了一句，“麦斯威尔还管理着团队的日文网站及一切社交媒体。为让日本人民知道我们发布的信息，她发挥了关键作用。”

我和贝尔曼有机会进博物馆参观，也是多亏了她。完全不同于一座中立的、与海豚湾的争议及屠杀毫不相关的教育或科学设施，太地町鲸博物馆实乃该镇的主要海豚走私机构之一。在供表演海豚住的水池旁边，另外还有浮动的水池，里面装着待售的动物。虽然这是一座公共设施，但售票窗口上有这样的说明：反捕鲸人士禁止入馆。

一个有理智的人可能好奇：卖票员怎么判断人家是不是反捕鲸人士？难道支持海豚捕杀的游客会与售票员用暗号对接？到最后，博物馆甚至决定一不做二不休，直接将所有西方人拒之门外。然而，过去的经验表明，只要把票弄到手，西方人通常都可以进去——除非他在某个地方表现出不太舒服的样子，在那个地方，正如奥巴瑞常常提到的那样，你能买到海豚肉做成的零食，一边吃一边看海豚表演。

麦斯威尔去买票了。为了不让人发现，贝尔曼和我藏在围栏后面。我往下一看，发现自己站在一块绘有海豚的瓷砖上。之前在来的路上，我也发现地面镶嵌着金属板，上面刻着戏水的鲸与海豚以及一行字：欢迎来到太地町。

转遍小镇的各个角落，你都能发现鲸目动物的影子。建筑物上画着鲸；霓虹灯招牌上的海豚交缠在一处。他们在浴室门口欢迎你，在店面上向你致意，在街上正对着你。平生还是第一次被这么多带鳍的动物围着，而且是在太地町，不得不说这是一个大得难以接受的讽刺。一个醒目的路牌上写道：我们爱海豚！我感觉自己穿着脚蹼游到一个亦真亦幻的世界，这个镇的精神分裂程度看来已经到顶了。还好，麦斯威尔回来了，我们将帽子和太阳镜戴上，凭票进入博物馆。我这才发现，之前所有诡异的感受只是一个小小的热身。

在馆内，天花板上垂挂着四副巨大的鲸骨；一具活鲸的模型也挂在那儿摇晃，身后跟着一艘船，船上载满了十几个正在投掷长矛的人；而下方正在进行着一场木偶表演，演示的是这些动物被杀的过程：只需将一个按钮按下，你就能观看船队捕杀一头突然从洞里冒出的鲸了。被展览的还有各种形状、大小及年代的鱼叉，以及各大著名捕鲸场的地图。如果一楼是上历史课，那么二楼就是生物课了。

沿楼梯上到二楼，最先看到的是一个玻璃橱，里面装着一个条纹原海豚的头。那个头略带桃红色，悬浮在浅黄的液体中；它睁着双眼，让人错以为它是真的，永远旁若无人地盯着外面；如所有海豚一样，它面带笑容，最终证明了海豚这个外形上的特点并非意味着他们随时都是快乐的。玻璃橱旁边还排列着四口圆柱玻璃缸，分别装着不同发育阶段的海豚胎儿。它们各自被挤成一团，尾巴卷到胸腹下，而喙指着斜上方。它们正在发育的鳍看上去跟手臂一模一样，这一点令我吃惊不小。与我们一样，他们的头在整个妊娠期都非常大，因此，就算这种上下摆尾的生物长得像一枚逗号，还带着一张尖脸，但他们仍然有很多地方与人类惊人地相似。

整个二楼都是各种标本的展览：一具浮着的宽吻海豚的大脑，一个浸制的座头鲸胚胎标本，还有一种什么组织的切片。麦斯威尔穿行其间，念着各种瓶瓶罐罐上的文字："鲸鞭、海豚鞭、鲸心、鲸舌、鲸肛、鲸脾。还有，噢！这是头虎鲸。"

看到这具虎鲸的死胎，想不震惊都难。只见它侧躺在满是液体的容器中，破旧的脐带还连在身上。仔细观察的话，你还能依稀看出一点虎鲸固有的黑白色。小小身躯光可鉴人，仿佛是用洁净的肉色奶油冻做的。看着它，贝尔曼长叹一声，摇摇头走了。

我们回到一楼，经过礼品店，看见冷藏柜里全是海豚肉和鲸肉，而且海豚肉罐头就堆在海豚毛绒玩具、T恤与钥匙圈饰物旁边。外面突然有音乐响起，提示海豚表演开始了。我们在看台的顶上坐下，一来可以看海豚表演，二来还可以看观众的反应。在我们身后，一副蓝鲸的骨架被吊在空中，看上去像一艘宇宙飞船，只见它的后半身抬起，摆出一种正在潜水的样子。表演馆内不算太挤，参观者大多是带小孩的父母。天气湿热得不行，几个受不了的小孩子在哇哇大哭；妈妈们不停地给自己打扇；爸爸们只好忍着，一脸无聊的样子。我和贝尔曼是全场唯一混进来的西方人。

六位身着制服的训豚师各就各位——她们全是年轻女子，清一色地穿着橙色马球衫，深蓝色百慕大短裤——表演在一个与海豚湾类似的水域进行，唯一不同的是该水域与外面的大海之间隔了一道巨大的水泥屏障。这里没有潮汐，没有海浪送来的新鲜海水，也没有弄潮的鱼。水域里一潭死水，周围的空气闷热。一位训豚师吹响口哨，一头灰海豚从水里跃出，一头领航鲸紧随其后，看那身量，少说也有15英尺；接着又有第三头超大的海豚现身，他仰面从观众的面前游过，还拍打着两片胸鳍。贝尔曼的样子变得颓丧。“那是一头伪虎鲸，”他说，“一种栖居在远洋深海的动物。他在这里活不了多久。”

我还在看灰海豚。在我见过的所有海豚中，他是最特别的一头——灰蓝的身上有很多奇妙的乱纹，像是赛·托姆布雷用潦草的线条勾勒出的抽象画。他像一个可爱的外星人，而实际上，所有灰海豚都跟他一样。领航鲸的头是亮黑色的，浑圆饱满。伪虎鲸还残留着海豚祖先——一种流线型的类狼动物的部分特征。三头海豚都是巨无霸，绝对的海洋奇迹，而且无论如何都该畅游在辽阔的太平洋里，在地球上最重要的生态系统中做自己爱做的事情，正如经过5500万年的进化后所应该做的那样，而不应该屈居这里，跟着俗不可耐的流行歌曲的节拍从水里跳出。

看着他们，感受汗水从后颈上流下，心中的愤怒却在升腾。这种表演愚蠢得令人抓狂，毫无道理可言——在海豚湾上演的一切都如此愚蠢：我们用了十足傲慢且自私的态度来对待这些生灵，来对待这整个自然界，仿佛所有生命都只为我们而生。我们俨然以替一切众生定命运的神自居，但我们并不是神，我们只不过是太无知罢了。我感到一阵绝望袭来。

贝尔曼俯身向前。“这些训豚师，”他说，“他们怎能如此心安理得呢？怎能一面像宠物一样呵护着这些动物，一面眼睁睁地看着其他同样的动物被人们屠杀？我想不通。”想不通的不止他一个。在海豚湾监视了这么多年，奥巴瑞看到过训豚师直接抓住海豚的尾巴往岸上拖，坐在捕杀海豚的船上观望，通过各种方式与刽子手狼狈为奸。有次他甚至看见一位训豚师指着一头逃命的领航鲸给渔民看，好将他重新抓回。

表演结束了。在一片黑暗的恐惧中，我只想赶紧走人，但贝尔曼还想去室内的水池中看看宽吻海豚。我们走到海豚池的那一头，进入一座白色的圆形建筑，随即闻到一股刺鼻的氯气味。死气沉沉的空气像是要把人闷死。三头宽吻海豚挤在一个浅水池中，水池拱悬于步道之上。窗玻璃肮脏、模糊，还带着刮痕。其中一头游到贝尔曼面前，正视着他的眼睛。贝尔曼将手贴在树脂玻璃上，“你想回家，对吗，兄弟？”他温柔地问道。

步道的尽头有座浑浊的水族馆，亮着的荧光灯吱吱有声。一个鞋盒大小的鱼缸内有三条密斑刺鲀，我特别爱这种动物，看着它们绝望地鼓着鱼鳍，我的心情越见低沉了：鱼缸内没有一点海洋的特征，甚至连珊瑚都舍不得弄，唯一可作装饰看待的，就只一条包着塑料皮的电线了。整个鱼缸给人的感觉，就像一座20世纪50年代的精神病院，几条鱼是里面唯一的病人。

我们黯然朝出口走去，经过一位训豚师旁边，她正在给伪虎鲸与领航鲸喂食。他们在水中直起身子并探出头来，张嘴向她要吃的。训豚师有一头短发和一张活泼的圆脸，大概十七八岁的样子。“哈喽！”她招呼我们。

“噢，你会说英语？”贝尔曼说完，话锋突然一转，“可以问你几个问题吗？”

她将麦斯威尔打量了一番，接着用日语回答。

“她不让录像，”麦斯威尔转告我，“但有问题的话，你们可以问问她。”

“你知道海豚捕杀的事吗？”贝尔曼毫不犹豫地问道。

她愣了，脸突然一沉，说：“嗯。”

贝尔曼看了看她，接着问：“那你有同情心吗？可曾同情过那些海豚？”

她也看着贝尔曼，鼓腮皱鼻。“嗯……”她含糊其辞，这边的腮帮鼓了，又鼓鼓那边。“嗯……”她这样子耽搁了很久，久到仿佛有10分钟左右，让人感觉她是故意的。“同情心？”她终于开口，接着明确地回答：“没有。”

我与麦斯威尔面面相觑。一位保安注意到有人交谈，快速地朝我们走来。

“我只问你自己是怎么想的，”贝尔曼在逼问了，“不要本地的说法。”

女孩再一次鼓起腮帮："我并不同情海豚，因为有时人们也杀鹿，还杀……牛，或其他什么。我并不觉得有什么不同。"她指着近在眼前的伪虎鲸和领航鲸，两头海豚紧紧地盯着我们，仿佛也在听我们谈话。"我知道，它们非常聪明，"她耸耸肩，接着说道，"但我觉得牛也很聪明，我们还是愿意吃牛肉。何况现在海豚越来越多了，所以……"

保安来了。他身形魁梧，看上去不太高兴。"鲸狗！鲸狗！①"他吼道，做出轰赶的动作。我们不和他争辩，直接离开了。

有人为了拥护捕杀海豚的行为，不惜搬出其他人虐待动物的例子来，这种事情我已听过不止一次了。然而，如果捕杀海豚就跟捕杀其他动物一样，是人类为了食物不得不做的事情，那为什么又同时将他们卖到六位数的天价呢？这是无论如何说不过去的；反之亦然：既然一头海豚的身价如此之高，那为什么他们又会作为可有可无的肉食，被人们随便地宰杀？再说，我们在杀肉用动物的时候，伦理上也负有责任：杀法干净利落，迅速致死以减轻痛苦；不碰濒危物种；随时表示敬意与感激；尽量不影响一个环境中的物种平衡。太地町的做法显然与之背道而驰了。

◇◆◇

那天下午，奥巴瑞在旅馆一楼的大厅里与我会面。一楼的设计让我想起飞机场的候机楼，虽然来往的游客都穿着夏季和服——一种像和服的纯棉浴袍——踏着橡胶人字拖。这里还有温泉浴场，至少有10座，散布在各个角落。各种厅堂、耳房、隧道、走廊如此之多，以至你在不带地图的情况下，可能好几天都绕不出来。为使游客不至于迷路，旅馆地板上有各种颜色的线条：绿线通到洞穴温泉，橙线通到岩浆岩温泉，黄线则通到神庙，红线通到自助服务大厅。

① 是对护鲸人士的贬义之词，大意是为鲸奔走的走狗。——译者注

我有很久没吃东西了——紧张、闷热与激烈的冲突交织在一起，让人不太有食欲——所以我们决定中午就去纪伊胜浦，在奥巴瑞喜欢的一家餐馆吃饭。当我们过大街时，我注意到一辆英菲尼迪的黑色轿车，就停在两座毫不起眼的建筑之间。昨天下大巴时，我在海豚湾也看到它了，当时它开得很慢，但在微型客车与带扬声器的破旧面包车中间显得格外显眼，帕尔曼还说，车中人是黑社会的。他们总是染指一些暴利的行业，显而易见，海豚走私就是其中的一种。我当时还近距离朝里面看了，他们的着装与民族主义者不同：他们不穿旭日旗T恤，不穿涤纶田径裤，而是戴新潮墨镜，穿朴素的深色衣服。他们全是光头，连警察都回避他们。

“哎，”我将奥巴瑞肘了一下，“我感觉，昨天在海豚湾我见过他们。”轿车前座的两个男人对我们投以冷眼。当你将某人形容为“黑巷子里绝对不想遇上的人”时，你所指的就是他们了——而现在他们就在不远处，还是在黑巷子里。

奥巴瑞转头一看：“我认识他，”他指着客座上的人说，“去年他在镜头前说要杀我。我可以将那段视频发给你。他对着镜头大叫，‘信不信我弄死你？奥巴瑞！我弄死你！’对了，他是黑社会的。”

“他看上去很凶。”我说。

“他简直就是条疯狗！”奥巴瑞打量着车里，“我有点怕他，因为那些毫无理性的人——你知道的，他们有太多借口了，而且无所不为。”

想到一群亡命之徒一路跟踪我们到旅馆，我有点心神不宁，但奥巴瑞看上去非常淡定。对他来说，被恐吓也是开展工作必须面对的事情。“如果你将一头海豚弄到合适的地方，就凭这头海豚你也可以年赚百万美元了。”他之前就算过账的，这是实情。正因为这样，如果他出面将一头海豚放了，那他就得应对各种各样的危险。

不久之前，在印度尼西亚的雅加达，警方建议奥巴瑞穿防弹背心，因为他通过游说施压，最终让一种海豚表演项目倒闭了——这是一种地下停车场的肮脏营生，它的特色是让海豚钻火圈。后来他在当地的美国大使馆做演讲的时候，一群暴徒故意去那里砸场。而且有天晚上他在宾馆睡觉的时候，一股巨大的声音将他吵醒，因为有人在试图砸门。要从以海豚牟利的人们那里将海豚解救出来，这绝对不是一件容易的事，而在某些情况下甚至还会遇到更大的危险。最近，奥巴瑞听说土耳其山区有两头海豚在遭受非人的折磨，他想尽快前往那里，看看自己能做些什么。“但这次的行动会非常困难，”他告诉我，“因为业主是俄罗斯黑手党成员，而且海豚就在他的泳池内。”

奥巴瑞做了很多海豚的工作，包括游行示威、海豚营救、公开倡议等，事情多得难以计数。为了援助海豚，他到过巴哈马群岛、墨西哥、尼加拉瓜、危地马拉、巴拿马、哥伦比亚、海地、印度尼西亚、西班牙、瑞士、德国、新加坡、英国、埃及、以色列、中国、加拿大、法罗群岛及其他地区。“我压根儿就没想过要当活动家，”奥巴瑞说，“然而一件事又牵扯出另一件事，结果到目前为止，无论地球上的哪个地方，只要有一头海豚遇到麻烦，我的电话就响了。”

奥巴瑞最可怕的经历之一发生在所罗门群岛，这个位于新几内亚以东的岛国是地球上经济条件最落后、犯罪率最高的国家之一。该国以农村地区为主，而海豚牙是农村地区通行的货币。正因为这样，那里就连最小的村子也在捕杀海豚；海豚走私也十分猖獗，并引起了各种骚乱。“全国上下都有严重的问题，”奥巴瑞对我说道，他的声音有点激动了。“那儿的生活糟透了。”地球岛屿研究所所罗门群岛负责人劳伦斯·马基利说道，他在那里差点被打死。不过还好，这位身高6英尺、体重200磅的男人奋力抵抗，虽然受了很严重的伤，但最终还是逃走了。另外两名奥巴瑞的同事就不太幸运，在阻止海豚走私的过程中，他们双双遇难：简·提普森，一位大胆直言的活动家，在圣卢西亚被人近距离射击之后，脸部中弹而亡；在以色列，珍妮·梅被人用她自己的皮带勒死。在这两起杀人案中，竟没有一人受到法律的制裁。

我们登上海豚般的游乐船，经水路来到纪伊胜浦。该镇比太地町更美、更大，也更复杂，无论在店里还是在街上，那种没来由的敌意也比在太地町少。然而，我还是注意到一种针对我们的不友好态度，当我们进店的时候，店员突然忙起来，要么转过身背对我们，要么干脆走掉了。对奥巴瑞来说，这种憎恶只是单向的，因为他并不回憎他们，他憎恶的是海豚湾那些勾当，在这里待久了之后，他开始喜欢上这里除海豚捕杀之外的一切。“这座小镇让我想起20世纪50年代的迈阿密。”他说。走在路上，他向我们指他每天早晨都要去的面包店，还有一家通宵不打烊的玩具店。“那家店连门都没有装！”他佩服地点点头，“这地方其实不赖，人的可取之处也不少。”

奥巴瑞在一家餐馆前停下，餐馆的窗玻璃上展览着各种菜品的塑胶模型。“我经常在上面点菜。”说着，他指指那些塑胶菜。我们进入馆内，坐在一张沿墙的长沙发上。服务员来了，奥巴瑞热情地用日语招呼。一种奇妙的手风琴音乐在背景中响起。点菜完毕，服务员走了，我开始向奥巴瑞讲述我们去鲸博物馆的经历，而他一直在与该机构作对。在某个情势危急的场合，博物馆经理南部宏光，一位瘦长的生意人，抓着一柄武士刀向他挥去。二人交恶已经很久了。担心强烈的阳光会将馆内的海豚晒伤，奥巴瑞曾掏出一笔钱，希望南部在户外水池上搭一顶遮阳棚，南部当时同意了。“结果6年过去了，他还是不搭。”奥巴瑞嘲讽地说道，他对某些词的发音很重，以示特别的强调，“他不会去做的，因为他对海豚毫不关心，而他居然是名佛教徒！”他眼珠一转，补充道：“理论上是。”

“你见过灰海豚吗？”我对这种动物念念不忘，于是问他，“他们可漂亮了。”

奥巴瑞厌倦地点点头，说：“是的。他们很多都在这里被杀了。”

有时一提到海豚湾，奥巴瑞就只觉得厌倦。他厌倦了打斗，厌倦了看着海豚死去而无能为力，厌倦了媒体不能持续地关注，厌倦了他在这里受到的重重阻拦。但有时他又现出一种异样的神色：他整个形象既刚硬，又柔软，仿佛一位修为深厚的武术家。他的眼神犀利起来，但身体仍然放松，全部能量集中在那个瞬间。他并不是没有恐惧——只有傻子才没有恐惧——但他已准备好了，他以一种静默的、不屈的态度来面对挑战，在我看来，那是他在这些年里练就的一种韧性，就跟你练肌肉一样。太地町是邪恶的，当地人也非常可怕，但海豚湾最大的挑战来自你自己：你将怎样克服自己的悲哀?

“看到那么多海豚被关在那里，你是什么感受？”我问。奥巴瑞低头不语，双手搓来搓去。我注意到他左手大拇指附近的海豚纹身，因为海水与时间的影响，纹身的边缘已经模糊不清了。“很痛心！”他很久才应了一声，像是从胸腔深处的某个地方发出的，“因为你知道会发生什么。我在那里见过300头海豚，包括领航鲸、伪虎鲸和宽吻海豚，而且就在同一天！是的，当你近距离看到那一幕、亲自看到那一幕时，那就更……那跟看电影完全不同。你能听到他们的哀号，而且在某个角度，你有时还能看到他们为了逃命，不惜往岩石上撞……”他又停了一下，在找合适的词汇，“嗯，那简直是……痛不欲生。‘痛不欲生’就是你什么都做不了。”

每天都要面对深切的悲伤，这是大多数人所不愿做的。这些年来，奥巴瑞有好几次被采访者问道，他为什么如此执着于保护海豚，以至全身心投入其中，而将其他所有事——包括自己的家庭——都抛在身后。然而，当你了解他之后，你会发现他的动机其实很明显——他不得不做这件事。奥巴瑞了解海豚，也了解他们代表着什么：“他们为人类与自然的关系提供了参考。海豚湾通到更大的湾，更大的湾又通到大海，生命与生命息息相关。”这就像在一张巨大的全息图中，发生在日本的一个小角落的事，实际包含着整个宇宙的蓝图。人类独尊、残忍、唯利是图，如果我们屈服于这些行为，那将是种怎样的悲剧?

◇ ◆ ◇

在旅馆内的一条发霉的隧道中，我发现了一家卖海豚与鲸肉寿司的小店。这是一家毫不张扬的餐馆，隐藏在一道帆布窗帘的后面。若不是看到菜单广告上有一头在汤碗中游泳的鲸，我还真不知道这家店是卖什么的。我探头进去一看，里面很挤，有家日本人穿着夏季和服，其乐融融地坐在餐桌边，而桌上摆满了菜盘、碟子、水壶、汤碗和啤酒瓶。

发现该餐馆纯属偶然，因为我在回房间的途中迷路了，之前我去了浦岛最受欢迎的温泉浴场——忘归洞——一座位于海湾迎风面的火山池。洞里的风很大，浪也一波波涌来，非常刺激，我喜欢那里的一切，但我很快离开了。泡温泉有太多的规矩，哪些必须做，哪些又不该做，列起来有三英尺长，而且虽然有人教我什么时候洗身子，一身皂沫时绝对不能做什么，什么时候必须将衣服脱光，什么时候不穿衣服是很不礼貌的——当我发现每个人都对我怒目相看时，我什么都记不起了。我甚至不确定我该去女更衣室脱衣，还是该去男女同处的休息区脱衣，因为这只能从红色天鹅绒洞巾上的金色日本字判断，而我对这个一窍不通。我毛起胆子乱选了一个，结果从人们的表情来看，我怀疑我选错了。

我裹着夏季和服到处转悠，趿着浴鞋穿行在迷宫般的走廊上，后来打开一扇宝塔形的门：我误闯进宴会厅了，两百个裹浴袍的客人正在举行私人晚宴，我盯着大厅中央取餐处的摆饰：用金枪鱼头做成的、三层结构的旭日图案，周围摆满了放着生金枪鱼的大浅盘，每条金枪鱼嘴里还塞着更多的金枪鱼肉片。每个人都看着我，而且都不太高兴。

看来是时候走了。在这里我不得不频频回头，看看有没有黑社会盯梢，这种过分的谨慎已令我身心俱疲，而且天气变得很糟糕，海豚捕猎船都困在岸边了。麦斯威尔明天开车回大阪，正好可以坐她的车。

我们约好第二天凌晨四点钟会面，天还没亮就启程，这样我就能搭上中午的航班，从大阪飞回纽约。黎明前，当我拖着行李经过大厅时，洞穴状的旅馆没有走动的人群，看上去非常寂寞。外面的天空是一个黑洞，雨不停地下，月亮也不见踪影，只在湿蒙蒙中现出一点码头的灯光。在等麦斯威尔的时候，我给奥巴瑞发了短信，告诉他我回去了。昨天晚上，他扛着监控设备去外面吃素食中餐，我错过了与他当面道别的机会。“祝你在海豚湾一切都好，”我写道，“希望这坏天气不要过去。”我问他是否还可以保持联络，下次他要到哪里去的话，可能我还想参加。他马上就回复我了，我并不惊讶。在这里，奥巴瑞很少睡着，那种酣然入梦的安宁与他无缘。他说他不确定下一站将去往何方，但是如果决定了，他会通知我的。他可能到菲律宾，也可能再去印度尼西亚一趟，他还希望能回到丹麦，那里有他的妻子海伦，还有他们八岁的女儿李麦。他有好几周没见过她们了。然而，他还要去加州安大略市参加一场保护海豚的游行，还要去西班牙解救一头生死未卜的海豚幼崽，而且过不了多久，他还得去地球上最大的海豚捕猎场，那将是趟极其艰难的旅程。如果我不介意那里可能发生的危险和冲突——与之比起来，太地町的那些困难都不算事了——那他欢迎我一同前往。奥巴瑞写道：“在所罗门群岛，我还有很多事要做。”

**Welcome to Taiji**

◇ ◆ ◇

第六章

---

# 自我概念

从拉斯维加斯到犹他州去，那是一段长长的直线路程。告别拉斯维加斯大道五光十色的霓虹灯，驾车穿过数英里的大沙漠，经受高炉一样的烘烤，偶尔遇到几丛低矮的灌木，处处都是极度缺水的感觉，就这样来到梅斯基特，看见地表变成火星一样的红色。我就在该镇一家汽车旅馆内歇了一宿。我的房间内能看到绵亘数英里的峡谷地，间以浅紫色、铁锈色、粉红色的红岩台地，在浑圆的月亮下发光。翌日清晨，我继续上路，汽车飞快地驶过亚利桑那州的西北角之时，有一两秒钟的时间是在犹他州界以内了；接着经过诡异的科罗拉多城，那里盛行一夫多妻制，摩门原教旨主义者和他们的童妻，还有一个住在超大的方形房子内的、成员足有58人的庞大家族，他们都住在那里。道路平直而缺少变化，让人不禁加快了速度。

刚穿过州界，再次驶入犹他州，朝东直奔目的地：卡纳布，一座人口只有4410人的小镇。而在最近，该镇又新添了一个人。作为一名杰出的神经科学家，洛莉·玛丽诺舍弃了自己辛辛苦苦收集的海豚大脑，特意将实验室从亚特兰大市的埃默里大学迁到这里来。吸引她来的并不是该镇本身，而是镇上的一个名叫“天使峡谷”的地方。在这里，动物之友协会成立了全美最大的动物避难所，收容大约2000只狗、猫、鸟、兔及其他动物。在这片占地20700英亩[①]的机构内，常与玛丽诺为邻的是瞎了一只眼睛的兔子、重伤康复后的老鹰、被遗弃的小猪、神经过敏的毛驴、庞大的宠物猫阵营、迈克尔·维克的比特斗犬[②]，以及各种动物杂处的巨大群体。正是这些邻居将她吸引过来的。

我在查阅有关海豚的资料时，总是看到她的名字，所以特别留意了一下。她主攻生物心理学、行为的生物学基础、神经解剖学及脑结构研究，但她并未对人类进行研究，而是将鲸目动物作为自己研究的对象。她是全世界为数不多的几位海豚大

① 1英亩约等于4047平方米。——译者注

② 迈克尔·维克，美国橄榄球明星，曾长期在美国跨州从事地下斗狗赌博业。2007年4月，警察搜查了他的房屋，发现后院里埋着16只被虐杀的斗犬。事情败露之后，维克锒铛入狱，由他豢养的其他斗犬被解救出来。——译者注

脑专家之一。媒体报道海豚时，常常引述她的话，而且她的言论总那么有趣。我读到过有关她的一次采访，采访者问：“海豚如果活在陆地上，现在会是地球上最高等的动物吗？”我怀疑她确实是这样想的，但她用了一种委婉的方式回答：“虽然海豚不会造火箭，但他们的社会性程度如此之高，我不觉得他们有向人类学习的必要。”她接着说：“他们在海里过群居生活，而且并没有毁灭自己，光凭这一点就可以断定，他们已经学会了一种和平相处的方式，而这正是人类缺少的。”

在科学文献中，玛丽诺的贡献举足轻重：她已发表了100多篇研究性论文。“海豚大脑是拥有智能的另一种完全不同的神经系统。”她曾这样阐释自己的研究，“而且那是一种十分复杂的智能。”在另一场规模较大的研究中，她收集了210具来自各个历史时期的海豚头骨，并对它们进行了CT扫描，以弄清海豚大脑的进化机制。为此，玛丽诺与同事们构建出这些大脑的三维模型。在这些大脑中，最古老的一种来自4700万年前，那时脑容量还比较小，其外形也无甚可观，直到进化成今天的超强大脑。

有趣的是，海豚在进化出超大脑容量的同时，其身体却在萎缩，牙齿变得更小，高频听力加强。这种缩小的趋势与人类的进化形成反差——人类的进化比海豚要晚得多，距今80万年至20万年前，人类的大脑才开始变大，而且我们的身体变化不是很明显，我们的知觉能力大致维持在原有水平。我们没有一下子变成侏儒、长出翅膀，或者学会通过鼻子看东西。除了发明一些东西之外，我们一切如故地活着，而海豚却在勇敢地变换形态。在海豚9500万年的生活史中，他们经历了好几次蜕变，最终变得与之前完全不同了，并同时适应了陆地与海洋生活。他们既像独猎者一样拥有可怕的尖牙，又像一流的通讯员一样拥有强大的声呐，还像交际高手一样在各种复杂的关系中左右逢源。他们的身体一直在变。然而，令玛丽诺好奇的是，他们在进化史中受到过什么刺激，以至灰质增长得如此之快？这是一个至今还未得到解答的进化之谜。我想和她谈谈这一点，以及其他数不尽的有关海豚的困惑。她对海豚的大脑已经有过充分研究了。

玛丽诺还从概念方面研究了更多有关海豚智力的问题。2000年，她与另外一名科学家戴安娜·瑞思合作，进行了有史以来最受瞩目的海豚实验之一。该实验的前提看似简单：先做一个测试，看看宽吻海豚是否能从镜子中看出自己。大多数的动物都不行，他们完全忽略镜子的存在，以为镜中像是别的动物，并试探性或不怀好意地接近。为增加实验的精确性，所有实验对象都被标上一个明显的记号。例如，在黑猩猩的脸上画一段粉色条纹，如果他在镜子前凑拢细看，并用手碰自己脸上的那个地方，那他就算通过测试了，因他知道有怪纹的那头黑猩猩才是自己。

玛丽诺与瑞思第一次提出拿海豚做实验的时候，只有人类及其近亲类人猿——黑猩猩、红猩猩、大猩猩——被证明有自我意识。因此，当她们在实验后发现，两头宽吻海豚——普雷斯利和陶布——同样有自我意识，并且成为非灵长类表现自我意识的首个例子：会在镜子前面扮鬼脸，换不同的角度细看，甚至头下尾上地研究自己身上的记号，这个消息在科学界引起了轰动。（后来通过测试的还有大象与喜鹊。）

虽然这看上去无关紧要，但在认知方面，能意识到自己的身份其实是种难得的成就。自我意识是种非常遥远、非常抽象的概念，明白我是我，你是你，我们既独立又彼此联系——这种能力长久以来都被认为专属于我们这种两脚行走，长有对生拇指的物种。这种能力并不是想当然的：小孩接近两岁时才形成自我意识，以及其他诸如同情、共情等情感。如果海豚也有同样的意识，我们就得面对很多有趣的问题：他们的内心生活是什么样的？我们要怎样对待他们才不会违背伦理？瑞思与玛丽诺真正的贡献在于，她们用事实证明了一个里利靠猜想才能得出的结论：用“它”来指代水池里的海豚，其实并不合适。

镜子测试之后，玛丽诺做了一件令人意想不到的事：她公开承诺，从此再也不用圈养海豚做实验了。其他科学家却做了相反的事情，他们为了专注于客观数据，故意将自己对海豚的感情抛诸脑后；而对玛丽诺来说，正是那些客观数据让她表明了自己的立场。当她了解了海豚多么在意自己的处境之后，她就再也无法接受将海豚囚禁在水池中，使他们远离自己的群体以及自然的生活。最近，她将自己定位成科学家兼倡议者，通过自己了解到的所有关于海豚的事情，为海豚争取更好的待遇。

科学本是不讲情面的，而真诚热烈的行动精神与科学家的客观冷静背道而驰，平衡二者的关系是种微妙的艺术。然而，玛丽诺的实力不容任何人质疑。例如，海洋世界在官网上说，海豚的高智商是“尚待证明的、有争议的”，如果你也这样看，并公开表达自己的观点，那么玛丽诺是不敢苟同的。接下来，她会让你看到几十份经同行评审过的研究论文，于是你知道你自己错了。2010年，她向美国国会作证，海洋主题公园违反了《美国海洋哺乳动物保护法》，因为根据该法案，经营海豚表演的机构必须同时提供一些靠谱的教育资料，而她逐行阅读了公园发放的那些材料，发现有很多出错、误传甚至故意歪曲的地方。于是，她用真正的科学知识将它们逐个击破了。

玛丽诺不光为海豚辩护，迁居到“天使峡谷”之后，玛丽诺又开始了事业的下一个阶段，她将用铁一般的事实为所有动物正名。但她不是孤军作战，全世界的研究者都在得出相同的结论——我们并非唯一重要的生物——而且一种新观念正在兴起：我们对于其他生物所应尽的人道责任，究竟应该尽到哪种深度和广度呢？我们已经知道了：大象会因悲伤而哭出声来，某些狗的词汇理解能力比婴儿更好，绵羊能从羊群中认出某只绵羊的脸，鸡有同情心，猪是乐观主义者，灌丛鸦能规划未来，河马的报复心强，鸽子是数学高手……多亏了YouTube视频网站，我们能够看到各种走红的动物，它们都做了一些了不起的事：机智救主人的猫、爱抱毛绒玩具的老鼠、会开高球车的倭黑猩猩，这些我们已经司空见惯了。然而，知道这些事实的我们可以做些什么呢？

2012年，剑桥大学的一个神经科学家团队草拟《剑桥意识宣言》，承认人类以外的动物也有高超的能力，就连卑微的蚯蚓也算在内了（蚯蚓可以做判断，有见识力，能制定策略）。“越来越多的证据表明，绝大多数动物都具有意识，正如人有意识一样，我们再也没办法将这个事实忽略。”一位当事人写道。

玛丽诺不但举双手赞成这个宣言，她还希望能付诸行动。在她的职业生涯中，她看到同行科学家做了很多残忍的动物实验，他们胡乱地摆弄动物，手段极其恐怖，并以此作为标准惯例。读博士期间，她拒绝了普林斯顿大学的全额奖学金名额，因为她受不了对猫进行活体解剖。她在学生时代对小白鼠做过的那些事情曾使她做很多噩梦；多年的大脑研究使她明白了一个事实：百兽没有愚蠢的。尽管17世纪的理性主义哲学家笛卡尔说动物并没有灵魂——他觉得它们只不过是有知觉的机器，然而，我们现在意识到了一个远为复杂的现实：其他动物的大脑也各有精彩，它们通过不同的途径进化出智能，我们对每一种的了解都不够充分。要找这样的例子，我们首先就想到海豚。

◇◆◇

卡纳布是很小的镇，位于一片巨大的荒野边上，距离科罗拉多大峡谷只有三小时的车程。小镇的民风淳朴，下车置身于清新美丽的风景中，我感到一阵轻松。比起捕海豚来，这里的人们更喜欢攀岩。回到纽约之后，我发现太地町的经历就像一块沥青把我黏住了，使我一直郁郁不乐，有时甚至还恶心呕吐。曼哈顿讨厌的喧嚣——手提钻的嗡嗡声，尖利的汽车警报声，还有交通的嘈杂：来往车辆鸣笛的声音、清洁车洗大街的声音、铿锵的噪音以及来自卡车的爆裂声——使我感到从未有过的烦躁。人群黑压压一片，周围满是钢筋水泥，植被也少得可怜。我老是睡不踏实，时不时被噩梦惊醒。在某个下午，我走在四十二街的人行道上，却被经过的一位女孩肘到了，我看见她身上穿了很多孔，穿着一件T恤，T恤上饰有文字：“FUCK EVERY BODY”，我理解那种感受。

我无法忘掉捕海豚的事，而且每天都有新的坏消息传来，这种阴影更加挥之不去了。在我离开太地町的两天后，那里的渔民又捕了100头领航鲸，并将他们全部杀死了，就连鲸妈妈和幼崽也未能幸免，一并遇害的还有30头宽吻海豚。当时负责监视的蒂姆·伯恩斯写道：“这数字也太吓人了，为了说服自己相信它，我不得不重复数了好多次。我无语了。”他在第二天的报告中说：“海豚并没有抵抗，而渔民们仍然开船和汽艇去撞他们，其行径残酷至极。”据说太地町渔业协会把冷藏库都用完了，所以又打起了活体海豚出口的主意。接着被捕的又有92头宽吻海豚，海洋主题公园到海豚湾去选了好几天。绝大多数海豚都被卖掉了，剩下的——太老的、太小的、伤痕累累的、脾气不好的——如往常般死于屠刀之下。后来又有一群灰海豚被赶进湾里，并且没有一头活着出来。“那里的情况惨不忍睹。”奥巴瑞在邮件中说。

对我来说，启程上路一直都是缓解忧虑的良方，我渴望能再次出门。也只有在开了几小时的车、深入沙漠腹地之后，我才感觉到如释重负。卡纳布没有大海，然而，与这里的茫茫天地相比，人显得如此渺小，一种宁静之感油然而生。我在离镇五英里处看到动物之友协会的招牌，于是开进“天使峡谷”了。

玛丽诺在游客中心等我，游客中心是座牧场式建筑，就在几座红岩峭壁的下方。只见她身材娇小，沙棕色的垂肩发，犀利的淡褐色大眼。我们坐在外面的木台上，几只蜂鸟绕着喂食器飞着，远处有雷声传来。我对玛丽诺说，被太地町的经历折磨后，我很高兴能到这种宁静的地方来。她点点头，看上去一脸悲伤。

玛丽诺没有去过海豚湾，但她看过很多相关的视频。在《海豚湾》上映的几年前，那里的渔民还没开始掩饰屠杀海豚的行径，电影制作人兼活动家哈迪·琼斯得以录下生动的视频并将其广泛传播。所有看过视频的海洋研究员都被里面的暴行震惊了。虽然科学家们很少在一件事情上达成共识，但是这次超过300位科学家在一封致日本政府的公开信上签下自己的名字，他们强烈谴责了捕杀海豚的行为。玛丽诺参与组织了这场活动，同时明确表达了自己的愤慨。作为代价，她（和埃默里大学）也因为公开反对太地町12头海豚的事情被海洋世界起诉了，而且与奥巴瑞一样，她被索赔数百亿美元。由于该案件已经了结，她不能将细节告诉我，但显而易见的是，这件事令她很受打击。

不过，要是这场官司的目的是要她闭上嘴巴，那这算盘打错了。无论在哪里，只要遇到虐待动物的事情，玛丽诺都会坚决明确地反对。“当我开始了解动物园和水族馆这种行业的阴暗面时，”她对我说道，“特别是圈养海洋哺乳动物那些事——太地町的内幕曝光后，那里无疑成了这种罪恶的渊薮——我的意思是，比起那些事来，毒贩或黑社会给我的印象只是一场愉快的野炊，而这些人简直就是嗜血的奸商！”

玛丽诺在布鲁克林区长大，她生在一个传统的意大利家庭，她还有一个妹妹。她擅长表达，讲话带着纽约腔，给人一种“不要惹我”的感觉，而且声音的音乐感十足。从很小的时候起，她就知道这一生要投身科学了，虽然刚开始并没有选择海豚研究。她在后院发现的昆虫、家里的猫、自己养的一缸孔雀鱼、夜里天上的星星——每种生物、每个问题，乃至大自然的一切都令她着迷。玛丽诺的童年回忆充满了家用望远镜、对蚯蚓进行的行为实验，还有各种炫异争奇的科学展览——“一切古怪的事情”。其他星球上有生命形式吗？如果有，我们怎么和他们沟通？狗会做梦吗？马陆的平均直径是多少？当一只蜜蜂是什么感受？她开始问问题了。

念研究生时，玛丽诺从书上第一次看到海豚的大脑；在史密森学会，为写博士论文查资料的时候，她又见到了真实的标本。最重要的是，她被这种大脑的独特震惊了——海豚脑很大、比人脑圆……与众不同。早在5500万年前，海豚的祖先就到水里生活了，从此开始了一段异乎寻常的进化之路。当人类乘上进化的特快列车迅速抵达目的地时，海豚却在地质时代曲折地前行，经常停下来熟悉环境。最终我们都来到相同的地方——非凡的智能——却负着不同的行李。虽然同行们都只关注黑猩猩和其他类人猿——最像人类的动物，玛丽诺却更看好这种怪异的、陌生的、结构远为古老的海豚大脑。“我们属于灵长类——我知道，”她耸耸肩，“但变聪明的方式并不是只有一种。”

当然，玛丽诺知道里利说过类似的话，他在几十年前也将神经科学的研究从人类转到海豚，但他并没有给玛丽诺带来灵感。“当我开始海豚研究时，人们总是拿里利说事，”她语含怒意，“我不得不努力建立自己的信誉，我不想被大家看作是一个一边采蘑菇[1]一边认为海豚是天使的人，这一切蠢事都与我无关。他把这个专业的名声搞得太臭了。”

与里利不同，玛丽诺和同事没有位于加勒比海的研究室，但他们能借助CT扫描、核磁共振扫描及其他科技手段，探索之前未被触及的海豚脑领域。在里利的时代，解剖是研究神经解剖学的主要手段，但有它的局限性，因为这种方法就跟戳果冻一样。（大容量的大脑特别脆弱，很难保持完整性。）通过成像技术，这个局限被克服了，科学家们可以翻来覆去地看，细致入微地研究完整大脑结构的所有角落——记录不同半球的细微差别、对每个区域进行精确的测量、绘出准确的细胞层。海豚的大脑图谱被绘出来之后，之前未被了解的领域也开始为我们所知，我们发现，海豚大脑在各方面都与人类大脑同样地出色。“很多人说海豚大脑大是大，但有点简单，”玛丽诺说着，将头摇了摇，“这种说法早就过时了。我们已经知道，海豚大脑非常复杂，其细胞种类特别多。虽然其结构与人脑不同，但其复杂程度并不输人脑——甚至还可能比人脑更甚。”

关于海豚脑最惊人的事实之一，是它的新皮质的构造方式极其原始（在哺乳动物的大脑中，新皮质是最晚发生进化的部分，也是多亏了它，我们才能做些复杂的事情，比如逻辑推理、感知事物、有意识地思考、社交）。这是一种十分强大的结构：在人脑中，该区域占了80%的空间。“新皮质的构造有个基本的模式，”玛丽诺解释道，“在所有哺乳动物中，新皮质都是分层的。”人脑的新皮质分为六层，每层含有特定的细胞，负责处理特定的信息。然而，海豚脑和鲸脑的新皮质只有五层。“他们没有第四层，”她说，“这件事之所以关系重大，是因为在灵长类中，第四层是输入的信息从大脑下部进入新皮质并得到整合的地方。”她眉毛一扬，“因此，如果他们没有第四层，那这信息从何进入呢？”有好几种理论，她补充道，但是没有一种可以给出明确的答案。“海豚大脑输入、处理并输出信息的方

① 比喻大脑。——译者注

式——与人脑完全不同。”她故意将声音压低，悄悄地说。

如果你将新皮质从人脑或海豚脑中分离出来，玛丽诺对我说道，你就可以像铺床单一样将它展开。我们的更厚，但是他们的更宽。海豚的新皮质有更多的峰谷、褶皱和有效表面积。在他们的大脑中，处理听觉信息的区域位于头的上方，而我们的在颞叶处，也即头的两侧。不仅如此，海豚大脑分析声音和图像的方式也有所不同。人脑在颞叶与枕叶间分析这两种信息，颞叶与枕叶的距离稍远，信息的传输较慢；而海豚这两个部位挨得很近，信息的处理如闪电般快。如果你要设计一台高性能电脑，你一定会选择海豚的这种机制。“这种大脑简直就是为速度而生，”玛丽诺佩服地说，“他们处理信息的速度令人震惊，一切都变得更快了！他们的听觉神经纤维跟这桌子一样粗！”她的口吻像在开玩笑，又像在添油加醋，但她提出了很重要的一点：“神经纤维越粗，传导速度越快。”她向后靠去，一脸微笑，双眼睁得大大的，透出一股威严来，“我的意思是，这不是在开玩笑吧？我们就连想都想不到。”

优良的新皮质是高智商动物的杀手级应用，它使我们能做精密的思考，完成精细的行为，而这正是人之所以为人、之所以区别于蜥蜴等其他动物的地方，也是我们能制造工具、使用语言、制订计划的原因。一谈到海豚的新皮质，玛丽诺就异常激动：“它有各种不同的细胞，一列一列的、一组一组的、形状不同的、一群一群的。看那结构！太多好玩意儿了！太多好东西了！”

尤其令科学家感兴趣的一组脑细胞是纺锤体神经元，又名Von Economo神经元（VENs）。在负责判断、直觉、意识等高级功能的区域，人与海豚都有这样的细胞——鲸、大象、类人猿，甚至最近发现的猕猴也有——但在动物世界中，VENs是很少见的，只有头脑较复杂的动物才有。就连它们的外表都非常奇特：很多神经元呈辐射状散开，树突分枝伸向突触，以接受和传递来自附近细胞的信号；而VENs像一道道分叉的闪电，并且它们比绝大多数脑细胞大四倍左右。“它们是神经元中的超级明星，”玛丽诺说，“而且它们位于大脑中非常有趣的部分。”

科学家在新近的研究中发现，当人脑中的VENs损坏到一定程度之后，痴呆症就可能发生，即便损失很小一部分，我们也会发展成社交障碍，与所有微妙的事物绝缘。我们似乎是靠VENs来与人相处、表现同情心、意识到自己的错误、变换每一种表情、建立信任、开玩笑，甚至恋爱。无论它们有什么目的，据初步估计，这种超级明星神经元在海豚脑和鲸脑中要比在人脑中高三倍左右。玛丽诺和其他研究员猜想，VENs最先是由脑容量很大的动物进化出来的，其目的是为了快速传输大量的信息："它好像是在某一特定的脑容量增大之后出现的。"

科学家相信，随着社会生活的日渐繁荣，大家必须应付更加复杂的社会关系，这是脑容量开始变大的关键原因之一。在成员越来越多的群体中与家人、朋友、熟人们保持联系，弄清谁欠谁一个人情，谁曾经背叛过集体，谁曾对你祖母有过特别的恩惠、但又和那位给你兄弟戴绿帽的家伙有不错的关系——数百个成员之间那种微妙的关系网——等一揽子事，无论对海豚还是对人类来说，都是富有挑战性的。为搞好关系，我们需要动用从记忆到判断再到沟通能力的所有智慧（甚至脸书朋友圈都用上了）。海豚不仅需要团结自己的群，还得与其他群建立联盟。

那么，海豚外向的天性就是他们长出巨脑的原因？"很可能，"玛丽诺说，"但也并不是那么简单。说到'社会'，那么，社会的前提在于，你得与人进行充分的交流，以形成一种社会文化，"她说，"你必须这样，你必须那样，于是各种因素打成一片。我们永远都不知道这个问题的答案，因为那些关于复杂行为或认知的进化学假说，你无法直接验证。但在目前看来，这个说法有可能是最靠谱的。"我问她，会不会是海豚的凶相变没了，身板变小了，牙齿的杀伤力也减弱了，所以才开始依赖集体？"他们彼此依赖，"玛丽诺表示同意，"对的。"

实际上，海豚是如此地依赖群体，以至他们之间的联系要比人类紧密得多。"当你观察海豚大脑的时候，你绝对会明白，一头社会化程度比人类还高的动物是怎样运作的。"玛丽诺说道。她指出，在同胞中只有一两头生病的情况下，鲸或海豚都会集体搁浅；或者当被赶进海豚湾时，他们没有跳网逃命，而只是挤在一起。

科学家无法解释其中的原因。“我觉得，他们之间有种特殊的凝聚力，虽然我们一时还无法理解它，但它可以解释很多我们认为奇怪的行为。”她呷了一口茶，一头流着涎水的圣伯纳犬来到桌子边，她俯身去拍拍它。在我们身后的一片草地上，两匹马轻快地踏着步子，摇头嘶鸣，鬃毛随之摆动着。“我觉得这很大程度上与情感依恋有关，”她继续说，“而且它传达出一种强烈的感觉，即有什么事发生在别人身上，也相当于发生在自己身上，”她停了一下，务求准确地措辞，“我觉得对他们来说，自己与他人并没有太大的区别。”

◇◆◇

海豚的灵魂很可能没有个性（这是我说的，与玛丽诺无关），这样说有些惊人，但是之前已经有人提过了。该观点最先出现在20世纪80年代，提出者是脑进化学家哈里·杰里逊。此君研究大脑的进化及其对于智能和意识的影响，他显然不惮于将生命中最棘手的哲学问题搬到台面上研究，海豚的这种特点被他形容为“公共的自我”。在这种模式中，单独的一头海豚并没有严格的定义，他的自我不一定局限于自己的身体。他的意识，他所关心的事，甚至他的求生本能，都从自身扩展到周围的世界。他对同群成员的关心程度已经超出共情的范围，因为那是一种我们无法理解的共存精神。

玛丽诺告诉我，海豚的边缘系统，很可能就是为了这种联系而进化成的。该系统是大脑中的一个古老的部分，负责情感、记忆和嗅觉的区域就位于此处。虽然绝大多数脊椎动物很早就具备了这种系统，而且使其保持了高度的完整性，但海豚再一次以自己的方式将其独立地进化出来。由于水下闻不到气味，他们的海马体——大脑中负责嗅觉的区域——高度退化；同时，他们的旁边缘区域却变得很大，里面密集的神经元挤得太满，以至额外多出了一叶。该区域中还有一大片组织，由丰富的灰质组成，科学家认为，与情感有关的一切事都发生在这里——而所有其他哺乳动物都不具备这样的特点。该结构还延伸到海豚边缘系统的其他部位，并像螺纹花饰般放射开来，仿佛玛丽·安托瓦内特精心挑选的巴洛克装饰纹样。“该事实表明，这些动物在处理情感的时候，他们的大脑经历了一个十分精细复杂的过程。”玛丽诺说道。

关于脑的事情就是这样的：你能猜测它们的用途，但就目前来说，你无论如何都不可能百分百确定什么。人的脑细胞数以千亿计，而这数以千亿计的细胞又在忙着进行数以千万亿计的、未知却又至关重要的工作。其深奥程度也只有宇宙本身才可以媲美。我们破译出人脑所有秘密的几率，大致同与上帝坐在一起喝星巴克超大拿铁的几率相当。“我们是怎样通过这种灰质产生意识的？恐怕全世界的神经科学家中，没有一位敢声称他（她）知道答案，”玛丽诺说，“没有谁知道，这完全就是一个谜。”

然而，我们也并非全无线索。大脑解剖图本身就提供了丰富的信息，以及具有启发性的暗示，使我们能进行合理的猜想。我们可以研究海豚脑或人脑的结构，并将各种行为与之联系起来。我们还可以推测，脑容量与身体的比例越大，该动物就越聪明——虽然聪明的确切概念也是出了名地难以定义。不可否认的是，像牛或章鱼这种脑容量只有豌豆大小的动物，它们也有一些非常聪明的行为，而人类的脑容量虽有哈密瓜大，却在用各种手段来毁灭自己。“在地球整个的生命史中，人脑可以说是进化得最失败的产品，”鲸学家罗杰·佩恩曾指出，“我们叫作智慧的东西，可能只不过是一种蓄意的破坏，只是这种恶作剧的规模比较大罢了。”拿海豚的智慧与人类的智慧比，就像拿潜艇与飞机比，或者拿粉色与紫色比一样。他们不能写东西，我们也不能接收声呐。评判动物的智慧是种很难胜任的工作。

但这没关系，玛丽诺说。我们应该试一试。“谁都知道聪明是种模糊的概念，但我们所要做的，只不过是证明人类这种物种是讲理智的，一切以事实为纲。或者说：海豚可从镜子中认出自己，而狗却不能，这是否意味着他们要比狗聪明？我不知道。我只知道他们有种其他动物没有的能力，这件事非同寻常。”

我们聊着的时候，天气变得更热了，于是我们转移到一个荫凉的平台下面，俯瞰着风景绝佳的峡谷。素食自助午餐已经摆好了，很多食客前来用餐：穿着“动物之友协会”T恤的高中志愿者、牵着比格猎犬和柯利犬从办公室出来的员工等。玛丽诺和我去取了沙拉。“在帮我们了解海豚的智慧方面，工作做得最多的，可能要算路易斯·赫尔曼了，”我们端着盘子坐下来后，她对我说道，“他的研究太棒了。”

赫尔曼是夏威夷大学的荣休心理学教授，他的那些关于海豚的认知、记忆及交流的研究都是有开拓性的、令人惊奇的——只要你愿意，你用什么褒义词来形容都不为过。通过严谨的科学态度与极富创造力的工作，赫尔曼使我们知道了海豚有多么聪明。“我关心的是，‘好了，你有这样优秀的大脑了，接下来就让我们瞧瞧，你会用它做什么事情。’”他在《国家地理杂志》的采访中说道。

赫尔曼的研究工作是在火奴鲁鲁进行的，那里有座“卡瓦罗盆地海洋哺乳动物研究室”。从1970年到2004年，他都在研究宽吻海豚，他先教他们学会一种手势语言，以及另外一种基于声音的语言，接着测试他们对于不同概念的理解程度——包括很多复杂抽象的、动物不太可能理解的那些。

显而易见的是，赫尔曼的海豚事先并没有被告知这些，但他们对复杂的句子有所反应，而且完全知道单词顺序或句子结构是怎样在改变句意的。他们知道，“将冲浪板拿到飞盘处”这样的命令，是不同于“将飞盘拿到冲浪板那里去”的，并据此调整自己的行为。“这是一项重大的发现，”赫尔曼写道，“它让我们知道海豚掌握句型的本领有多么高强，因为他们不但理解熟悉的命令，对于从未听过的命令也同样领会，而且还比前者略显出优势。”当这些海豚被要求做一些不可能的事时，例如，将水池的窗户搬到冲浪板前，他们不会有任何行动，他们只是盯着训豚师，好像在说：“得了吧，你我都懂，那是不可能办到的。”

就算在指令中把左右随机地混淆起来，赫尔曼的海豚照样可辨别左右；他们明白存在与不存在的概念：当被问及某人或某物——一个小男孩、一头海豚、一只球、一个盒子——有没有在他们的水池里时，他们用鳍片按压表示在或不在的桨板，全部都答正确了；他们听了一组八个音之后，再让他们听第九个音的话，他们能够判断之前是不是已听过了；他们能够明白“同”或“不同”、“少”或“多”的意思；在其他研究中，对于某个复杂问题的答案，他们会让我们知道他们到底能不能确定；当被要求做个新动作时——之前从未做过的那种——他们马上开始即兴发挥，而且动作整齐划一。

赫尔曼的研究还表明，当我们指着什么的时候，海豚明白我们的意思；他们可以识别自己身体的各个部位；他们发现电视只是对于现实的呈现而非现实本身；他们记得某些物体、地方以及指示，即便过了很久也不会忘记，必要时还能回忆出有关的信息；他们还是模仿大师，能够轻松地模仿声音和动作：当训豚师将一只脚抬在空中的时候，虽然事先没有教过这一点，一头雌海豚也会像模像样地抬起尾巴。这些都不是简单或容易的行为。正如赫尔曼所总结的那样，一切的一切都在表明“一种用途广泛的智能………而且具有人类智能的某些标志性特点。”

海豚不仅可以办到上述的一切事（他们的本领可能还远不止此），而且他们领悟事情的速度超快。“与他们共事的时候，你会发现他们的颞面与你的完全不同，”玛丽诺说，“他们总是比你抢先一步，无论是理解事情，还是处理事情，他们都比你快得多。”她笑了笑，“我是说，你能看出他们很不耐烦，因为他们不得不与慢吞吞的人类打交道。”

◇◆◇

飞回纽约的前夜，我在拉斯维加斯玩了几场无聊的赌博游戏，当时要是我有“公共的自我”该多好，那样我就可以看穿21点发牌员的手上究竟是怎么个情况。在出币口赢了一笔意外之财后，我在领先的情况下却不再玩了，而是回到自己的房间。与玛丽诺的一席话令我深思了很久。我感觉我完全可以在动物之友协会待好几个月，志愿为他们打扫猪圈，以获得问玛丽诺更多问题的机会，因为我想了解一下避难所其他动物的内心生活。

分别之后，玛丽诺还会用邮件回复我的问题，利用每次交流的机会，我都尽量更深入地问她有关其他动物的看法：它们的大脑向世界传达了怎样的信息？我渴望了解更多有关动物智能的事，但这远没有达到学术研究的程度。最近，我的两只猫，胆小鬼和佐治亚，突然得重病死了。失去它们之后，我就像挨了生活猝不及防的一击，回到公寓总感觉空落落的。对动物的感情深植在我们的天性中，我们没理由认为，与我们有不同大脑的动物，会在感情维系方面比我们差劲。这对海豚来说尤其如此。实际上，复杂的边缘系统可能使他们更强烈地感受到生离死别的伤痛。

在拉斯维加斯的最后一夜，我很快就睡着了，但做了很多奇怪的梦。在梦中，我发现我漂流在狂风大作的海上，是时薄暮冥冥，风吼浪兴，怒涛击石，在我周围却有黑色的海豚背鳍，在混乱中升起又降下，艰难地向岸边游近。悬崖上埋伏着几个人影：能不能躲过他们，这是生死攸关的事。为了避开打来的浪头，我潜到水里，而且因为某种原因，我竟能看清水下的世界，仿佛戴了潜水镜。在水下，海豚正努力地引起我的注意。他们非常激动，集合在海底的一个门口周围。门是明亮的蓝绿色，非常小，仿佛是为霍比特人（或海豚）量身打造的。他们用喙抵住门，示意我进去。我打开门就游过去了。门内的水比门外的颜色更深，从海蓝色到蓝黑色，再到完全静止的黑色。接着，我发现我没在水里了，而是在太空中。周围的介质很厚，黏稠得像油一样，弥漫着一种庄严气氛，以及一种几乎不能承受的痛苦。我越游越深，游过各种陌生的事物。在这美丽骇人的真空中，只有海豚陪我迅速地游着，我能听到自己的心跳，还能看见一闪一闪的、发着冷光的星星——除此则什么都认不出了。

# 第七章

# 高　频

我在洛杉矶收到奥切安发来的邮件，她邀请我回夏威夷去。她说，她在下周将会主持一场为期五天的研习会，会议主题叫作“海豚、瞬间转移与时光穿梭”，票已预售一空了，但若届时我能到科纳的话，我将成为她的座上宾。在白天，我们将与野生海豚一道沿海岸游泳；而到了晚上，我们将听到一些有关海豚的讲座。整个会议期间，参会者将保持一种“海豚意识状态”，奥切安将其形容为“基于高智商的活跃、放松及高度清醒的状态”。届时将有人教授冥想的方法，并燃起火圈。“这段时间，海豚真令人惊叹，”她在邮件中说，“我不喜欢老用这个词，但这次用来绝对适用。”

我兴致勃勃，整装待发。我仍然好奇的是，为什么海豚在新纪元世界中发挥了如此关键的作用？为什么“海豚”“远距传物”“时光穿梭”这些词会出现在同一个句子中？我之前到海豚镇的时候，对于奥切安的世界只是匆匆一瞥。这更像是蘸点水就上岸了，而水里之人都怀着非凡的——有人认为荒唐可笑的——信仰。在他们的字典中，海豚不是简单的动物，而是来自另一维度的生物、从遥远星球造访地球的游客、给我们提供重要教训的智者前辈。在奥切安的研习会上，与我一同参会的人们不会将海豚之谜看作一个科学上的难题——他们新皮质的第四层在哪？——而会将其视为一个重大的、关于存在的谜团。

海豚是否能穿越时空？是否能教我们怎样去爱？是否知道一些我们都不知道的有关生命的事情？（当然，道格拉斯·亚当斯的小说《再会，谢谢所有的鱼》中的海豚就知道一些，在末日临近时，他们迅速地撤离地球，只留下了一只水果篮，外加一封感谢信。）这些问题可能看上去不着边际，但自从遇上海豚以来，人类对他们特别痴迷，为什么有这种亲切感？我们自己也说不清楚。正是凭着这种亲切感，里利享有广泛、持续的知名度。无论你叫它什么，海豚是水下通神者的这种模糊的印象，或者说，这种感觉，这种期望，在全世界都非常普遍。这是很正常的。令科学家失望的是，这几乎成了大家普遍的看法。奥切安的研习会与学术型会议正好相反，它是一个奇幻阵营，有点像是海豚动漫展，专为想象力丰富的海豚爱好者而设。在我看来，这是一个值得一去的精彩理由。

我打算以开放的思想接纳一切，做个既和蔼又中立的观察者。然而，无论我怎么努力，我也只能达到一个有限的程度：毕竟，说服自己相信海豚来自别的太阳系，或者有人已经穿越了时空，那将是场艰苦的思想斗争。但从更加实在的角度讲，我对海豚也有自己的强烈感受。他们确实具有某种神奇的特点，每次我跟他们在一起的时候，都有这种感受。据说这是因为同类能欣赏同类——我们发现他们拥有与人类一样的高级智能——可是猩猩也有强大的智能，却不见谁围着它们，与之一道神游天外。

海豚是种神秘的动物。或许我们真希望他们来自外太空，带来了对人类有用的知识；他们若有什么关于和谐相处的秘密，现在利用起来正当其时。或许我们一无所知，不知道海豚是谁，不知道他们在干吗，不知道他们有什么本事，所以为了安慰自己，我们编造出很多故事。或许我们的大脑还得经受5000万~6000万年的历练，才可能充分地理解他们。又或许，正如一些研究者断言的那样，海豚只是一些普通的动物，没有什么特别的地方。或许我们高估了海豚，他们的聪明程度可能只跟鹦鹉们相仿，而且通过某种一厢情愿但又盲目的方式，我们主动将自己的精神追求寄托在他们身上。或许我们生来就爱那种看上去总是在笑的动物。

除了一些顽固的科学家外，所有人都反对海豚并不聪明的观点，但我宁愿视之为一种提醒：我们并非将所有事都搞清楚了。仅仅在400年前，我们才开始认为，地球是绕着太阳转的；而晚至1850年，还没有人相信细菌会让人生病。我们认识事物的过程是这样循环的：我们刚开始确信某事，后来又不再确信；我们将自己纠正之后，又对纠正过的观点确信不疑了。如果你用一张图来描述我们认识世界的过程，那将是一幅挤满各种短而尖的“之”字形路的混乱画面。“地球，简而言之，就是一个我们知之甚少的行星。”艾德华·威尔森写道。有个问题一直在我脑海里盘旋不去：海豚有哪些地方是我们不了解的？我们自己又有哪些地方是我们不了解的？我们对于世界上的所有事，不知道的又有哪些？上面所有问题的答案都只有一个：很多。

例如，你可能乐于知道下面的事实：你认为你只有五种感觉——如果你算上直觉，那就还有“第六感”——而实际上，人类感知事物的途径少说也有21种之多。其中包括：本体觉（感知机体在空间的位置）、时觉（感知时间的流逝）、伤害性感受（感知痛楚）、平衡感（如果你曾眩晕过，你就知道失去它是什么感受了）、温度觉（感知冷热），等等。各种内部感受器遍及全身——我们的大脑、心脏、血液、皮肤、细胞——就连最缥缈的信息也可以察觉。最近又发现了一种“磁觉”，也即感知地球磁场的能力。我们可能具有很弱的一点磁觉，也可能一点也没有。但海豚绝对有磁觉。鲨鱼、鸟、海龟、蝙蝠、蝴蝶、蜜蜂等很多动物，它们都靠磁觉来辨别方向。无人知道磁觉的运作机制，但科学家认为，这类生物的脑部有磁石晶体，此物会将动物们朝某方向准确无误地牵引过去，在长距离行动中格外精确地给它们导航。

在其他报道超能力的新闻中，人和猴子光凭意念就能使物体移动；海豚能通过前额交流；鸟类可以提前好几个小时感知到地震来了；祷告使病人康复；为做脑手术而暂时昏迷的、实际上跟死人一样的病人，竟能回忆起发生在手术室的对话，而且内容惊人地详细。在哈佛医学院网引述的一则消息中，神经病学家艾伦·汉密尔顿详述了其中的一个例子，并追问道：“我想知道的是，我们这些医学界人士该怎样看待这种未知事件？这种亦真亦幻的超自然力的余波？是无视它们？还是将其简单地形容为科学与灵魂的令人费解的混合物？现在我们是否可以认为，在我们这个物理世界的背后，可能存在一些超自然的、神圣的、有魔力的事物？”因此，人类——或海豚——还有哪些超凡的、是我们连想都没有想到过的感觉及能力？我们仍在认知的道路上曲折前行。

“宇宙不但比我们想象的更加陌生，而且它比我们所无法想象的还要陌生。”这是英国天体物理学家亚瑟·爱丁顿的名言[①]。我知道，在参加主题为“多宇宙中

①经查证，该句典出J. B. S. Haldane所著*Possible Worlds and Other Papers*一书，似与作者的叙述矛盾。——译者注

的平行世界”之类的研习会时，以上所言有必要记在脑中。“海豚可以吸引各种实体发出的能量，并与之交流，”奥切安在她的著作《未来的海豚》中写道，“他们交流的对象可能是过去、未来及平行世界中的生物，也可能是来自第四维度的魂灵、来自北极圈的鲸目动物，以及来自地球内部、人体炁场、彩虹、音乐或外星生物的能量。他们可以接触这一切事，这样活着多么有趣啊！难怪他们看上去那么快乐。”

我们很容易忽视我们不懂的事，一想到这个世界可能要比宣传的更加神秘，我们就觉得发慌。日常生活中，我们意识不到世间万事——乃至最小的亚原子粒子——有多么神奇。根据量子理论，宇宙是个充满各种可能的地方，每时每刻都有新事物产生——我们看作现实的事物，实在只不过是一种稍微有点说服力的梦罢了。如果你的想法变了，你所认为的现实也会随之改变。关于此点，历史教训已经说得够多了。因此，我们为什么对陌生事物大惊小怪呢?

◇◆◇

“我知道，在场的很多人都来过这里了，而且已经听过有关海豚的基本知识。”奥切安说着，环视拥挤的房间，大家目不转睛地看她，有人坐在椅子上，有人坐在地板上，有人坐在一切能坐的地方。“那么今晚我想谈谈一些离奇的事。”她容光焕发，众人的反应热烈。“尽管说吧，琼！”一位身穿印有“大脚怪”的T恤的男子叫道。“我们准备好了！”头发中有一绺被挑染成洋红色的女子喊道。一座连着底座的水晶海豚雕塑作跃起状，光线从其中穿过，在她身后的墙上投射出一块块灯光图案。

我到的时候，研习会已开到第三天了。我开车到达天空岛牧场时，夜晚的演讲才刚刚开始。我挤进室内，向周围看看，发现至少有70人在场，女性略多于男性，国籍与年龄的跨度都非常大：澳大利亚人，英国人，德国人，一位南非人，一位新西兰人，几个加拿大人，以及一群不足10岁的孩子。来自海豚镇的人也不在少数：我认出当地的一位潜水长，一位水下摄影师和一位船长。这是一个魅力十足的群体，而非一群邋遢的嬉皮士，或者一群走火入魔的神棍。据奥切安说，他们整个早上都待在水里，一刻不停地陪飞旋海豚游泳。

奥切安靠在白色的旋转躺椅上。之前她告诉我，她会根据听众的不同“判断自己有多少话值得分享”，进而调整自己演讲的内容。而在这里，她没必要隐藏什么。她可以脱口而出“全息交际”“第四维生物”之类的短语，因她知道没有人会嘲笑她。“人们渴望与海豚交往，”奥切安在演讲了，“这并不是一时的冲动。我们在灵魂上有着紧密的联系。”

她最开始接触海豚是在1978年，当时她与里利一同参加了有关灵魂出窍的研习会。“我喜欢他的幽默感，”她说，“哈哈，你永远不知道他下一步会搞些什么。”里利在会上向大家放海豚录音，开最大的音量，从早放到晚。“可能从那时起，我的人生就开始起变化了，”奥切安若有所思地说道，“可能他们说过什么话，而我信以为真了。”不久之后，她开始接收到来自海豚的信息。她说，在过去的35年中，她与海豚都有密切的交流，她在20个国家与28种海豚和鲸游过泳，而夏威夷的飞旋海豚给她的启示最多。“我们是来教你超越五感的，”在游泳的时候，奥切安感觉海豚在向她说话，“我们鼓励你在第六感及其他感的未知领域同我们交流。”而且，海豚补充道，她还可以将所有感觉融在一起：“到时你将闻到画面、听到感觉并看到声音。”

虽然这种融合听起来不可思议，但它确实存在，并被科学家形容为“联觉”。有这种情况的人——这种人很多——会经历很多奇怪的现象，例如，能感觉到颜色，能尝到形状，能闻到情绪，能将数字看成结构。如果你算上艺术创作的领域，这种情况就更常见了：艺术家大卫·霍克尼有联觉能力，作家波德莱尔、兰波、纳博科夫也有。发明家尼古拉·特斯拉据说也有，就算风格悬殊的音乐家如李斯特和法瑞尔·威廉姆斯也曾声称他们有联觉。研究表明，刚出生的时候，我们每个人都有强烈的联觉。只不过，由于某些不为人知的原因，我们大多数人很快就将它丢了。而其他人一辈子都保留着它，并因此活在一个感觉丰富得多的世界；我在阅读有关资料的时候，真希望自己也具备这种能力。

当大家还在领会她的话时，奥切安继续说道："我被一群海豚接纳之前，已经同他们游过两个月了。海豚群的能量场很宽。记住，即便隔着很远的距离，他们也可以彼此交流，因此，他们不必像我们一样面对面说话。"奥切安身心放松，穿梭在海豚群中，她会问一些问题，然后等着答案以图像的形式在脑海中闪现。飞旋海豚告诉她很多意想不到的事情，其中之一便是劝她多关注歌剧。

于是，奥切安买来很多伟大高音歌唱家的唱片，重复不断地听，希望可以听出一些与海豚同频率的高音。然而，与海豚一对比的话，我们所有人能发出的声音，最高也只能算中音了。他们可以听到高达16万赫兹的声音，这是我们所能听到的最高频率的八倍。奥切安认为，海豚的超声能力并非只有导航和捕鱼的用途。她将他们的声呐看作一种高级表达形式，他们可以借此来改变现实，打开通往其他维度的门径。"这些声音可以改变一切事，"她曾经这样写道，"他们可以修复并且改变我们的身体和环境。他们既可以使物体消失，又可以使物体显现，甚至还能改变物体的物理结构（并通过声音震碎玻璃的三维例子来说明此点）。"

新纪元运动总是提到频率和振动等概念，其观点认为，高频率振动代表着爱和超验，低频率振动却与消极、疾病等阴暗面挂钩。就算你对"脉轮平衡"或"和谐疗法"持保留意见，你可能也注意到了，我们周围的一切无时无刻不在振动中，就连最重的物体也不例外，而且即便我们无法看到或听到能量波，它们也有惊人的力量（不妨想想地震、激光和微波炉）。用声音治病是个快速发展的领域：如果超声的频率比海豚所能发出的要高得多，那它可以摧毁癌细胞，使骨折愈合，烙伤口消毒，根除湖海中有毒的藻华，使酒滴、胶珠、火柴棍——在某个别出心裁的实验中，甚至还有意式番茄奶酪沙拉的食材——浮在空中。奥切安声称，一阵高频率声波可以改变一种物质的物理性质，使液体变成胶状物、使细菌瓦解、使水变雾。

即使频率较低，声音也有强烈的效果。在伦敦切尔西及西敏医院进行的一项大型研究发现，在房间中播放愉快的音乐之后，病人痊愈得更快，员工的幸福指数更高，新生儿茁壮成长，每个人的血压降低，动手术的医生也更有效率。研究结论发表之后，医院请来了曾与大卫·鲍伊、U2乐团、酷玩乐队共事过的音乐家布莱恩·伊诺，以帮助创作一些适合急救室播放的音乐。另一方面，一些富有想象力的人设计了一款防暴声盾，该声盾用低频率声波干扰抗议者的呼吸道，使他们呼吸困难。

当然，这些都没办法证明奥切安的观点，即海豚通过回声定位来“阻止时间的流逝”或“穿越到其他世界”；要是海豚真有这本事，那么蝙蝠也肯定有了，因为他们的声波频率甚至比海豚更高，达到212000赫兹。然而，鉴于声音确实强大，想象海豚这种水下音乐大师可能拥有一些我们尚未猜知的能力，也不是没有道理。

认为海豚声呐拥有巨大的改造力量这种观点带来的一个副作用是，一种标榜“海豚疗法”的地下行业应运而生，并借此牟取暴利。这种生意瞄准那些家中有孩子患有自闭症、大脑性麻痹以及从四肢瘫痪到遗尿症等多种疾病的父母，并向他们收取每周大约3500美元的高额费用。在犹他州时，我与玛丽诺谈过海豚疗法的问题。她与别人合著了一篇论文，文中调查了海豚疗法的治病功效，结果显示，所谓的海豚疗法其实并没有科学依据。而且她发现，就算有一点效果，那也只是短暂的，孩子回家之后，效果很快就没了——相较之下，养只小狗的效果要持久得多。“这是你能想象到的最缺德的狗皮膏药，”玛丽诺说，“欺负有病孩的、绝望的父母，骗他们说，‘对，如果你如数付清治疗费，我们每天会让海豚与你的孩子游半个小时，这样你的孩子就会好转了。’这是一个全球性骗局。”

奥切安却有另外的看法。“能治病的并不是海豚，”她对在场的人说，“而是与海豚待在一起的时候，人们重获了一种自然健康的状态。”他们带领我们超越自身的局限，她解释道，进入“一种无所不在的能量场，那是一切可能的源头。”在她看来，他们所能发挥的治疗作用，也只不过是将我们带入一个无需治疗的地方。

有一次，她回忆道，一头海豚游近她，用声呐朝她的耳朵喊着，而她的耳朵碰巧感染了。“我甚至还没有注意，”她说，“他一下子冒出来，然后……”她尖声学海豚叫：“呃呃呃呃呃呃呃呃！”海豚的治疗很管用，她说：“我感觉我的耳朵通畅了。”她强烈建议我们，必要时一定要向飞旋海豚们求助，但请求一定要发自内心，她强调道。“使交流有效的前提是，你能感受到他们的爱，感受到他们对你的关心，你非常清楚那种感觉来没来。一想到海豚，你就体会到很多……很多的……爱，”她的声音激动得有些沙哑，“当你在内心感受到那种爱时——那就是你们交流的开始。”

我将所有人都扫了一眼，发现好几个人眼含热泪，而孩子们一动不动地坐着，全神贯注地盯着奥切安看。全场弥漫着一种感人的气氛。当我意识到那是什么感觉时，我被惊呆了：那不正是当初邂逅飞旋海豚之时体会到的禅定吗？——一种深入骨髓的、通过冥想才能达到的宁静，一种在所爱之人身边体会到的白炽的温暖。那是与烦扰截然相反的感受。我的日常生活的声迹——低沉持续的焦虑之音——就这样没了。难道这就是海豚意识状态？是的话，我们应该多去尝试一下。

奥切安继续谈自己与海豚同游的经历，以及自己始终坚信的观点：他们在海里不只是捕鱼，而且还在主动地传授知识。“当他们与我们一起玩的时候，”她说，“其实是在向我们传达信息。”一位蓄着山羊胡的男人高声插一句，问她具体是什么信息。“都是一些离奇的事，”奥切安答道，“只是……太离奇了。”“接着说！”有人请求道。“嗯，”短暂地犹豫之后，奥切安继续说道，“有一件事我不会在书中交代，否则大家都不会相信我了。”房间里喧闹起来，鼓励她说详细点。“海豚说，水下藏着外星飞船，”她坦白道，“他们穿梭在地球上的水下世界，在他们停靠的地方，海豚可以游进飞船的内部。而且海豚还给我看过他们的照片。”

“那些飞船是不是停在我们称之为‘世界尽头’的地方？”一位梳着马尾辫、穿着扎染毛衣的女人问道，“我听说那正是他们的目的地。”

“他们哪儿都可以去，”奥切安说道，“我是说，他们可能要去一些比较深的地方，但……有谁见过他们吗？”

只见很多手快速地举起。“我有认识的人，他们见过外星飞船从水里出来。”一位德国口音、双目圆睁的男子说道。

“我们也见过，我称之为等离子飞船。”奥切安确认道，指指一群在场的海豚镇居民，他们热情地点头回应。“当时我们在船上，大家都看见了，那是一艘巨大的白色脉冲状飞船，大概有足球场那么大。我们甚至可以游进去——如果你的全身都在里面了，你能看到你自己，不过，要是你有一部分还没有进去，那一部分是看不到的。你在里面有种无比的快乐。”

“海豚在飞船中穿梭。”奥切安的朋友塞莱斯特补充道。塞莱斯特七十多了，长长的白发，举止优雅。在我见过的古稀老人中，除奥切安之外，她是最健美的一位。“但是这些海豚——他们不是我们的海豚。他们看上去像飞旋海豚，可是当你进入等离子飞船之后，你会发现他们变得不同了。他们身上没有斑纹，而且轻飘飘的，显然不属于这里。”

“他们完全不一样，”另一位女士强调，“他们不是我们的海豚。”

听众中爆发出一阵咕哝。“哇——”一位肩上纹着一群鸟的年轻女人说。“有位在希罗的人告诉我，他见过一头美人鱼。”另一男子说。只见他双眼深黑，瘦高个，虽然挤在角落里，但很想说话。“她有10英尺高，而且是从水里上来的。她的牙齿很大，头发很长。”

奥切安点点头道：“有意思。”

“她说她住毛伊岛附近。”男子补充说。

“我感觉，他们会被越来越多的人知道，”奥切安说，“他们直到现在才现身，或许正是因为我们已经向他们敞开怀抱了。因此，以后会有很多目击事件。这很好。”

“所有渠道都向他们敞开了。”男子同意道。

关于水下UFO的讨论使大家忽略了海豚，但奥切安又把话题拉回来了。接下来，我们将为进入海豚的世界“热身”，她说，明天就能看见他们了，我们先用冥想准备一下。于是，所有人将眼睛闭上，靠在靠垫上，奥切安打开十分迷幻的音乐，乐音忽高忽低，我感到有点飘了，仿佛头脑正在融化中。“好——”奥切安轻柔地说，“我们准备进入另一个时间轴了，现在，请保持放松，感受对方的存在。我们都有相同的灵魂，怀着纯洁的意图走到一起，表达爱心与平和。请深呼吸，感受爱在全身蔓延，蔓延到骨头、肌肉及所有器官，蔓延到血液和神经系统。一切都被纯洁之爱激活了……”音乐声令人迷醉，有些人已躺下来，在地上将身子铺开，头上的天花板风扇在嗡嗡地转着。

不远处传来鸡的叫声，棕榈树叶在风中低鸣，这是我能听到的所有噪音。奥切安用催眠般的低音说：“现在，我们将爱传递到海里。我们请海豚来陪我们，在美丽的海下世界，和我们一起玩耍。我们与海洋母亲的意识相通。海豚也将他们的频率回传给我们，此刻我们要感谢他们，感谢他们带给我们的快乐，感谢他们树立的仁爱、同情、家庭关系、顺应环境的榜样。我们充满了感激，渴望和他们同游——我们这个集体，与他们的群体，一起游泳。”

我感觉我自己在笑。有没有宇宙飞船？这个问题还真不好说。

◇ ◆ ◇

第二天破晓，我开车到霍诺科豪港，看天色从海军粉变成杏蓝，再变成紫金。在港口，我们兵分两路：绝大多数人登上一艘足以容纳所有人的双层船，而奥切安在小船上向我招手，示意我跟她一路，那是一艘准载八人的汽艇，在甲板上，我看见船长简，一位身手敏捷的潜水员，正在将缆绳解开；塞莱斯特，银色长发编成漂亮的发辫，十分专业地收着装备。这是研习会的第四天了，看得出，奥切安想清静一下，利用一个早上的时间在海豚中恢复精力，而不用每隔10秒钟就要回答别人有关海豚或UFO的问题。当另一艘船上的人们还在搬潜水装备时，我们的队长，一位挺着将军肚名叫基特的随和男人，建议我们赶紧出发，因为渔船侦测到一群领航鲸，就在离岸五英里的水域中巡游。

我们不再管其他人了，径直朝海里开进。在茫茫大海上找一群行进中的领航鲸，找到的概率是非常小的，而基特却一意向西。不知为什么，我总感觉我们一定会找到他们。我想，出海足够远的话，除了海豚之外，我们还会碰上什么呢？我们快速地离开陆地，我看见汪洋大海的深蓝色将我们包围，这时侦探设备又开始响了：再次发现领航鲸，位置比之前更近。我们朝那方向开进约一英里之后，发现一道轻微的浪痕漾来，于是在那里停下。周围万籁俱寂，海水轻抚着船身。

只听“啯”地一声，一头领航鲸带出一阵急促的空气，突然出现在100码开外的水面。接着一声：“噗——嘘！”又有一头出现在他的身边。他们黑色的背脊起伏着，一点点没入水中。我们可以看见他们圆圆的脑袋、向后倒伏的背鳍以及导弹一样的躯干。接着，更多背鳍破水而出，周围全是他们的身姿。他们的身量是一头普通飞旋海豚的三倍。“这里至少有40头，”奥切安数完，环视了一周，“他们还带了幼崽。”

基特继续向前开；他想停在远离领航鲸群的正前方，以方便我们下水，并趁他们游来的时候，我们可以迎上去与之同游。我摆弄着自己的面罩，感觉肾上腺素在持续飙升。我自来不怕与海豚亲近，但这些长20英尺、重达三吨的家伙，看上去就跟虎鲸一样。而且我知道，领航鲸的顽劣是出了名的，他们很容易恼怒，而且表达不满的花样很多。我回想起在这里曾发生过一场不愉快的事，当时的情形跟现在也差不太多，一头领航鲸咬住一位游泳者的膝盖不放，并将她猛拉到40英尺的水下。那位女士差一点被淹死。

但我知道，我不能错过这个观察水下领航鲸的绝佳机会。与飞旋海豚相比，领航鲸有一种庄重的气质。我们遇上的是短鳍领航鲸，还有一种领航鲸叫长肢领航鲸，二者极为相似，而且他们与伪虎鲸、侏虎鲸、瓜头鲸和虎鲸一样，都属于被称为“黑鲸”的海豚一族。与虎鲸一样，领航鲸属母系社会，群成员由庞大的雌性带领，孩子长期跟随在母亲身边。年老的雌性也发挥了关键作用：雌性一般在35岁左右停经，之后长达15年的时间，她们还会继续泌乳，并帮忙照顾和乳养群里其他成员的幼崽，增加他们存活的概率。

奥切安已穿好装备，守在船尾，就等下水了。她转过身来，用她那沙哑、温柔的声音告诉我，领航鲸常与远洋白鳍鲨结伴，后者是典型的杀手之一。虽然至今没人知道其中的原因，但这两种动物经常是在一起的。“所以一定要对身后的情况多留个神。”她咧嘴一笑。

基特将引擎关掉，他建议我们两人一组下水。澄净的大海仿佛是由蔚蓝、天青与宝石蓝调成的六维天堂。我们漂浮在深达几英里的海上，即便海水透明得如同水晶，我们还是看不到海底。“右转舵！”基特突然喊道，他指向右边。循指看去，一对领航鲸在不远处现身，直接朝我们游来。我潜入水中，他们也跟着潜入，不久出现在我的下方。那是两头巨大的成年鲸，下面还跟着一头小鲸。他们缓缓地游过，耳畔传来他们尖利的嘎吱声，听上去就像一台水下收音机，正调到潜水者频道。他们的举止庄严，传达出一种使人宁静的气息，而我特别喜欢这样的宁静。阳光将海水穿透，照在他们的身上，仿佛聚光灯洒下的光斑在随意地舞着。

他们消失在一片蓝色之中，我们也爬回船上。基特继续往前开，不久之后，又将我们丢在他们要来的路上。要是觉得受到了打扰，领航鲸会一口气潜入水中，从我们的视野中消失：他们可以连续15分钟不换气。他们捕猎主食枪乌贼的战术之一，便是以每小时20英里的速度速潜至3000英尺深的水下，这是一项繁重的体力活，他们因此也被冠以“深海猎豹”的称号。人们甚至还认为，领航鲸能与抹香鲸争夺最高奖项——大王乌贼。在加那利群岛，人们见过他们衔着大王乌贼的身子，四英尺长的触手被拖在嘴的外面。

两头领航鲸并没有躲着我们，而且这次离我们更近了，之前藏在肚腹间的小家伙，现在也游了出来，与他们并驾齐驱，他用好奇的眼光看着我们。我悬在水中，敬畏地愣在那里，时间不知不觉过去了，有一刻我甚至意识到我忘了呼吸。肺中的空气越来越少，但我一点也不慌张，即便是在20英尺深的水下，即便还围着腰铅。难道我是醉氮了？怎么可能呢？我连潜水瓶都没有背。但我确实感到了醉意。当我窜到水面换气的时候，我想，如果能让更多人与野生的鲸目动物游泳，我们就不需要诉诸毒品了。那些合法的香烟产品、镇静药赞安诺、抗抑郁药百忧解、迷幻药摇头丸等，都不需要了。

我游回船上，船继续前进，跟在领航鲸群的后面，接着将他们超过。另一艘载着其他人的潜水船也开过来了，大家吵着闹着，也想要追上他们。一看到机会，数十个人陆续地跳进水里，期间耽搁了一会儿，等到所有人都就位后，领航鲸已看不见了。我在附近游来游去，想找到他们，但我所能看见的只有无尽的蓝色，以及某个站在大船上的、挥着杆式相机正在四处搜寻的人。“鲨鱼！”一位潜水长喊道，但我什么也没有看见。后来我们看视频，才发现在我们的视野之外，有一头远洋白鳍鲨的背鳍破水而出，正绕着我们转来转去的。

当我们还在水里的时候，基特收到无线电消息，一群飞旋海豚就聚集在离岸不远的地方，总数有三四百头。我们便又离开大部队，向北开往柯哈拉，看看能不能赶上这场盛会。在船上，我对奥切安说，我在领航鲸中获得一种特别愉悦安宁的心境，以至暂时忘却了那些习以为常的，诸如引力、时间甚至空气的事物。她点头笑了。“我的最终目的就是让所有人都达到那种境界，”她说，“那是爱和感激，其中蕴含着很多意义。”

太阳照在水面上，闪耀的水面犹如太阳。简将鲜芒果与菠萝条分送给大家。我旁边是克里斯，一个二十出头的女生，她的声音很温柔，脸上长了点雀斑，一头红发梳成男士飞机头。她来自卑诗省一个名叫纳尔逊的、时髦的户外小镇。与奥切安的所有追随者一样，克里斯有一套丰富的个人信仰。“我对天狼星很感兴趣，”谈到自己为什么来夏威夷，她说，“我尽可能去查阅相关的资料，于是看到奥切安的网站。当我读了上面有关海豚意识的介绍时，我想：‘这正合我意，就像一个美梦成真了。’”她还告诉我，与飞旋海豚同游的时候，她那沉重的悲伤也被大大缓解了。不久前，她的父亲去世了；接着，托帕斯，她最爱的狗——“我的孩子，我最好的朋友，我的一切”——也离她而去。面对双重的打击，克里斯竟如此乐观，一直都那么阳光，并满怀着希望，遇上她之后，我才知道自己有多么懦弱。

飞旋海豚很容易就找到了。我们发现一大群，即使隔着很远的距离，他们的样子也清晰可辨。他们一头接一头腾空而起，身子旋转如螺旋火箭，然后斜插进水中，溅起剧烈的浪花，仿佛是在竞赛一场飞旋海豚极限运动会。像这样有活力的飞旋海豚，我还是第一次见到。他们的数量多得望不到头，我们开得更近了，看见他们从四面八方朝船首涌来，随着船头波起伏。我们慢下来，他们跟着慢下来，环绕着船身，像小狗见主人般喜悦。我们漂流在碧绿的水上，水下是片珊瑚礁，里面住满各种颜色的鱼类。如果海豚是在引我们与他们同游，那这地方可以说是选对了，不然还有哪处可以与之媲美呢？我们在那里游了好几个小时，他们也全程陪伴，与我们一起玩耍。不远处，我看见水下的克里斯悬在两头海豚间，而海豚正在学她的动作。她往下，海豚也往下；她停在水中，海豚也停在水中。我清楚记得第一次邂逅飞旋海豚的时候，我的悲伤是怎么被抚平的。我希望克里斯也得到同样的帮助。

海豚还跟着一位名叫艾娃的七岁小女孩。艾娃非常有爱心，她妈妈苏驰是奥切安的一个朋友，她是跟妈妈一起来的。早些时候，奥切安亲切地称呼她为“海豚诱饵”，并解释说，飞旋海豚似乎对孩子特别感兴趣。据说海豚还喜欢亲近孕妇，他们能用声呐看穿孕妇体内的情况。这些坊间传闻听上去那么美好，而且有可能还是真的，但在我来夏威夷之前，一件与传闻不符的消息被报道出来：一对弗尼吉亚夫妇决定前往帕霍阿，一座位于基拉韦厄火山旁边的乡镇，希望海豚来当助产士，因为他们想在海下分娩。不知何故，该计划被媒体曝光了，并引起舆论的热议。美国《发现》杂志在博客中指出，海豚助产可能要算史上最糟糕的主意了，因为海豚经常吞下人类婴孩般大的动物；而当血水与胞衣的气味开始扩散时，血鼬鲨也可能很高兴来分一杯羹；不仅如此，帕霍阿附近的“沙滩”实际上是岩浆岩，上面覆满了带刺的海胆。

计划最终还是泡汤了，不过也有一些评论者持肯定态度，并指责那些反对者太古板、太消极。一位女士写道，她的梦想就是将自己的孩子生在“一群狼中间，以保证孩子从一开始就对大自然有深入的了解”。另一位也气愤地回忆道，当她决定要在“一个住着雌棕熊和熊宝宝的洞中”分娩时，她是怎样被人嫌弃的，但她肯定地说，那场分娩是个“神奇的过程”。在她看来，那些反对海豚助产的人都是蠢货。“嗯，或许吧，”有人回复道，“但我宁愿做一个蠢货，这样我的孩子就不会被该死的海豚吃掉。”

我们很难客观地看待海豚；在亲眼见到海豚的那一刻，我们不可能无动于衷。无论我们邂逅海豚时在精神上得到怎样的慰藉，他们无疑都是体型巨大、行动敏捷的杀手，此刻他们应该正在休息中，好为通宵的捕猎做准备。他们为了活下去，不得不在艰险的条件下，随时冒着鲨鱼剃须刀一样的利齿，成功拿下最狡猾的猎物。他们就这样在夹缝中求生，然而有人竟想来……与他们谈心。我们是觉得不错，他们也这样想吗？但愿如此——可我一点也不能确定。

日头偏西了，一阵凉风吹来，于是我游回船上。奥切安在甲板上，裹着一袭飘逸的罩袍，鲜艳的璞琪涡纹点缀其上。我脱掉潜水服，在有热水的龙头下冲洗身子；不久，其他人也上来了。简将梯子收好后，基特发动了引擎，开船回港。回去的途中，我们吃了点饼干，并聊起了超验。“人类一直在进化，”奥切安满足地说，“只是现在才刚开始爆发。我们了解得如此之多，如此之快。”她的脸被自己的头发打着，偏光太阳镜里映出天上的云彩，“我们都是多维生物。你有那种能力却不用的话，你会失去它的。”

◇◆◇

如果新纪元者已将海豚视为自己的图腾动物，并将其神化为带鳍的神使、具有更高意识与深层含义的神圣生物，那么需要指出的是，这个结论最先是由另一群古代的人们得出的。至少在15000年前，加州地区最早的土著——美洲丘马什族原住民——就将自己称为“海豚人”了。他们的历史很好地说明了这点：该部落不仅对海豚友善，他们还把海豚看作自己的直系亲属。对他们来说，太平洋并非只是从村子里望到的那个浩淼的远景，那实际上是他们的老家。丘马什人以捕猎和采集为生，他们为世人所知的是高超的编织与制珠技艺，驾着柁林—— 一种灵活的红木板小船——弄风涛的英勇神技，以及爱好和平、灵活多样的生活方式——而且他们还是坚定的海洋神秘主义者。

数千年前，两万多名学会用火的丘马什人住在加州中南部海岸，范围是从康塞普申角到杜梅岬一带，也有一些零星地住在附近的峡岛：圣克鲁兹、圣罗莎、阿纳卡帕、圣米格尔，等等。18世纪，西班牙人来到这片土地，很快将他们征服，并带来疾病及宗教狂热：截至1900年，丘马什族只剩下200人了。尽管有这些悲剧，他们的过去并没有被历史遗忘，这个民族的遗产还在，他们与海豚的关系至今为人们传颂。

实际上，在马里布北边、一片密集的、总值数百万美元的洋房区附近，有座模拟真实的丘马什部落建成的村庄。它的名字叫“彩虹（Wishtoyo，丘马什语）”，其创建者兼管理人是一名丘马什男子，名叫马蒂・瓦伊亚。一直以来，瓦伊亚积极地向世界普及自己民族的传统文化，世界也很需要这样的知识。

夏天将尽的一个下午，我沿土路驾车来到了该村，车胎上的泥土在夕照中发红、发金。如果不是刻意地寻找，你很难发现这样的地方，因为它并不显眼。彩虹村在一道急流峡谷边，峡谷又夹在太平洋上的一座峭壁间。村中的房屋与环境浑然一体，仿佛是从地里长出来的，而事实上也是如此。六座穹顶的屋子由柳条和芦苇秆编成，门框由鲸骨和鹿角构成，门口挂着鹿皮，并用石头和贝壳装饰，地面是柔软的沙子。我开进去停车，三只德国牧羊犬跑来，后面紧跟着的正是瓦伊亚，一个五十多岁的、高大强壮的男人。他的黑发齐腰长，被两条长长的骨片扎在身后。一根小骨穿鼻而过，被鼻小柱均分成两截，鼻下方是整齐的髭、髯及山羊胡，看上去像刺好的纹身。瓦伊亚还戴着珠链，穿着部落的印花纱笼裙，上身穿一件背心，现出壮硕的臂膀。他光脚走路，左耳挂着一只猛禽爪。若不是在电话上听到他慢吞吞地讲着流利的加州口音，我会觉得他要用Smuwic、Samala[①]或另一种丘马什语和我说话。

和我打过招呼之后，瓦伊亚开始讲他的故事。"我们是海洋民族，"我们朝村子走去时，他对我说道，"海豚是我们的亲戚、我们的兄弟姐妹，A' lul' koy是我们的蓝色海豚；马里布是Humaliwu，一个波涛喧腾的地方；Muwu是大海，这些都是丘马什语，外人甚至听都没听过。"他停在一座建筑的前面，其大小和形状差不多与爱斯基摩人的圆顶冰屋相仿。"这个叫'阿普'（Ap）"，瓦伊亚说，"是一家人睡觉的地方。"我们钻进去，一只名叫"苏莫"的德国牧羊犬就跟在身后。室内比室外凉快，空气中有鼠尾草和灌木的香味。瓦伊亚拾起两根秃鹰的羽毛，酋长头上戴着的那种，时不时向空中挥着，以配合自己的谈话。

"先辈创业的历史真是说来话长，"他说，"我们的祖先来自Limuw——也就是圣克鲁斯岛。"他还解释道，在土地女神胡塔什（Hutash）的召唤下，丘马什人从岛上来到大陆，因为女神为他们的子孙后代应许了一个天堂。她用彩虹架起一座光桥，并让他们走上去，穿越大海。但她警告他们不要往下看。"然而，有些人克制不住，还是往下看了，"瓦伊亚继续道，"结果他们头晕眼花，从桥上摔了下去。当他们落入水中并开始下沉时，胡塔什便对Kakunupmawa——我们的神、创造者及始祖——说，'不要让他们死去。'他们接着下沉，一直沉到海底，身体却突然变得光滑了，接着四肢变成了鳍。他们游出海面，终于呼吸到了第一口空气。就这样，他们成了A' lul' koy，成了海豚。"

① 一种语言，该词发音不明，音译为中文不妥，故保留原文，后同。——译者注

瓦伊亚将手伸入肩上挂着的皮袋中，掏出一只拨浪鼓，边摇边唱。他的歌声很让人难忘，充满大叫与拖得很长的、粗重的咆哮。我感觉我手上的皮肤也开始躁动。苏莫趴在地上，头埋在爪间。丘马什语的发音跟我听过的所有语音都不太相像：它既柔且刚，既流畅又难以定义；咝咝声，嘘嘘声，咯哒声，一并从嗓门的深处传来。瓦伊亚的话跟大自然一样，原始而无法形容。

我看着他唱到最后——他唱着古老的语言，头往后仰去，一手拿着秃鹰羽毛，一手拿着拨浪鼓，脸被一条熊骨刺穿——很难想象在他30多岁的时候，他已是个四处奔忙的建筑承包商，很好地融入了有快餐及12车道高速路的南加州世界，却远离了自己本民族的根。也只是在经历了一系列改变命运的事件之后，他才与自己的世系重新联系起来。某一天，他从佩珀代因大学的工地上开卡车回家，经过后来成为彩虹村的地方之时，不经意间看了看窗外。“我感觉到它的吸引力，”瓦伊亚回忆道，“我当时就想，那是什么？为什么看起来那么遥远？”该地方是乡镇的荒地，没有人居，满是垃圾，疯长的植物塞得密不透风。从那以后，瓦伊亚每看一次那个地方，他就被吸引得更近一些。他不知道为什么，直到后来才明白，那里曾是一个丘马什人繁衍生息的家园。

那天晚上，当地的几个孩子拿着传单到他家，邀请他参加丘马什文化中心的庆祝会。“真的吗？”瓦伊亚记得他这样问过，“我就是丘马什人，真有我们的文化中心？在哪里？”他们指指瓦伊亚屋后的一座山。这已经够不错了，更难得的是瓦伊亚刚在庆祝的前几天才搬到这里。

第二周，他去文化中心看了看：“我的人生从此改变了。”之后的10年时间，瓦伊亚严格按照丘马什人的方式生活，重新燃起内心的余烬，并向部落中幸存下来的、为数不多的几个长辈之一拜师学艺。当他感到掌握这一切有多么困难，并因此而丧气之时，那位老者对他说：“这一点都不难。唯一困难的，只是放弃你之前学过的那些知识。”

因为海豚的意义重大，庆祝活动最重要的仪式之一，就是表演“海豚舞”。

现在自己已经出师了，瓦伊亚也开始跳海豚舞。他给我一张他正在跳舞的照片：只见他全身都是海豚舞者的行头：身上涂着黑白条纹和斑点，头戴精心制作的羽冠，下身穿一件短裙，双手各执着一副拍板（Wansaks）。在他的面前，火烧得正旺。“那是一段奇幻的舞，”他咧嘴笑了，“拍板相击的声音像是海豚发出的。”

最终，瓦伊亚回到那个召唤他的地方，并得以开启一段重新认识它的过程。12年前，他与妻子芦荟伊莎（Luhui' Isha）开垦出一块空地，可以建成一座阿普了；接着，他们花了好几周待在那里，晚上睡在星空下，白天随日出醒来。他们观看头上盘旋的鹰、在近海游戏的海豚。“当然，建筑工作耽搁了不少，”瓦伊亚说，“那没什么，反正我也不想再做了。”他的声音降下来，用急促的语气说：“我发现，10年的时间过得太快了，争取项目、上税、管理员工——每天都做这些事。我问自己，活着是为了什么？不可能只是为了工作吧？”

这些年来，彩虹村已被打造成一个丘马什文化习俗的中心。瓦伊亚和妻子已经接待过各个年龄群的人，他们致力于普及丘马什族的传统，在冬至和夏至举行朝拜，并且举行退修会。小学生是他们主要的听众之一。“这里可以容纳50个孩子，”瓦伊亚说着，挥手指一指阿普。“我有一份介绍海洋生物的PPT，我会告诉他们一切有关海洋、生态系统、濒危物种的事，并教他们从这些不同的角度去看待环境、管理、平衡及理解的意义，从而明白世界并非只靠科学和法律，更多的还是要靠这种我中有你、你中有我的关系。孩子们会在一个民族的歌曲和故事中耳濡目染，而这个民族是遵从生命本身的节奏生活的，他们没有受制于这个人造的体系，因此决不会妄信自己的自由是在法律文件中，而不是在享有健康的土地、水源及空气的天赋人权中。实际上，这种权利才是我们真正的自由。我们应该争取这样的权利，为那些不能发声的代言，因为别人的事就是我们自己的事。”他笑了，“所以我是在拉拢孩子，让他们做我的小小拥护者。”

一旦说开之后，瓦伊亚的声音抑扬顿挫，仿佛唱圣歌或念咒语一样，感情也更激越了。他是天生的演说家，不难想象这样的情景：一群孩子就坐在这里，聚精会神地听着。“我告诉他们，如果你们爱大海，爱鲸，爱海豚，爱森林，爱河流，爱熊，爱鹰——爱世上一切美好的事物，”瓦伊亚说，“那么，你已经得到它了，它已在你的生命里了。”

瓦伊亚做得最棒的事情之一，便是用了祖先怎么想也想不到的方式来传播丘马什文化。他的团队中，有能干的年轻律师杰森·维纳，有冲浪者基金会、自然资源保护协会、小罗伯特·肯尼迪的全球护水者联盟等机构作为他的宣传组，他也因此打入州法庭和联邦法庭。对于美洲原住民的权利及文化保护，他比之前有了更加深入地了解，并着手去维护它们。“我们无法做回以前的人，”瓦伊亚说，“因为已经过去了。但我们是创造未来的人，我们有责任保护自己的家园。”

在保护生态方面，瓦伊亚和搭档们取得的成就列起来有好几十页那么长。为阻止各种渠道排放能够杀死珊瑚的有毒废水，他们控告过的单位包括了私企、公企、市、县、加州乃至整个联邦政府；在他们的压力之下，那些污染者不得不对簿公堂，并改正自己的行为，以杜绝更大的污染；如果没有他们的干涉，某个大型开发项目可能已经新建了两万座房屋，铲除了丘马什土葬遗址，并毁掉了一个生态脆弱的流域——双方的斗争仍在继续；他们不懈地提出各种正式的诉讼。

太平洋瓦电公司打算用18支气枪往130平方英里的沿海水域里射击（每支射击的噪音高达250分贝，并且每隔15秒射击一次，一直持续17天），其噪音将给大量的海豚、鲸、鼠海豚、海獭、海豹、海龟、枪乌贼及鱼类（更不必说还有冲浪者、游泳者及潜水者等所有碰巧位于噪音范围内的人们）带来一场可怕的灾难。还好，该计划最近已被瓦伊亚的团队阻止了。太平洋瓦电公司辩解说，他们需要检测海底的抗震耐久度（虽然相关的综合研究已在进行了），而且他们只能优先考虑魔鬼谷核电站的利益，而不得不置“不可避免的负面影响”于不顾。在听证会上，瓦伊亚做了一场充满激情的演说，该演说在后来还被誉为当天最动人的证言。他告诉加州海岸委员会，海豚不仅仅是图表上的数据——他们是有感情的家族。“跟你们一样，所爱之人离世了，他们也会在心里哀悼，”瓦伊亚提醒道，“没有谁有权杀生，这是我们祖先的遗训。”最后，气枪输了，所有人都支持瓦伊亚。

如今的彩虹村得到政府的支持，正在加州海岸建设海洋保护区，数千年前繁荣过的海域将得到完全恢复。“我们应做正确的事，”我们已从阿普里出来，正向悬崖边走去，瓦伊亚对我说道，“海洋是世界的源头。”

太阳缓缓西沉，太平洋似一块锌黑的石板，一轮阴森的月亮从海面升起，仿佛一个苍白的幽灵。在我们身后，车辆来往于加州1号公路上，但我只能听见波浪的声音。在我们下方，琥珀色的灯光照出两个人形来，那是两名冲浪者，他们浮在一簇簇柔软的海藻间，等着当天最后的一波大浪。我多希望我也是他们的一员，那样我就能脱掉鞋子，在这里待得更久，至少多待一小会儿吧，邮件和未办事项先抛在脑后。

我把这想法对瓦利亚说了，他又发表了一通感慨。“我们住在电脑屏幕里了！”他说，“这些技术终将成为我们的坟墓。我们的健康越来越有问题了，我们得了糖尿病和肥胖症；我们的社交能力正受到威胁，因为我们用短信和邮件来往，我们甚至不再交谈了。”他深吸了一口气，“我想看你的眼睛，我想听你的声音，我想明白你说的什么，因为文句无法传达你的气息。”

我发现，凭着他独有的痞子兼生态战士的气质，以及诗喃般的演说魅力，瓦伊亚的言论已将永恒的智慧与现代生活瞬息万变的节奏成功地结合起来了。彩虹村并非某种稀奇的古老村庄——它的存在只是为了提醒我们慢下来。它像在问我们：当某种珍贵的事物有危险时，为什么不缓一缓，转而想想解决办法呢？这不但是为你自己好，如瓦伊亚所说，这更是为了“你们无法看见的美好未来”。他说中了一个困扰我多时的悖论：在一个能够指导我们行动的知识多得空前的时代，我们却是空前地无动于衷。你们的生命只不过以百年计，但在你们周围，其他事物的生命是以地质时间计算的，彩虹村在小声地提醒我们。

“我们迷路了，”瓦伊亚郑重其事地说道，“我们贪得无厌，总想着要得到更多。海豚与鲸有自己的语言，他们已经用了数百万年的时间。而我们呢？我们不断地往字典里加新词汇，因为我们从不满足。那么，我们走得这么快，究竟是要去哪里呢？”他笑了，手执秃鹰羽毛，朝整个彩虹村挥挥，仿佛是在祝福它。“我们的故事也是世界的一部分，我们的舞蹈，我们彼此联系的方式，以及我们走到一起来所经历的冥想、疗效、仪式、良药及魔力——都太他妈好了！这就是我为什么要建这个地方的原因。”

丘马什人相信，在海下很深的地方，有一座被美人鱼守卫着的水晶住宅，海豚与剑鱼人（Elye' wun）是那里的常客。根据他们的传说，海底还埋了七根水晶柱，它们随着大自然的力量而振动。“水晶跟水一样，”瓦伊亚说，“带着生命原初的色彩。它正如丰富的人性——我们来自各个不同的面。这也正是彩虹形成的原因。”

在丘马什传统中，正如在为数众多的其他传统中一样，人们认为海豚持有通往未知世界的钥匙，他们是从其他世界前来的使者。“海豚代表西方，”瓦伊亚说着，朝日落之处点点头，“那是白天结束的地方，是你的梦开始的地方，是海与陆地交界的地方。那是一个过渡点，使我们从现实世界转渡到精神世界。终有一天，在经历了人生最后的日落之后，我们也会从今生转渡到来生。”仿佛是为强调他的观点，月亮突然变得更亮了，在天空中闪亮登场。

“那里有另一个维度。”我说道，并指指大海。

“是啊，”瓦伊亚应道，垂下头来，“真的有。”

**High Freguency**

◇ ◆ ◇

第八章

# 世界尽头

即便是从一万英尺的高空看去，所罗门群岛都有一种不祥之兆。海面宁静得有点诡异，云影投射在上面，像在照一面镜子。就我的目力所及，我还没有看见什么移动的东西，没有白色的浪花，就连一丝涟漪也没有。一条条珊瑚礁像静脉一样分布在海面以下。在遥远的地平线上，瓜岛墨绿的峰顶凸出来，那是一座见证过某些“二战”中最残酷的战役的丛林地狱。七大海战中被击毁的战舰仍沉没在附近的海域，其数量之多，以至该区域被世人形象地称为“铁底湾”。在整个所罗门群岛，到处都有被锈蚀、炸毁及遗弃的军事装备，它们虽然已被人遗忘，但并没有消失。当全世界在继续运转并置这个角落于不顾时，它已徘徊在彻底瘫痪的边缘：当地政府岌岌可危；旅游业像快要倒闭的样子；杀头之事时有发生；罕见的疟疾病盛行；坐在新几内亚航空公司的飞机上，我用额头抵着窗玻璃，很想知道我在那里将有怎样的经历。

就在一星期前，我还没有前来这里的打算。我一直希望的是，奥巴瑞最终返回所罗门群岛，如果我能来的话，也是跟他一起来。因为这里如此混乱，我并不想马上动身。但后来有噩耗传出，仅在两天之内，一个名叫“法纳雷”的偏远村庄就杀死了近1000头海豚，而在第三天，又有300～400头不幸遇难。村民们发誓，在收到大量的现金之前，他们还会尽可能多地将海豚杀死。这简直是一场勒索，情势紧张、棘手、混乱，而且讽刺的是，该事件肇始于一种莫大的好意。

2010年，奥巴瑞与贝尔曼以及劳伦斯·马基利——当地的一名地球岛屿研究所主管，冒险来到法纳雷及另外两个村（瓦兰德与碧塔阿玛），并向村民们提议：如果他们不再捕海豚了，他们的村落将获得经济补偿。补偿款可用来修建学校、发展可持续经济、改善住房条件等。经过沸沸扬扬的集体讨论之后，三个村都接受了这项提议。于是，地球岛屿研究所开始向他们拨款，将大宗款项委托给村中的长辈。这一过程屡遭变故，其原因说来话长。

在所罗门群岛的文化中，有一种叫“万托”的机制，根据该机制的要求，靠血缘及共同责任联系起来的家庭、村落及其他利益相关者，必须共享一切所有物。因此，得来的战利品将人人有份。这种万托制是美拉尼西亚人的社会保障措施。在部落中，它确实能提供有效的保障，然而，因为每个人随时都想要更多，这又可能导致裙带风以及赤裸裸的掠夺。

在另外的两个村，事情进展得还算顺利，款项如愿得以分发和利用，海豚捕杀也被禁止了。然而，法纳雷的情况就不太好了，第一笔钱刚一到账，马上就没了下落。原来，某个住在霍尼亚拉（瓜岛省会）的宗族背叛了法纳雷村，悉数卷走了那笔资金。不但如此，在有记录为证的情况下，那些涉事村民还一口咬定，他们并没有动那笔钱。站在典型的所罗门群岛的立场上，一位年长的法纳雷村民出来解围："我们的钱即使被自己人偷了，那也比给一位陌生人乱用要好得多。"当地球岛屿研究所与法纳雷的协议失效后，双方也没有再签。

同时，在法纳雷村——一个马莱塔岛南端附近的偏远村落，而马莱塔岛离瓜岛又有60英里的海路距离——没有收到钱的村民们开始找替死鬼了。每个人都在责怪别人。威尔逊·费利尔，促成这桩交易的酋长，最终被驱逐出村。他在《所罗门星报》的采访中说道，这些村民已经堕入"一场杀戮狂欢"中了。

最近，当一群一群的海豚从该岛游过之时，村里的男丁乘独木舟去抓了900多头宽吻海豚、飞旋海豚及花斑原海豚，其中包括240头幼崽。记录该次捕猎的视频最终被半岛电视台曝光，其中披露了很多可怕的细节。村民们的捕猎法虽然原始——在水下敲打石头，使海豚迷失方向，接着将他们赶到岸边——但特别管用。海豚们被赶进红树林浅滩之后，法纳雷的妇女也下到水中，将海豚艰难地搬到船上、拽着尾巴拖到岸上，或者握住他们的喙部、绕着背将他们吊起。当男人们用砍刀砍这些吓得发抖的动物时，女人们在旁边收集牙齿，孩子们在血水里玩着没有头的尸体。

第二天，村民们又去捕猎了，这次围捕了好几百头，疯狂的屠杀继续进行，以致一大片海豚尸体被扔在岸上，招来成群的苍蝇。这已远远超过捕猎为生或者文化传统的范畴了，法纳雷是在用屠杀来获得关注。澳大利亚《ABC新闻》的标题写道：所罗门群岛的海豚屠杀引全球震怒；《所罗门星报》的报道题为：不断激化的海豚冲突；《英国卫报》也参与其中，其标题为：在权益保护纠纷中，所罗门群岛村民杀害900头海豚。

为了解当地的敌意有多强，你得先翻翻所罗门群岛的历史，那绝不是一桩愉快的事。在过去，所罗门群岛与文明绝缘，直到19世纪到20世纪初被外族入侵，当地人饱受虐待：在欧洲商人的奴役下，数千名土著被强制送往甘蔗种植园劳动。该地后来为英国人占领，但它位于英国板块的边鄙，并在“二战”期间扮演了关键角色：接近四万盟军及日军战士在此处长眠，因战争而丧命的当地人也不在少数。完好的杀伤性武器被弃置后，如今仍然散埋在各处；最近几年，当地的民兵将旧炮弹挖出，并用它们来打击敌人；也有渔民捡到老式的炸弹，并在珊瑚礁上将其引爆，鱼被炸死后浮出水面，很容易就被他们捞到了，珊瑚从则被炸成碎屑。

1978年，所罗门群岛独立，在宗族冲突中艰难地站稳脚跟。（散居在该国庞大的群岛上的人口分别操着90种不同的语言，因此，该国民众的团结意识十分薄弱。）亚洲的伐木公司趁机涌入，他们通过向当地官员行贿的方式，得以大肆砍伐古老的森林。从1998年到2003年，也即所谓的“紧张时期”，因为种族冲突的不断激化以及政府的腐败无能，该国爆发了一场惨烈的内战。战争期间，国家法制崩溃，民众自相残杀，动用了包括自动武器、“二战”遗留武器、砍刀、匕首等一切所能找到的凶器。直到一支由澳大利亚领头的多国维和部队——所罗门群岛地区援助任务（RAMSI: Regional Assistance Mission to Solomon Islands）——出面干涉，疯狂的掠杀才被平息下来，而维和部队至今还驻留在此。

与日本不同的是，所罗门群岛捕海豚的历史可以上溯到几百年前。在过去，这些捕猎还是神圣的活动，并由专门的海豚祭司主持。捕猎活动定期举行，每次捕猎适可而止，而且只有飞旋海豚与花斑原海豚被杀，并将数量控制在尽可能少的范围内，取其满足一个村的实际需要而已。为向那些牺牲的海豚表达敬意，他们还要举行祷告和典礼。那时候，捕猎反而是场深刻的精神洗礼；而现在呢？正如太多人汲汲以求的那样，他们捕猎主要是为了现金。作为当地乡村地区的一种货币，海豚的牙齿被用来买烟、买猪、买媳妇儿等——一个女人至少值一千枚牙齿的价格。在捕海豚的村中，逢年过节，男男女女都会盛装亮相，他们穿戴着海豚牙齿做成的项链、耳环、头饰及腰带：一个人的身上可能就有20头海豚的牙齿，而根据大小和质量的不同，一颗海豚牙的价格在50美分到1美元不等。一个家庭用以示人的海豚牙越多，其社会地位也越高。

在这一点即燃的混乱中，偏偏又来一个点火的，使紧张时期在2002年达到顶峰。克里斯托弗·波特，一位32岁的、来自卑诗省的前海洋哺乳动物训练师，在霍尼亚拉下飞机后，直奔法纳雷与阿达戈戈（Adagege，另一个位于马莱塔岛、从事海豚捕猎的飞地）。波特是个既强壮又厚颜无耻的家伙，他用一种皮钦语——通行于所罗门群岛的、由英语和美拉尼西亚语混杂而成的语言——向村民们承诺了一个未来。他告诉他们，供给他们肉食和牙齿的海豚，在外面的世界是很值钱的。如果村民们愿意帮他活捉海豚，他们就能获得丰厚的报酬。波特企图从这片水域里抓海豚卖钱，赚得盆满钵满，再用这些钱在附近修建一座豪华度假村，游客们可在这里"以更近的距离与海豚亲密，亲密得连做梦也未曾梦过"。有一点他似乎忘了，这是一个军阀割据的国家，总的说来，对于游客的吸引力也不会很大。

马莱塔岛的居民们竟听信了他。如果他们有什么天赋，那一定是抓海豚了。他们的村子一无所有，而波特将为他们提供工作、船只及现金。摇摇欲坠的政府给波特提供出口100头海豚的许可，并同意他租下40英亩的吉沃图岛，该岛距霍尼亚拉有两个小时的船程。吉沃图岛有一个小港，那是日军在"二战"时用来充当海上飞机基地的，而在1942年8月8日的一场激战中，又被美国海军占领了。

波特勾结了马莱塔岛的首领罗伯特·萨图，很快就有94头海豚被捕，这些海豚被圈养在吉沃图岛以及霍尼亚拉的一个肮脏的码头上。2003年7月，两人向尼苏可水上乐园出口了28头海豚（该乐园在墨西哥坎昆，游客可在那里与海豚同游；与大多数国家一样，墨西哥禁止渔民在本国水域中捕猎海豚）。其中一头海豚刚到目的地就死去了；剩下的27头连续几天都在绕着小圈子游转，不断地发出尖叫。短短18

个月中，又有9头海豚相继去世。

事情曝光之后，波特与萨图的行径受到国际社会的谴责。记者试图调查霍尼亚拉的海豚池，结果遇到当地人的武装阻挠——这些都是萨图雇来的地痞流氓，部落男子将记者的照相机打到地上，萨图就站在一旁观战，带着满足的笑容。《悉尼先驱晨报》的一名记者被一块水泥砖砸在头上。萨图是个矮小严肃的男人，虽然只有51岁，但脸上的皱纹颇多；海豚牙齿串成的项链像子弹带一样，交叉着挂在胸前。这种将海豚偷卖到海洋主题公园的生意，其利润十分可观，他说：“这是大买卖——比做黄金生意或干伐木业还大。”他还考虑到让每个村子建立自己的“海豚农场”。“我们已经将市场打开，”他说，“他们只需跟着做就可以了。”

坎昆事件后不久，奥巴瑞与贝尔曼飞到霍尼亚拉。被波特关押起来的海豚原先估计有27头，然而每周都有海豚死去；活着的也处在极度营养不良以及缺水的状态，有些已经出现“花生头”，一种颅骨在干瘪的皮肤下凸出的模样。奥巴瑞观看了幸存海豚的视频。他后来发现，有些宽吻海豚是因为吃了腐烂的鱼才死去的；而另一个环保团队的报道称，有一头海豚是被鳄鱼吃掉的。奥巴瑞偷偷来到吉沃图岛，他的船被愤怒的警卫赶走。后来波特自己也承认，他在国外筹款的时候，他的海豚全部没有了，但是到底发生了什么情况，他一点也没有解释。

波特似乎想引起关注，但显而易见的是，外界的敌意让他很恼火。“像所有人一样，都怪克里斯托弗·波特，”他抱怨道，“在那些积极分子的眼里，我就是一个坏人。每个人都认为，我是地球上对海豚最坏的人。我将他们全部抓起来，我贪心不足，我是万恶的剥削者。”波特自己的看法则恰恰相反。“我很爱动物，”他说，“我看《老黄狗》都看哭了。”然而，很少有人将它看作野生动物的朋友。他被人们形象地称为“海豚达斯·维达”①。

波特对媒体解释道，他之所以看准所罗门群岛，是因为这个国家对于海豚牙

① 达斯·维达，《星球大战》中的主人公，该名通常用来形容异常强势的危险分子。——译者注

齿的迷恋。他们反正要杀那么多动物，他辩解道，那他们似乎也不会介意再出口几头，何况他们还能从中获得利润。但有一位当地人介意此事，他太介意了，此人便是劳伦斯·马基利。

马基利出生在一个偏远的环礁岛上。该岛名叫翁通爪哇，是所罗门群岛最偏远的地方之一。虽然它离马莱塔岛有300英里，但严格说来，它仍然是马莱塔岛的一部分。“我不知道我是从哪里来的。”他在讲述自已的祖先时说。他有四兄弟和两姊妹，一大堆侄儿侄女，堂亲表亲，两个成年的儿子，还有一个未婚妻。他有大概一半的家族都住在霍尼亚拉，剩下的都待在环礁岛。在他还是青少年的时候，他来到瓜岛，并进了一所教会开设的大学。但在大三的时候，因为抗议办学经费的滥用，他被校方开除了。

在反对所罗门群岛的海豚走私方面，他是全国数一数二的头面人物。他是一个虔诚的活动家，敢与贪婪的动物走私者、卑鄙的官员以及自然资源的掠夺者斗争到底。在与地球岛屿研究所合作之前，他曾效力于绿色和平组织，打击非法砍伐——伐木方还杀了很多反对者——干涉南太平洋的核试验，制止野生动物偷猎等发生在所罗门群岛上的一切肮脏交易。他的大胆直言给他招来了麻烦：2008年，他差一点被别人暗杀了。在一个满是悍民的土地上，他是最强悍的人之一。但他是在一个随时有生命危险的地方，与大量的贪污腐败、自私自利及金钱交易作斗争，情况对他很不利。马基利虽然有朋友，但他还有大量的敌人。

◇◆◇

当我听说法纳雷的海豚屠杀之后，我打电话到帕尔默在加州伯克利的办公室。“一言难尽。”帕尔默叹息道。他确信那笔钱被住在城里的一群村民偷了，而且很可能是被海豚贩子暗中怂恿的。自2003年以来，虽然国际社会强烈反对海豚买卖，但所罗门群岛的海豚还是被卖到墨西哥、迪拜、中国、菲律宾等国家。帕尔默解释道，村民们因愤怒而杀死海豚，其最大获利者还是海豚贩子，因为这样一来，他们就能在出口海豚的时候说，他们是在“挽救”海豚，从而缓和争议。

“知道了，”听完帕尔默的解释，我说，“我觉得，我应该马上去那里看看。”

“啊！那太危险了，”他说着，突然急促地笑笑，仿佛是被我的点子吓呆了。“你一定要带上保镖。”他强调说，去所罗门群岛是个很可怕的想法。那里的局势太不稳定了。就连马基利这几天都藏起来了。“若被发现你跟马基利一起，你会死得很惨的，”帕尔默警告我，“他们曾试图杀他。”

在所罗门群岛逗留，并触及有关海豚的敏感话题，这就如同按压一条暴露的神经，摊上麻烦是可想而知的，但这恰恰就是解决问题的关键。在人与海豚常常碰头的地方，人们对待海豚的方式通常在两个极端间徘徊，而两个极端同时出现的情况只有在所罗门群岛才会发生：在这里，海豚既受人崇拜，又受人虐待；既被敬奉起来，又被开膛破肚；既受到珍视，又被人遗弃；既被认为是神秘的，又被用来买女人。虽然我有很多地方都想去看看，但我最需要去的，还是非所罗门群岛莫属。帕尔默试图劝阻我，我任他多劝了一会儿，接着将电话挂掉，开始去网上查航班了。

我很快发现，要去所罗门群岛办什么事，那得需要很大的耐心才行。旅馆的电话打半天才接；航班也少得可怜。我向马基利发了邮件：他建议我租一辆车，但是即便一辆破烂的微型轿车，一周下来也要40000美元。“你能帮我找个司机、向导、保镖或者其他什么吗？”我在回复邮件里问。“我可以给你推荐一位司机，”马基利答道，“但如果你不租车，他开什么上路呢？请讲明白一点。”我又去了一封邮件，但他好像消失了，好几天都没有回复。终于，他再次出现，但将我的那些热切的询问全部忽略了，只一个劲儿劝我不要担心。“现在确实有点危险，”他写道，“但我会处理好的，完全没问题，这是我的祖国。”

不管怎么说，我最终还是联系到一个人，他答应到霍尼亚拉机场来接我，并载我去其塔诺曼达纳酒店。当我将行程告诉贝尔曼时，他警告说我会被别人跟踪，所以无论去哪里都不要独自行动。“那里恐怕就是这样一回事，”他说，“请相信我。”在航空终点站的大厅内，我看见一尊八英尺高的马莱塔战士雕像，只见他扑身向前，一手执矛，一手握棍，但这威严的架势也没能将我的恐惧驱散。

我将行李拖到路边，发现有个男人在注意我。他穿着清爽宽松的裤子、白色领尖扣衬衫，一脸微笑。“曼达纳？”他问我，指着一辆无标识厢式车。“对，”我说，“你是从酒店来的？”他也不答话，直接提上手提箱，甩到车的后面。“走。”他说，我只好上车。

我们上了主干道，可能也是唯一的路，每个方向只有两个车道，中间被安全岛隔着。正午的阳光强烈刺眼；女人们打着遮阳伞，艰难地行走在满是尘灰的路肩上；一个男人扛着一头生猪从旁边走过。这个地方看起来很穷，但风景不错：棕榈树高大挺拔；青草长得很茂盛。我能看见的几座房屋都是低矮的、简陋的，房顶有盖茅草的，有盖铁皮的，围着篱笆或者刺铁丝护栏。“到酒店有多远？”我问，主要为了确认一下，我们是不是真在朝酒店开着。他从后视镜里瞄了我一眼，点点头说：“你是苏珊？我有话对你说。”

他说他叫艾伯特，来自瓜岛北边一个名叫萨沃的火山岛。他很和善，受过教育，爱聊天，并利用与我说话的机会练习英语。后来我发现，他想聊的主要话题就是海豚。“人们应该联合起来保护海豚，”他坚定地说，“海豚很像我，也很像你，苏珊。”

没想到的是，我这么快就触及了这个国家最敏感的话题，我想知道这是不是一个引我上钩的圈套。我摸不透这司机和我谈海豚的动机，这使我发愁。为安全起见，我得尽量地保持低调。或许跟艾伯特一样，所罗门群岛的普通市民都想要保护海豚，但对那些捕海豚的村民，或者热衷于海豚走私的个人来说，任何质疑捕海豚或海豚走私的人都是不受欢迎的。奥巴瑞上次在这里的时候，一位显赫的霍尼亚拉商人兼海豚贩子派了一群武装人员，到他所在的酒店大堂去殴打他。据报道，海豚走私的获利者有很多都是政府官员；关于马基利被劫持和殴打一事，官方在回应中反而批评他，用渔业部长的原话说就是，他“曾试图破坏一个数百万美元的新兴行业”。

当然，还有一个原因是，该国有种以海豚为基础的货币流通制度。“这是我们传统文化的一部分。你得获取足够的海豚牙齿，”艾伯特肯定地说，仿佛要在到酒店之前，给我上一场有关所罗门群岛海豚研究的速成课，“才能买到一个媳妇儿与之成亲，这是马莱塔省很普遍的一种风俗。”规则很简单：没有海豚牙，休想讨老婆。“上周他们杀了1000多头海豚，”艾伯特说着，摇了摇头，“太不幸了。”

我不知道说什么。车已停在一个红绿灯前，旁边有个印着部落图画的水泥花盆。图画描绘的是一个男人骑在一头海豚上，海豚的背被扳弯了，看上去非常痛苦，而男人将海豚的喙咬在嘴里，仿佛要将海豚从头部吞下。“老实说，苏珊，”艾伯特继续说，“我们在海里游泳的时候，小海豚们总是游过来和我们玩。他们太漂亮了！”他在后视镜里朝我笑笑。“我觉得那里有个海豚洞，”他总结道，向我描述海豚群是怎样从萨沃岛里冒出来，接着又神秘地消失的。酒店到了，那是一座“A”字形的建筑，掩映在茂密的棕榈树间。艾伯特进入酒店，最后一次提及自己的家乡：“我们永远不会伤害海豚，永远，永远！”

◇◆◇

酒店还比较时尚，坐落在霍尼亚拉一个疑似沙滩、布满白色垃圾、泥泞而狭长的地带。一位男子闷声不响地为我办理入住手续，他的脸上因为某种仪式横刻着几条疤纹。我的房间很干净，还装了双重门锁，因此，我将行李箱塞进橱柜后，吞了点疟疾药片，再喝一口伏特加送服，很快就倒在床上了。32个小时的机车劳顿，使我几秒钟后就在疲倦中沉沉睡去。

电话铃不停地响着，我被吵醒了；那是酒店大堂打来的电话，这令我始料未及。我到这里来，居然还有人知道？马基利叫我买部当地的手机，办妥后发短信给他。我原计划在早晨去办理此事，再去某个偏僻的地方和他会面，正如所有人劝我的那样。别人反复地向我强调：被发现与马基利在一起的话，我会惹上一些我不希望惹上的麻烦。我拿起电话："喂？"

打电话的是柜台前的刀疤脸男人："劳伦斯·马基利想见见你。"

几秒钟后，我听到敲门的声音。开门一看，正是马基利，我能认出他，因为我看过他的照片，有些还是他在被打住院后拍的，两眼肿胀地闭着，双臂也打了石膏。他的真人就跟照片上一样，在人群中特别显眼。他是一个大块头，壮实如木桶，留着一蓬长过臀部的脏辫。他的脸相既和善又凶残，胡须和鬓须已开始转灰。马基利才42岁，但已有了迟暮之人那种饱经忧患的气质。他穿一条松垮的裤子，脚蹬一双破旧的皮便鞋，上身罩着一件T恤衫，上面印有一头张嘴叫喊的海豚。

我很快就明白了，马基利一点也不关心自己是否会被人盯上。当我问及要是被人发现我和他一起，我会不会有事的时候，他开怀大笑了一阵，仿佛我问了一个滑天下之大稽的问题。激烈的冲突和丑行，各种指控和反指控，他的祖国虐待海豚的斑斑劣迹，作为唯一起来反抗这些的，拥有无常命运的居民——一切的磨炼使他变得无所畏惧。他可能看上去不怎么得志，也肯定有气，但他似乎从没有怕过。他在藤椅上坐下，像是要对我说话，但他表现出一副烦躁不安的样子。不久之后，我将明白这种身体语言的含义：他要么想来支烟（蓝色万宝路牌），要么想来杯SolBrew（流行全国的啤酒品牌），或者想嚼一口槟榔（一种嚼来提神的坚果），可惜当时我没有发觉，而是将他这种坐立不安归结为因法纳雷的严峻形势而生的激愤。

"你觉得他们杀了多少头海豚？"我问。

"1000多头，"他很快地回答，"今天他们又杀了，有70多头。"他们诱捕更多海豚的方法之一，马基利解释道，便是将一小群关进一座海水池，让他们在里面游来游去，发出痛苦的叫声。"这样的话，其他逃掉的海豚就会回来救他们。"他叹道。

"我们要去法纳雷吗？"我问。我知道那将是一场艰难的旅程，要先坐船，再坐车走难走的土路，一共得花两天的时间。但若马基利迎难而上，我也不退却。

“那个，我得先和威利酋长谈谈，”他说，“法纳雷是个让人头疼的地方。”威利酋长，或叫威尔逊·费利尔，就是那笔资金失窃后，被人栽赃的那个人。马基利告诉我，明天我将见到他，还会见到来自碧塔阿玛的酋长伊曼纽尔·蒂芝。两位酋长目前都在霍尼亚拉；而实际上，这件事得不到解决的话，威利就不可能回到村里。“一群无知之徒！”马基利鄙夷地说，“靠万托制结成的亲戚，都爱翻脸不认人。”

“那么，”我说，仍在催他上路，“吉沃图岛怎样？可以去那里吗？”

马基利傻笑道：“对，正要去那里呢！”

“那我们是坐船去还是？”

“对，坐船。”说完后，他突然大笑一声。我不明白有什么好笑的，当时我也不关心这个。虽然知道波特并不在那里，但我确实想去看看那个加拿大人的海豚阵营——波特称之为“海豚天堂”的地方。我在网上看过一段宣传视频，配的是劲爆的卡里普索音乐。波特是片中的主角，身着冲浪裤，胸前挂着一条海豚牙项链，正在游览他想象中的休闲地。“目前，我们的翻修工作快到尾声了，这里将建成一座酒吧，作为南太平洋最独特的酒吧之一，它将俯瞰着整个海豚环礁湖系统，”他说，镜头掠过一群聚在浅水区的宽吻海豚，“即将竣工的还有VIP别墅……我们诚邀各界人士前来观看海豚，抚摸他们，给他们喂食，了解更多有关他们的知识。”

马基利站起来了，开始往外走。“你看，”他说，“我在这里老不自在，因为我感觉这里不适合吸烟。”

“你要去买啤酒吗？”

“你还想聊？”他说，“那好，我们边走边聊。”

◇ ◆ ◇

“这就是我的窝。”马基利说，破的士嘎吱嘎吱爬上陡峭的山坡，向他的房子开去。那是一座棕色和白色相间的两层楼房，底下用柱子撑着，屋顶平坦。车道两旁长着野木槿。在二楼的露台上，可以看见霍尼亚拉的全景。天色向晚了，城市的灯光在炊烟中看不分明，天边呈现出钴蓝色。

他家就在距离酒店五公里远的地方，但我们足足花了一小时才到。途中经过一家街头小店，马基利去买了一点万宝路香烟，接着又碰到亲戚，几个人在店里谈了很久，最后终于出来了。但在坐进的士的前座之前，他在路上还同一个老人用皮钦语谈了一会儿，并给他一张一百元的所罗门钞票。“今晚有到我老家岛上的船，”他告诉我，“我给我的堂表亲买了大米、水和牛奶，这是我们那儿的规矩。”

“那些都是你的万托亲戚？”我问。

“对，对。”

我们坐在外面的一张木餐桌旁边，一条怯生生的灰狗跟着我们。马基利重新燃起一支万宝路。“安东，上啤酒！”他喊到。不久之后，一位帅小伙来了。他朝我们笑了笑，将两罐结着冰霜的SolBrew啤酒放在桌上。马基利介绍说，安东是他的大儿子，这个名字来自一位曾在这个领域与他共事的南斯拉夫活动家。“你第一天到这里，我敬你一杯，”他举酒示意，“我会将所罗门群岛的这些烂事原原本本讲给你听。”

承他的好意，我喝了一点。“那这海豚屠杀是怎样开始的？”

马基利在椅子上坐定。他说，在2002年，有人请他为国家的生态旅游建设出谋划策。在此过程中，他碰巧看到波特的外资申请，波特想开一家海洋哺乳动物教育中心。“接下来的几天中，波特又提出了另一项申请，”马基利回忆道，“这次是想开家海洋出口有限公司。我完全明白他想出口的是什么。”

如果波特是想趁乱世来蛊惑人心，那他已经成功了。“他正好出现在紧张时期达到顶峰的时候，”马基利苦恼地说，“以利用当时的局势。那时还没有法律和规则的约束。”他解释道，国内战争期间，古老的海豚捕猎活动都被中止了，只有法纳雷还在围捕海豚。“那是一种快要绝迹的活动。然而，在波特巨大利益的驱使下，这种活动竟又兴盛起来！”结果，马基利补充道，六个村相继恢复了海豚捕猎，并希望能活捉海豚卖钱。他喝了一口啤酒，目光坚定地盯着我看。“所罗门群岛的海豚捕猎之所以变本加厉，这一切都全怪波特。他还引进了海豚走私这种恶行。”

在所罗门群岛地区援助任务成立之前，波特就在运输第一批海豚了，那时全国正杀得不可开交。将萨图雇来可谓一个明智的决定，马基利说。萨图的人脉很广；他是渔民，他知道捕海豚的方法；在他村子附近的海域里，宽吻海豚是常客。另外，他认识很多有名的恶霸。这些都在波特的海豚走私中发挥了重要作用。

然而，某些技术问题还有待解决。在所罗门群岛抓几头宽吻海豚，并将他们关进海水池，这没什么难办的；一头海豚每天要吃80千克的海鱼，这也可以雇村民驾独木舟捕来——但要将这些海豚运到地球另一端的海洋主题公园去，那就有点复杂了。第一批海豚运输受挫之后，波特请来了另一个合作伙伴：海洋大使馆，由之前供职于海洋世界的一群员工成立的咨询机构。对于海豚的国际运输，他们拥有丰富的资源和兽医学知识。在他们的指导下，吉沃图岛新建起一座座大楼，甚至有了管道设备和电力供应。在2007年10月，28头刚抓的宽吻海豚从波特的海豚天堂被运到霍尼亚拉，并在那里上了两架专门租来的阿联酋航空公司的DC-10飞机，再经过30小时的空运成功抵达迪拜。他们将从此住在棕榈岛亚特兰蒂斯酒店，一座耗资15亿美元打造的度假胜地。棕榈岛是由9400万立方米的沙子建成的人工岛，而这么多沙子都是从波斯湾挖上来的。

一个加拿大的纪录片摄制组将该过程的一部分录了下来。在视频中，波特大步流星地走在停机坪上，穿过一群萨图纠集的部落男子及众多警察，海洋大使馆的员工一律穿着领尖扣衬衫，戴着反光太阳镜，拿着无线对讲机，乱扰扰忙成一片。每头海豚都被裹在一只白色的帆布吊兜中，吊兜旁边开两个洞，让胸鳍露在外面；海豚的身上盖着湿毛巾，以防止他们被太阳晒伤或变得干燥；他们在吊兜里拼命扭动，并且尖声地叫着。在海豚短暂的一生中，他们绝不可能想到还会遭遇这样的时刻：被拖出水面，装到驳船上，再运到一辆卡车上，在搓衣板一样的路上颠簸一阵之后，最后又被叉式升降机送到飞机上；不但被搬来搬去，还得经受压强的变化、喷气发动机恐怖的噪音以及一群人类的摧残。卡车开到笨重的DC-10飞机旁边，为掩人耳目，安保人员在货舱前拉起一道蓝色油布。在这场交易中，在这场史上最大、最贵、最无法无天的海豚走私中，每位涉事人员看上去都那么激动，迫不及待地要合影留念。

第二批海豚运输引起了更大的公愤。在《所罗门星报》第二天的头版头条上，“恶贯满盈”的标题赫然在目，一头海豚被吊起的照片占据了整个版面。“这太可怕了。”澳大利亚与新西兰公开表态。媒体将波特形容为“海豚贩子”“海豚奴隶商”，并将他比作约瑟夫·康拉德所著小说《黑暗之心》中的库兹上校。让活动家们不悦的是，那些宽吻海豚后来活下来没？没有人知道。一到棕榈岛，那些海豚就被关进亚特兰蒂斯酒店，之后再也没被公开提起过。毕竟，在亚特兰蒂斯酒店标榜的65000头海洋动物中（其中包括一头身长14英尺的鲸鲨，也即大厅水族馆的镇馆之宝），28头海豚只不过是一个微不足道的数目而已。

并非所有人都讨厌这种事。“对海洋出口有限公司来说，这是十分美好的一天，”波特在一则新闻中宣布，“对所罗门群岛来说，这同样是美好的一天。”该国的渔业部长吹嘘道，卖到迪拜的宽吻海豚，每一头卖20万美元，而政府将收取25%的出口税。海洋大使馆国际营业部的副部长泰德·透纳向摄制组抱怨，那些环保人士严重损害了他们公司的利益：“这种做法很无耻，因为它给公众造成一个错误的印象，仿佛我们做了什么不正当的事，而实际上，没有比我们的做法更正当的了。”他接着补充道：“我们花了数百万美元——真正的数百万美元——来完成这项大规模的运输工程。我们毫不觉得可惜，因为这些珍贵的动物值得我们这样做。”

泰德用了一种十分委屈的声调一字一顿地说着，给人的感觉，就像一位无可奈何的老板，在向一位效率极慢的员工抱怨。“这些动物正在给我们带来财富。”他继续说道，仿佛这些海豚刚刚公开了他们的季度销售额。“而且我希望，世界上的所有动物都能像海豚一样，给他们的公司带来如此丰厚的利润。那样一来，我们就会更加不遗余力地去保护它们。”

如往常一样，马基利是当地人中反对声音最强的一位。海豚正要被运往中东时，他公开了几张自己拍摄的照片，在照片中我们可以看到，三具肿胀的、已经开始腐烂的宽吻海豚尸体被弃置在霍尼亚拉的某个垃圾场，正被一群流浪狗津津有味地吃着。发展到现在，镇上的海豚贩子不止波特与萨图两人了。他们一夜暴富的事迹广为人知，好几家公司纷纷效仿，都抢着要在所罗门群岛抓海豚来卖。大胆抨击海豚交易的马基利也越来越危险了。人们警告他，他这是在拿自己的生命开玩笑。确实如此。

安东又过来上啤酒了。我倾身向前，向马基利探问他受袭的情况。那场袭击差点要了他的命，但我不太清楚其中的详情。“到底是怎么回事？”我问。马基利从牙缝间缓缓地吸了一口气。“因为我想曝光他们买卖海豚的勾当，”他用一种低沉、浑厚的声音说，仿佛那件事才刚刚过去，“他们却不想让外人知道。”

袭击发生在八月里一个闷热的晚上，当时马基利正在阳台上喝着啤酒——“还有，当时我已喝醉了”——结果有人从后面蹿上来，用球棒猛击他的头。“我瞬间晕倒，”他回忆道，“当我渐渐有知觉的时候，发现已被塞在一辆车的后备箱中。”劫持马基利的共有九个人之多，他们分乘两辆车，正在朝山里开去，然而当时他并不知道这点。他用折叠刀割掉背后的绳子，定了定神，打算趁他们不注意时进行反攻。他们将后备箱打开后，他继续装晕，然后突然扑向离他最近的人。“我放倒两个，”他一边说着，一边大笑解嘲，“他们确实被我打伤了。要是他们只有三四个的话……没想到竟有九个。”

马基利被拖出去暴打了一顿，他再一次晕倒，醒来时已在医院，一只手臂断了，肋骨碎了几根，颅骨破损，眼眶被打烂一个，嘴唇上裂了口子，身上还有其他各种各样的伤口。医生告诉他，乡下的某个居民听到骚乱，用手电筒照照，打人者才驾车离去，将鲜血淋淋的马基利扔在地上，正是那位居民救了他。

“你知不知道幕后的凶手是谁？”我问。

“知道。”马基利答道，重新点上一支烟。

遇袭之后，马基利向警方报了案，确认了其中几位打人者的身份，这些人他常常在街上看到。然而，警方一个人也没有抓。“他们甚至都没有调查，”他说，“没有，什么都没有。案子就这样不了了之了。”他突然站起来，朝下方车道上的某人喊着什么。“的士来接你了，”他说，“我陪你去一趟，送你到酒店后，我再回来。”我对他说，我一个人没事的，不用担心。他扑哧一笑。“我得保证你的安全，”他说，“我跟你一起的话，他们要杀肯定也是先杀我，不会为难你的。”

◇◆◇

第二天早上，《所罗门星报》的头条就是：巫术杀人头号嫌疑犯竟是丈夫。我去吃早饭的时候，顺便拿了一份报纸，但我很快就后悔了。报纸上不乏令人恶心的新闻。很显然，巫术是个棘手的问题，不仅是在这里，就是在邻近的新几内亚也是如此。新几内亚刚刚抓获了29个人，他们都参与了充斥着巫术的“吃人热”。文章里说，流行的巫术包括“A’arua，Pela，Vele，黑巫术，青叶，等等”。新闻还报道了仇杀与鳄鱼吃人事件，以及霍尼亚拉正在酝酿一场暴乱的传闻。

早晨的空气沉闷潮湿。我坐在外面喝咖啡，欣赏着海港的晨景。在一根排气道附近，几个光屁股小孩在臭水里玩耍；码头上堆放着几只油桶。我看见一个男人将桶里的黑色物倒进海中，有些已溅在他的腿上和脚上。

马基利在中午会来接我，届时就能见到两位酋长了。我看见他在停车场，一边抽烟一边踱步。我们上了出租车，朝霍尼亚拉的闹市区开去，大街上挤满了人，马基利用皮钦语向司机喊着，告诉他往哪里开。空气中有烂熟的蔬菜味、柴油味及死鱼味。公交车笨重地行过，乘客挤得太满了，以致有些吊在车尾上，脸上写满了疲倦，郁郁寡欢。

我们上了山，将城市的乌烟瘴气抛在身后。两位酋长已经坐在马基利的阳台上，在等我们了。在他们面前的桌子上，一张记录海豚种类的图表摊开着。“这位是法纳雷的威利，这位是碧塔阿玛的蒂芝。”马基利介绍道。

我在电视上看过有关这场海豚贸易的系列节目，所以认得蒂芝。他掌管着北马莱塔岛的19个村庄，村民加起来有4000人。在那档节目中，他与奥巴瑞正在谈一份协议，协议要求碧塔阿玛不要再捕杀海豚了。在某个镜头中，他穿着他的海豚祭司行头——纱笼裙、海豚牙项链、海豚牙头饰、举行仪式的臂章，背上还有一对像是拉菲草编成的翅膀——并且郑重承诺，只要每年补贴1200万美元，村民们就答应放下屠刀。但若钱没有到账，他吼道，“我们就把全世界的海豚杀光！”

最终，碧塔阿玛接受了协议的要求，虽然得到的补贴不如原先提出的多，但蒂芝酋长很高兴，因为地球岛屿研究所向他的村庄捐助了一些燃油桶、机器零件、一座移动锯木厂以及建造房屋的木材。他是一个水平不错的发言人，戴着奥克利刀锋太阳镜，穿着高尔夫球衫，一身整洁，显示出政治家的成熟风度，给人一种碧塔阿玛海豚亲善大使的形象。“我们经常捕杀并吃掉海豚，”他发话了，“但现在，我们希望海豚能安然无恙。”为证明自己的话，他给我看了一张照片，上面有几名部落男子，站在齐腰深的浅海中，双手像抱婴儿一样抱着海豚。与地球岛屿研究所的协议签订之后，蒂芝说道，村民们为表达诚意，马上将囚禁在环礁湖中、准备屠宰的160头海豚全部放生了。

威利话少，甚至有点害羞。他不如蒂芝开朗，而且蒂芝没被驱逐出村，但他被驱逐了。他的着装一身是黑：黑色牛仔裤、黑色耐克牌T恤、黑色渔夫帽。他和蒂芝都打着赤脚，但蒂芝挎着一个类似于公文包的袋子。

威利解释道，法纳雷比碧塔阿玛小得多，居民只有300人。不久前，这里的人口还有一千人，然而因为海平面持续地上升，很多人都迁走了。以后所有人都要从这里搬走。很显然，威利对援助款被盗一事颇为上心，但谴责该事最狠的还是蒂芝。“这伙人简直是在犯罪了，”蒂芝说着，将食指戳在空中，“他们不但偷了钱，还想通过杀海豚来作为掩饰。就是这么一回事——掩饰而已。”

威利点点头。“我搞不懂这些人，”他无奈地说道，“他们太复杂了。上周星期天，他们聚在一起议论你。他们认识你，他们知道你在这里……”

“什么！”我吃了一惊，“我？他们认识我？怎么可能？”

“他们说你不该到法纳雷来。”威利说着，埋头朝桌子看去。蒂芝像政治家一样打断了他，将话题尽量轻松地带过。“没事的，”他大笑道，双手齐挥，像是在指挥乐队，“你告诉他们，‘我是一名记者，我在一家国际机构任职。’这样就没误会了！大家都会和和睦睦的。”

“今天我也被他们骚扰了，”威利安慰我，“他们对我很愤怒，但是并不想杀谁。他们只不过想——”

“我们需要彼此，”蒂芝插了一句，“需要合作以解决问题。这场海豚事件甚至影响着整个世界！”

我默不作声，思考着这些话的含义。已经到屋子里的马基利又冲了出来，手上抓着电话。“操！”他大吼一声，“他们刚杀了19头瓜头鲸！”

威利悲哀地点点头道：“他们昨天抓了一百多头海豚。”“19头！”马基利重复道。“那些鲸跟虎鲸一样，但住在热带的水里。操！”三个人起了争执，但说的方言，我一句也没有听懂。

蒂芝转向我：“你是女人，正适合做这件事。”我更恐慌了，没等我有所表示，马基利抢先否定了这个拿我充当部落调停人的想法。“不行。”他说，说完靠在栏杆上，吐出一大摊槟榔渣来。这个习惯很有趣，虽然有点恶心：吐出的是一团鲜红的、粘着牙垢的东西。“如果你愿意和他们谈谈，”蒂芝紧追不舍，“那么一切事情都会解决了，我们将会团结一致，并将这个好消息告诉全世界知道。”

我尽量去想象自己在法纳雷下了飞机，跨过沙滩上横七竖八的海豚尸体，慢悠悠地走进那个曾将酋长赶走的村子，并用我的加拿大英语向村民宣布：我是前来帮他们的，帮他们解决所有事情。不知为什么，我觉得我办不到。

我们进屋吃中饭了。餐桌上摆着鸡肉、米饭、炒熟的青菜，还有SolBrew啤酒。我不大说话，因为他们讲着皮钦语。不久之后，我问起两位酋长的生活。“我是一名碧塔阿玛的海豚召唤师，”蒂芝说着，将怎样召唤海豚前来送命的仪式简单地介绍了一下。他说话很快，夹杂着我不懂的词汇，但就我理解到的来看，那种仪式是将雷电与彩虹合起来，造出一个强大的磁场，从而将海豚吸到岸边。“我们是从海豚族来的，”蒂芝说，“我们的灵魂能将海豚从整个地球上召集拢来，这种本事其他人是学不会的。”

“你们也这样做吗？”我问威利。

“不是。在法纳雷，我们不召唤海豚，”威利答道，“我们只负责捕杀。”他说在很久以前，法纳雷还有专门的海豚典礼。“但现在我们认识了基督的圣恩，所以在捕杀前会祈祷一番。我们祈祷海豚快点出现，并且很容易被我们发现、很容易被赶到岸边。”

“你们村将海豚捕猎看作神的恩赐吗？”“对，”威利说完，又补充道：“不过这是某些人的看法。对我来说——海豚也是神造的。我们捕杀它们，相当于在捕杀神造的动物。对我来说，在我的理解中，据我的看法，那不是恩赐，而是一种无知。”他看看我，继续说，“海豚捕猎确实是我们的传统文化，但也是时候废止了。”

蒂芝点点头，说：“我们爱海豚！爱它们的牙齿和肉。海豚肉像牛肉一样好吃。但跟地球岛屿研究所签协议后，我对村民们说，‘大家注意，杀海豚是错误的——海豚比人还聪明。’所以我们要造房子，要增加收入，这样海豚就会得救了。”

“我们可以做点别的事，”威利附和道，“比如搞搞旅游什么的。”

“问题是，没人愿到这里来，”马基利不太看好，“这个国家糟透了。”

蒂芝出了个点子。“我们把土地给你，”他指着我说，“你来开发它，你负责招揽游客。我们配合你不就完了！”

◇◆◇

“那个，我们要坐很小的船去很远的地方，你准备好了吗？”马基利大笑，接着弯腰吐出一摊槟榔渣。在他脚下周围的地上，到处都是绯红的斑块，那是经年累月吐槟榔渣的结果，仿佛全国上下都在进行一场激烈的漆弹比赛。在他一旁的威利正咧嘴笑着。我们站在水边齐膝深的垃圾中，船长正用一只塑料杯向舷外机注入燃料，我们等着他开船。船有12英尺长，总体上看是架铁划艇的模样，没有遮阴处，没有无线电，没有GPS导航，甚至没有救生衣，不过备了一支船桨，以在引擎故障时救急。

像这样的小船（当地人叫“香蕉船”），是所罗门群岛的主要交通工具。但这并不意味着它们就是安全的。在我们身后的另一堆垃圾中，废弃的香蕉船东倒西歪，陷在一层层的垃圾中。最上面、最显眼的一层垃圾是：塑料瓶、塑料袋、变形的容器、破铜烂铁、正在腐烂的鱼的内脏。下面一层则是湿肥腐殖土，流出一些稀烂的、我不认识也不想认识的物体。我站在那里，想象接下来会发生什么，脑海里出现一个声音：“不管你要做什么，千万别上那种香蕉船！”在我来之前，贝尔曼对我至少强调过两次。

时间已是下午一点钟了，我们出发前往吉沃图。本来打算四个小时前就动身的，但是马基利一上午都见不到人，也不接电话。在我认为行程计划已经破灭的时候，他和威利又来到酒店，还扛着一袋槟榔和香烟，虽然精神涣散，但已做好出发的准备。天空密布着阴云，水上起了一阵轻微的浪，而到吉沃图要两个小时，没有比这更不适合出海的一天了。

我抓着一个袋子，里面有我的笔记本、相机和一瓶水，上船的时候，马基利帮我将船扶稳，威利也跟着上来了，接着马基利将船推开，自己也跳到船上。船长40多岁，是个结实的男人，蓄着一部大胡子，眼看我们上齐了，他发动了引擎。甲板水手是个沉默寡言、眉毛浓密的小伙子，他将一面旗升起，接着船就驶离岸边了。

我坐在船头的金属凳上；马基利和威利坐在船中；船长在船尾开船。甲板水手蹲在船尖上，在搜寻杂物：这里经常发生船只撞上水面垃圾的事故。我们驶出海港之后，船长松开油门杆，我突然有点恐惧了，因为我发现，这简直是在地狱里坐船。

海面比它看起来要汹涌多了，波浪跌到谷底的时候，整艘船腾空而起，每次都会砸下来，发出巨大的响声。我坐在船头，船头的颠簸更厉害。每有波浪涌来，我就感觉我的臀部先飞离凳面，接着又重重地摔回。这就如同被人反复抬起又摔下，而且每次都是臀部着地，地上还铺了钢板。我火急火燎要找什么垫的东西——毛巾或汗衫都行——然而船上一无所有。我只穿着短裤和长袖衬衫；我真笨，竟连一件夹克都没带。我发现马基利在用眼角的余光看我，似乎很想知道我将如何克服这种折磨。小船跌跌撞撞地驶过铁底湾。我想，要是多坐两个小时的话，我恐怕会没命的。偏偏在这个节骨眼上，季风又来了。

我沉浸在这种苦恼中，没有注意到远处的地平线上已狂风大作，天边涌着铅灰色的云。在我们离岸已经一个小时、海上看不见一点陆地的时候，一道道分叉的闪电从天上打到水面，接着听到隆隆的雷声，心口也跟着震动。雨点大颗大颗地砸在身上，渐成滂沱之势。我看看船长，他将风衣裹上了，但看上去从容镇静。马基利和威利也泰然坐着，一身冲浪裤加T恤衫，在风雨中嚼着槟榔。又一道闪电划过，但显而易见的是，我们并不会掉头。

风暴肆虐了近半个小时，直到我们驶近恩盖拉岛才渐渐平息，留下一缕缕蜿蜒的雾气。风平了，浪静了，身上又暖和起来，谢天谢地。再不平息的话，体温过低可能会让我崩溃。我擦掉脸上的水，取出笔记本来。

我们开进由起伏不平的海岸线组成的迷宫，岸上草木森然，透出一种恐怖压抑的氛围。刚开进这阴森的航道时，除了树之外，什么都看不出来。但我的眼睛很快就适应过来了，开始认出一些有人住过的痕迹：一艘被拖到岸上的独木舟，有一半仍没在水中；一间摇摇晃晃的简陋的小屋，由支柱撑着，悬在多雾的环礁湖上，差一点就被森林覆盖了。一切都那么晦气：这里显然还没摆脱过去的阴影。

我们停在一个快要垮掉的混凝土突堤旁边，船长将引擎关掉。“我们这是在哪儿？”我问马基利，这像一个被人弃置的地方。“吉沃图！”他答道，向这荒芜之境摊开双臂。我看着岸边，一时摸不着头脑。我在纪录片中见过的建筑物在哪儿？那些鱼房、睡房、提基酒吧、浮动船坞都不见了吗？还有VIP别墅呢？现在什么都没了——当然也没有海豚。“全没了。”马基利说着，从船上跨了出去，“唉，本来很不错的一个地方。但波特一走，工人们将这里洗劫一空。知道为什么吗？”

我保守地猜了猜：“他们是想要钱吧？”

“对！”马基利大笑着说，“他们把能抢的都抢了，就连一块木头、一颗钉子都没剩！”

据我有限的了解，波特在这里的最后几天是很倒霉的。他与新加坡的某个旅游景点又做成了一两单海豚出口的生意，之后海洋大使馆却与他决裂，转而投向另一家当地的海豚商。虽然不清楚他们不和的原因，但可以确定的是：波特最后抓到的17头宽吻海豚是该事件的导火索。他没有将这批海豚运到某个遥远的海洋主题公园——要运也得有合作伙伴的参与，不然过程将十分艰难——而是企图通过一项计划非法集资，该计划他称之为“海豚放生计划”，其性质模糊不明，主要就是鼓动那些爱心人士出大笔的钱，说白了就是赎金，从波特处将17头海豚赎出去并放归大海。

该计划最终还是搁浅了，所有海豚都没活下来。波特负债累累，毫无出路，已在最近返回加拿大。我想，吉沃图被洗劫一事可能就发生在那时。

我从船上下来，走到码头上去。雨水从棕榈树上流到铺满一地的枯枝落叶上。插着烂钢筋的水泥板被扔得到处都是，周围布满了垃圾，然而马基利并没有说错：海豚天堂就连一片残骸也找不到了。我在附近转了一圈，想寻出些过去辉煌的蛛丝马迹，结果一无所获。连环礁湖都是空的：我朝水里看了好一阵，一条鱼也没有看到，所看到的只有沉在水底的断桩、金属线团和锈掉的链条。一切都是死气沉沉的，连鸟都不大叫唤。吉沃图在“二战”中扮演了一个小而恶劣的角色，并在历史上有一定的知名度，但在这个湿淋淋的雨天中，它又有了一个最新的角色——一座凄惨阴森的海豚废墟。

◇◆◇

接下来的几天中，我都是能站着就尽量不坐，好让臀上那块大小如葡萄柚、颜色如黑莓的瘀伤尽快好起来，这都是拜那次香蕉船之旅所赐。不过这也锤炼了我的胆量，我敢冒险去市场了，还敢去附近的酸橙休闲吧——一家专为人道主义卫士和敢来这里做生意的企业家开设的老外咖啡厅。我在这里认识了安东尼·特纳，一位线条粗犷的澳大利亚人，他是驾着55英尺的自制双体船来的。

作为一名狂热的冲浪者，特纳猜想，所罗门群岛毫无阻碍的海岸线将是逐浪者的天堂，于是他集合了一群同道，先到这里来探探情况。我见到他时，他在岛上已经逛了两个月了。他看见这里常有大浪的光顾，但他还是放弃了在这里开冲浪店的梦想。喝咖啡闲聊的时候，特纳向我讲述他遇偷、遇抢、遇敲诈、遇海啸、遇河口鳄并成功逃掉的过程；他遇到的另一位水手被一群部落男子剁掉了几个指头；还有一群牙医志愿者，免费在这里帮村民们修补牙齿，结果所有器材都被人抢了。因为法纳雷的海豚屠杀，他说，建立生态旅游业的最后希望也破灭了：“这简直是致命的一击。”特纳当时住在霍尼亚拉，因为某位同伴的签证还没有下来，等大伙儿都可以走了，他们会去菲律宾或印度尼西亚——只要不是在这里，去任何地方都行。“人生已经如此短暂，何苦浪费时间去过枕刀而睡的日子？”他说道。

既然特纳想去那些条件恶劣的地方，我决定拜托他一件事。我想去一家名叫“可可奈咖啡厅”的海湾酒吧，但又不敢一个人去：酒吧老板名叫弗朗西斯·乔，是当地人士，他除了卖SolBrew啤酒、鸡蛋三明治、无过滤嘴香烟之外，还做海豚买卖的生意，并将这些动物关在肮脏的环境中待售。乔是大款，与政府的关系密切：在可可奈咖啡厅去年举行的开业庆典上，该国总理亲自前来剪彩。乔对自己参与海豚买卖之事并不隐瞒，而且大家都知道，他痛恨那些反对海豚买卖的人。他曾对一位澳大利亚的记者说过，别人休想阻止他出口海豚，除非给他一千万美元。

特纳知道海豚受虐待之事，所以谈及肮脏的海豚池时，他有点怕了："他们住在某种机构中。那简直是一座监狱。就是这么一回事。"他认为，只要我们不拍照，我们谁去参观都不会受威胁的。他还告诉我，可可奈咖啡厅的老顾客大多喝得烂醉如泥，因为那里的酒是用卡瓦胡椒的根酿的，对精神的影响很大。

我们决定在傍晚行动。特纳将充气船开到沙滩上来接我了，这种小船平时就在近岸的水里开开。我跳上船去；从酒店出发，两分钟到目的地。可可奈咖啡厅就建在一座水泥栈桥上，旁边是座可以系船的码头。所罗门群岛文化旅游部部长曾说这是"一项惊人的成就"，但事实远非如此，乔的酒吧只是一座东拼西凑的建筑，再在中间凿出一个海水池而已。破烂的铁丝网架起八英尺高，围出一块地方来，与水交接处有很多浮渣。成堆的石头、大块的混凝土、废弃的建材、修到一半的楼房，这些更加烘托出一种垃圾场氛围。刺耳的音乐从扬声器传出，又从水面上跃过去了。很难想象还有比这更让海豚难受的地方。

特纳停船的时候，某人缓缓来到我们的旁边，一双布满血丝的眼睛怒视着我们，期间还向水里吐一口槟榔。他的上下唇被染成红褐色了，仿佛刚刚喝完浓稠的鲜血，他的牙齿则几乎全黑。一架锡顶的遮篷下面胡乱地摆了几张桌子，桌子旁又摆了很多塑料椅，更加凶恶的一群男人，可能有十几个吧，就躺在塑料椅上；很多变形的啤酒罐被扔在码头上；透过浑浊的海水看去，依稀可见水底还有更多的垃圾。特纳抓起我的手肘，把我牵走了。

我们下了码头，走到一个俯瞰着整座海水池的高台下方。当我紧张地沿着不太稳的梯子向上爬的时候，我以为我听到了枪声，结果只是小孩子将气球戳破了。站在高台上向下望，圈养池尽收眼底。特纳去买饮料了，我数了数在水池里无精打采浮着的海豚。他们一共有七头，但没有一头在动，只是垂直悬浮在水中，将喙和头顶露出。我坐下来细细查看。在我去过的地方，我见过很多海豚，既见过在野外的，也见过被关起来的，但从未见过下场如此惨绝的海豚。那场景真是惨不忍睹，其罪魁祸首就是人类的贪婪。任何有眼睛的人都可以发现，这些宽吻海豚已经奄奄一息了。

特纳买来了两罐SolBrew啤酒。他坐下来，脸看上去很紧张。“我想在某个晚上下水，游过去将拦网割断。”他小声说。我们麻木地看着这一切，背后传来一曲拉邦巴。在下方，一群毛孩靠在细铁丝网围栏上，时不时有某个小孩捡起石头朝海豚圈扔去。海豚们仍然浮在水面上，挤成一团，尽量离人远远的。

天色逐渐暗下来，越来越弱的光线在水面上留下晦暗的影子。衣服上印有“保安”字样的年轻人蹲在码头上，手中提着一只桶。一定是喂食的时间到了，但海豚似乎不为所动。我们看他努力将海豚往身边哄，结果还是哄不动。海豚们连头都没有回，只顾靠着拦网扎堆，正脸对着外面的大海。我还是第一次看到海豚拒绝吃鱼，结果只有一只谨慎的鹈鹕前来用餐。

特纳和我直待到夜里。我们很少说话，只是看着海豚呆滞地浮在水上。不久，一个乐队在码头上奏起了音乐，电吉他的喧嚣在夜空震响。那群卡瓦酒徒还坐在那里。其中一位躺在地板上，不省人事，裤子都掉了一半。特纳将小船开走，我向那七头俘虏投去最后的一瞥。他们的惨况令人心碎，也令人愤怒——但我知道明天的情况可能更糟。明天一早，马基利和我还得到法纳雷去。

◇ ◆ ◇

“好的，我们要沿海岸线视察一圈，看看海啸过后的灾情——如果到时被问起来了，我们都要这样答。”直升机起飞之前，驾驶员格伦·汉密尔顿做了最后的检查。马基利和我戴着耳麦，穿着笨重的橙色救生衣，坐在这只准载四人的大鸟中；他坐在副驾驶座，我坐在后座。天空像是压得很低的灰色天花板，病恹恹的太阳发出的微光使之略带酸性黄。

汉密尔顿是个长得很像汤姆·克鲁斯的澳洲人，在机场的时候，我告诉他我们此行想做的事情：我们希望飞机降到法纳雷，以便看看那个村子的情况，并趁机找点他们捕杀海豚的证据；飞机最好能在村子上空盘旋一阵，这样的话，我们就有足够的时间将其拍下来了——拍完我们再迅速离开。汉密尔顿不太看好这个计划。“马莱塔岛的事情已经够烦人了。”他皱着眉说。

“什么事情？”我问。

“所有事情。”

他尤其反对绕着某个村做低空盘旋的想法。他解释说，无论何时，只要有直升机将村子盯得太紧，村长们就会缠着飞行员要求赔偿。他们宣称，谁要是在没给钱的情况下飞到他们的领空，那就构成侵犯了。

马基利将海豚的情况解释了一下——在过去的两周内，至少有1500头海豚死去——汉密尔顿最终答应了我们的请求，他决定以视察海啸为借口去法纳雷转转。他被海豚的消息震惊了：“我从收音机里了解过一些情况，”他说道，将眉毛擦擦，“但我真不敢相信，我是说，在一天中就杀掉1000头海豚，那几乎是不可能之事。”

“不对，”马基利摇头反驳，“他们还可以杀更多呢。”

飞去法纳雷是奥巴瑞的建议，在他看来，要去法纳雷的话，不坐飞机就只有坐船，而且不得不坐一个通宵，那将是场永无休止的痛苦旅程。之前四个小时的船程已经将我折磨得够呛，我不想再重复那种痛苦经历了。虽然所罗门群岛的航空业务稀少得可怜，但要租直升机还是不难办到的，因为这里的煤矿业和采伐业要常常用到。

我感觉请汉密尔顿是个明智的选择。我不想与那些擅长杀海豚的家伙打交道，更不用说听他们发牢骚了。迄今为止，我还没有得过疟疾和登革热，以后也不想得。在飞机上看看马莱塔岛，总好过我亲自下去走一遭。在一份背包客指南中，作者将马莱塔岛描述成“世界尽头”，奉劝大家不要去那里，哪怕最勇敢的冒险家也要三思而行。我还了解到，在马莱塔岛的某些村落，女人穿着衣服示人的话，那会给人造成极大的侮辱：女客人要进入村子，必须脱光了才行。这听上去也不太好玩。

我们上升到一层看不见地平线的雾霾中，在瓜岛的上空朝南边飞去。不久，在我们的下方，一望无垠的棕榈油种植园展露开来，那是一座正在快速占领当地森林的人工林，每英亩土地、每棵树都一模一样，仿佛是用同一个模子按出来的，连续好几英里不拐弯的路就夹在其中。我们时不时会飞过一堆堆锈掉的废坦克。“在所罗门群岛上，这种东西到处都是。”汉密尔顿用耳麦对我们说道。一阵无线电波动引起了他的注意，他听了听，突然将直升机朝左方转去。“霍尼亚拉的电波有点杂音，”他对我们说，“刚才有炸弹爆了，我们不得不绕道而行。”

“什么炸弹？”我问。

汉密尔顿耸耸肩说：“这里有很多炸弹，他们发现后就将其引爆了。”

他将方向重新调过之后，直升机很快飞到铁底湾上空。蜿蜒的马莱塔岛就在我们前方了，一望之下很令人生畏。岛上有几条流向大海的内陆河，风景看上去不错，但我还在纠结于机门没有关好这件事。在我的脚旁，门没有关严，留下半英寸的一条缝，透过缝能看到下面的水。不仅如此，机门上有什么零件响得很厉害。“很抱歉有这些烦人的噪音，”汉密尔顿说，“我们怎么弄也消不掉的。”

马基利一声不响地坐着，眼睛看向窗外。他似乎没有注意到伏在马莱塔岛上空的砧状云，所以我非常担心。汉密尔顿忙着摆弄各种仪器。雨点开始敲打挡风玻璃了，他朝上方看了看，再一次调转方向。我们擦着云砧的边缘，飞过从山顶蔓延而来的雾气。大海的颜色就像姑娘的脸，说变就变。我们继续咔嚓咔嚓地飞着。

半小时后，汉密尔顿指了指前方一个棒状的半岛。“那是法纳雷，”他说，“我要在那里绕一个大圈，然后两次从它的上空飞过，我会尽量飞得低一点。”马基利转向后座的我。“那里有座环礁湖，海豚就是先被赶进去困在那里，然后任人宰割的。”说着，他朝下方指去。那是一个由海岸围成的天然水域，让人想起太地町的海豚湾，关海豚正好合适。海豚一旦被赶进去后，就很难再逃出来了。我看到有几艘独木舟在浅水区斜搁着，一层黑亮的油膜覆在环礁湖表面，靠近岸边的水是棕色的，并没有泛蓝。

我将注意力锁定在村子上，想尽量发现些什么。突然，树林中有什么东西闪了一下，接着又是一下，然后第三下。汉密尔顿打了个寒噤。“唉，这正是我想避开的，”他解释道，那些部落男子在用镜子反射太阳光，以表达自己的不满。“那意味着什么呢？”我问。“意味着什么？”汉密尔顿说，“意味着这是个是非之地。”

第二次飞过村子的上空时，飞机飞得更低了，我也得以近距离观察法纳雷的草房子。那是一种原始的建筑，最高处也与海平面差不到多少，一个普通的浪就可以将房子冲走。下方已经聚了一群人，他们正愤怒地朝直升机挥手。我能看到海滨泥滩上排列着一溜溜残骸，至于是不是海豚的就非我所知了。据说村民们吃海豚肉，那他们拿内脏怎么办？我怀疑他们将皮和内脏扔回海里了——因为岛上没有埋东西的地方。我从半岛电视台的视频了解到，法纳雷被淹没在齐膝深的海豚骸骨中，无论你去村子的哪个地方，你都不可能不绊上别人扔下的脊椎骨，或者踩到嘎吱作响的喙骨。马基利将村子察看了一番。“如果今天有海豚被捕，那一定是在沙滩上被开膛破肚了。”他说。

“此地不宜久留，”汉密尔顿说，语气听上去很急，“我得去打探打探。”他转向内陆，朝远离法纳雷的方向飞去了。我看看身后蜿蜒的海岸线，以及快被大海吞噬的陆地。在村子从视野中消失之前，我最后一眼看到的是坐在独木舟中的一个部落男子。该男子愤怒地朝环礁湖划着，仿佛是在追赶我们。接着他弃桨而立，一拳拳砸向天空。

◇◆◇

“啊，这些海豚病了，病得很厉害。”马基利在相机里翻翻我在可可奈咖啡厅拍下的照片。“他们发现你拍这个了吗？”

“可能发现了，”我说，“但他们五点钟就醉趴下了，我们逃过了一劫。”

“嗯，”特纳说，“那种卡瓦酒一定很烈。”

傍晚时分，我们坐在特纳的小船上，又喝了很多SolBrew啤酒。这是我在这里的最后一晚了，所以特纳请马基利和我过来吃晚饭。我们斜靠在船头，一起靠着的还有萨尔，那是特纳的葡萄牙水犬。

并非只有我一人要离开这里，特纳打算在几天后重新启程，马基利在早上也要坐飞机去吉佐岛——所罗门群岛的西部省份。他的未婚妻在那里等他，而且他在那里还有海豚的工作要做。之前他已向我说过了——我也知道问及人家的私人信息不怎么得体——但我还是要他讲讲整个事件的始末。“哦，没人关心这个的。”他摇摇头说。

“不，我们关心，”特纳说，“还要来杯啤酒吗？”

马基利轻笑道：“有件事我不得不说，你不能问一个所罗门人要不要啤酒，你直接给他就是了。他保管会喝。”

马基利靠在一个红色救生圈上，开始讲述自己的经历。就在我来霍尼亚拉的前不久，他听说在紧挨着吉佐岛的科洛姆班加拉岛上，有个村子新近捕到了一群宽吻海豚。“那里有一个水湾，”他解释说，“而且比吉沃图要大得多。海豚自然而然就往里面游，他们常干这种事。村民们已经知道海豚值很多钱，而且听说过海豚贸易的事。所以当海豚游进去的时候，村民们将入口封死，海豚被关起来快一个月了。一接到消息，我马上赶往那里。”

马基利赶到科洛姆班加拉岛一看，只有14头海豚活着，而且已是半死不活了。其他海豚早已死去。村民们并没有给海豚喂食：他们满以为有人会及时出现，豪掷一大笔现金，海豚就被火速送往机场了。“我与他们谈判了一周。”马基利说。他还被人威胁过。那些人没收到钱的话，是不会将海豚放掉的。重提那段伤心事，马基利双肩颤抖。每天他都要去环礁湖，眼看海豚越来越虚弱，想帮助他们，却力不从心。“这些海豚处在水深火热之中，可是大家拒绝承认这一点。”他声音沙哑地说。

特纳和我静静地听着，周围播放着轻缓的雷盖音乐。马基利抱臂环胸，继续说道：“我刚下到水里，这头小家伙就凑过来了。他躺在我的双手中，我能看到他有很多伤痕。你甚至能闻出来……他的身体已被感染了。”他停下来，努力克制自己，但眼泪已开始顺颊而下。“我和他在水里共处了18分钟，我哭了，我在水里哭了，一边哭一边大叫。”马基利朝我们看看，泪珠挂在他的胡子上颤动，又抖落下来，落到衬衫上。“这小家伙带来了一个信息，他告诉我应该行动起来。行动起来，这样我的同胞们就不会遭受和我一样的痛苦了。他在生命的最后一刻来到我的身边，然后在我的怀里死去。”

马基利从海里上来，抱着死去的小海豚。他言词恳切地要求村民们把剩下的海豚放了。第二天，剩下的海豚被成功释放。他给死去的小海豚取了名字，叫他小雅各布，然后将其尸身带回吉佐岛并冷藏起来。他即将前往的地方是由当地的一个地主捐赠的墓地，他要在那里埋葬小雅各布。“现在我倾向于认为，对，海豚是有感情的，”他说，“他们知道我在为他们而战。他们完全知道。”

我和特纳也哭了。我抱着萨尔，将脸埋进她那柔软的毛发中。天上的云带着一点桃红色，空气温暖而柔和，然而故事却是冰冷的，一如可可奈咖啡厅、吉沃图岛与法纳雷村冰冷的现实。这个地方像被撬开了一条缝，各种烂事像毒烟一样滚滚而出。说起来可能有一点夸张，有个问题困扰我好几天了。“你觉得人类为什么会这样残忍？”我问马基利。他盯着大海，接着又盯着特纳和我。“我们忘了，”他停顿了一下，“我们忘了自己的责任，忘了自己与生物链中的任何一种生物都是平等的。没有等级这回事。绝对没有。我们都是生物这个大家族中的一分子。除了这个以外，其他一切纯粹都是扯他妈的淡。”

月亮偷偷地爬上天空了。白日消失在一片耀眼的金色中。我打算明天一早就赶到机场，但现在我又不太想离去。我想将机票改签，好跟着马基利去吉佐参加小雅各布的下葬仪式，或者坐上特纳的船，和他一道去萨沃找找那个传说中的海豚洞。我再也不可能来这个国家了，但我觉得我的描述还不太详尽，因为仍有一则故事没有讲。在看过波特留下的烂摊子后，我想我应该和他谈谈。

**The World's End**

◇ ◆ ◇

第九章

# 来自夏威夷的问候：<br>我们正在狂欢中！

在离科纳海岸仅仅两英里之处，海水就有一英里深了。深度变化之所以如此之大，是因为既长且陡的熔岩坡道直伸到海底，你刚站在船坞上，还不到一盏咖啡的功夫，就发现自己已在深渊之上了。像这样的地方，你在全世界也找不出几个，而科纳就是其中之一。这就是为什么罗宾·贝尔德——一位专门研究深水海豚种类的生物学家——要在这里待很长时间的原因。

飞旋海豚在晚上游向深海，白天则回到浅水区来，然而其他海豚几乎从不靠岸。与所有住在不宜人居之处的生物一样，关于海豚的事情，我们了解得太少了。他们是种奇异的难解之物，像雪豹或角雕一样，令人难以接近。每年有四次，贝尔德和他的团队都在大岛与考艾岛附近的海域里巡游，想找到那些不常见的海豚种类——伪虎鲸、侏虎鲸、瓜头鲸、糙齿海豚、灰海豚、条纹原海豚——以及我们已经熟悉的种类：领航鲸、宽吻海豚、飞旋海豚、点斑原海豚。他还常常碰到海豚的近亲——喙鲸和抹香鲸，也在搜集有关他们的信息。贝尔德一共研究了18种住在夏威夷的齿鲸。

我第一次遇见贝尔德是在毛伊岛，当时他去岛上参加一年一度的鲸类故事节——专门为每年到那里去交配繁殖的数千头座头鲸设立的节日（每年冬天，这种40吨重的动物在岸边随处可见，你在岸上朝海里望去，很容易就看到正在喷水、击水的座头鲸）——并发表了一场演讲。贝尔德是一位快活的50岁男人，他有淡蓝的双眼、姜黄色头发，以及很容易被晒伤的娇嫩皮肤。他刚刚结束了在考艾岛为期两周的巡游。在我们一起吃午饭的那天，他的脸被晒得通红。

我想知道更多有关野生海豚群体的事，所以正好可以问问贝尔德，他在各个方面都能回答我提的问题。他是一位著述颇丰的著名科学家，与其他机构有广泛的合作，熟知各种研究、论文以及最前沿的科技动态，并且光靠记忆就能复述出其中的细节，仿佛是照着提词机读的。贝尔德性情随和，但一说到自己的专业，他就像开喷气发动机一样。“一直以来，我对稀有物种都很感兴趣。”他告诉我，他是在卑诗省的温哥华岛长大的，那里素来风景奇绝。从小时候起，贝尔德就在和虎鲸打交道了，他不但接触过被关在太平洋海陆世界的虎鲸，而且在他西北方的家门边，虎鲸常常大群大群地游过。

如果你在天然海域里见过虎鲸，他们一定给你留下了幽灵般的印象，目睹他们不但不能廓清你的疑惑，反而让你产生更多的问题。读博期间，贝尔德研究了虎鲸的捕猎技巧，也即他们用来高效沟通、广泛合作以及成功完成一项共同任务的策略。贝尔德说，任何具有这种本领的长寿动物，都应该被归在地球上最聪明的物种之列。虎鲸的复杂已经够让他吃惊了，然而，在他初次见过伪虎鲸——一种比虎鲸更神秘的海洋公民——之后，他的吃惊程度又加了一倍。伪虎鲸的个头约是虎鲸的三分之二，他们也有虎鲸那种粗锥形牙齿，但他们有肌肉发达的黑色身躯，其体型也比虎鲸的更尖。形容他们的词汇通常有迅捷、活泼、易激动、特别聪明等。

贝尔德还是有生以来第一次发现伪虎鲸，不仅如此，这也是在全加拿大被报道的首例伪虎鲸目击事件。那头伪虎鲸搁浅在岸边，并没有存活下来，但是单独的一头伪虎鲸的死亡肯定让人舒了一口气，因为伪虎鲸与同伴的联系是如此紧密，以致他们常常出现大规模集体搁浅的悲剧。1946年，800多头伪虎鲸死在阿根廷的某个沙滩上；又有100多头相继搁浅在南非、欧洲、澳大利亚、新西兰、斯里兰卡、佛罗里达及其他地方。贝尔德的兴趣被激发出来了，他和同事们对伪虎鲸进行了尸检，并将他们能发现的所有蛛丝马迹都记录在案。

他们发现，在伪虎鲸的肝脏内，汞和DDT等毒素的含量严重超标。从那以后的28年中，贝尔德又对40头伪虎鲸进行了活检，并且发现一种令人不安的现象：这么多鲸无一例外都被严重污染了。他们体内富含多氯联苯、二噁英、阻燃剂、重金属、杀虫剂——这些都是已知的一级致癌物，而且很多都是长期存在的，它们有个专门的名字：持久性有机污染物（POPs），虽然几十年前就被禁止了，但是至今仍然留在环境中。“年深日久，它们早已进入食物链，并且沿着海洋盆地分散开来，”贝尔德说，“它们往往杀人于无形之中，你无法看见它们，它们也不会立刻令动物们毙命。它们只是让动物们更容易感染，而一旦感染之后，动物们也更难痊愈。”最近，贝尔德协助领导了一场运动，他用令人痛心的科学事实证明，伪虎鲸的数量已在急剧下降中，从而驱使有关部门将伪虎鲸列入濒危物种名录。

伪虎鲸还要面对一个问题，这个问题也是全世界的海豚——从娇小的赫氏海豚到凶猛的虎鲸——都要面对的：作为一等一的捕猎高手，他们要吃的海洋生物也正是我们爱吃的，而近几十年来，人类通过毁灭性的渔猎方法，使得海里的鱼种一个接一个地灭绝了。过度捕捞、底拖作业、抓大不放小、将鱼类格杀勿论的网鱼法和延绳钓鱼法——这些愚蠢行为使人类和海豚同时陷入了危机：海里的食物已被我们弄得越来越少了。

虽然海豚在地球上的水域里捕食的时间远超过人类，但在将海洋生物赶尽杀绝方面，他们明显不是我们的对手。坏就坏在海豚也吃金枪鱼、三文鱼和枪乌贼。在盛行捕鱼业的海域里，海豚将会遭到致命的打击。日本有个荒谬绝伦的观点，即认为鲸类会将海里的所有鱼吃光——而对规模庞大如城市的工业舰队在海上作业，利用雷达、声呐、集鱼设备、校射飞机大肆捕鱼的做法毫不以为非——该观点已令数不清的海豚和其他鲸类死于非命了。不光日本如此，就连在夏威夷，贝尔德研究的三群伪虎鲸有大多数也被捕鱼的工具所伤，并且留下了明显的疤痕。他们被延绳钓钩钩到之后，背鳍或被割裂，或变得畸形，有时甚至整个地断掉。贝尔德告诉我，最近有一头伪虎鲸搁浅在大岛上死了，人们从他的胃里发现了五枚鱼钩。

◇◆◇

还有做得更绝的渔民，他们通过杀海豚来发泄怨愤。某些地方因为股市崩盘，其捕鱼量也大大减少，海豚于是成为人们仇恨犯罪的对象。例如，在2012年，一些海豚尸体开始出现在墨西哥湾的岸边，而且都是残缺不全的。一头宽吻海豚的尾巴被截去了；另一头的嘴被切断了；其他几头海豚要么中弹而亡，要么被乱刀破开，还有一头在头部被螺丝刀深深插入。在陆续发现了七具尸体之后，人们怀疑这些命案全是某个疯狂的连环海豚杀手犯下的。该凶手仍然在逃，提供线索的人将得到30000美元的赏金。“通缉墨西哥湾岸边的海豚杀手”，CNN新闻的标题上这样写道。“墨西哥湾沿岸发生海豚命案的真相是什么？”《国家地理》杂志如是问道。然而，从佛罗里达到路易斯安那，整片地区都能发现海豚的尸体，科学家们因此认为，这么多的命案远非一个疯子所能为，涉案人数肯定是个庞大的数字：也即那些遭受挫折的渔民群体。

类似的仇视海豚的情结也在其他地方持续发酵。在亚马孙河流域中，亚马孙河豚（粉红河豚）的迅速消失已经引起科学家的高度关注。长久以来，亚马孙河豚都深受当地人的崇敬和爱戴；但是现在他们却被捕杀，被用来钓大鳍美须鲶——一种美味的鲇鱼，并因常常毁坏渔网而被渔民们痛骂。是否有人故意在找亚马孙河豚的麻烦？为查明真相，研究者们采访了当地的16位渔民，让他们匿名回答提出的问题。其中11位渔民承认，只要一有机会，他们就会将亚马孙河豚杀死。“没人喜欢亚马孙河豚，”某人说道，“它们是河里的害虫，有害无益，应该将其赶尽杀绝。”“如果我们让它们就这样繁殖下去，”另一位解释道，“人类就没什么吃的了。”

就算在贝尔德调查过的夏威夷的水域中，虽然一眼看去波光粼粼、湛蓝平静，但那里的渔民和海豚的情况也令人担忧。金枪鱼的数量急剧下降，而延绳钓钩的数量自1996年以来已翻了四倍。（渔船布下好几英里的钓钩，接着将挂在上面的生物全部拖走，其中包括海豚、鲨鱼、海豹、海龟，甚至还有鸟类，最后又将40%的猎物扔掉。）其他渔场的情况更糟糕。美国的海产品有很多都来自墨西哥湾，而墨西哥湾的情况几乎堪比世界末日了。在2010年4月，英国石油公司在墨西哥湾的“深水地平线”钻油平台发生了爆炸，导致约一亿五千万加仑的原油泄露，而墨西哥湾是地球上物种最丰富的海洋生态环境之一，在这之前，墨西哥湾已不堪重负。环境污染、原油钻探、农业径流、湿地破坏、底拖作业、过度捕鱼——使得这个地方一次次遭遇重创。墨西哥湾还有大西洋最大的死亡禁区，一个面积接近8000平方英里、缺少氧气的区域。任何一种情况都会大大减少捕鱼量，而在过去的15年中，捕鱼量也确实在快速下降。不仅如此，英国石油公司酿成的灾难达到空前的规模，给生态系统造成了无法弥补的损失。海豚谋杀案虽然可怕且可悲，但这还不是科学家们认为的最坏的结果。

在这场空前的原油泄漏发生之后——以及那种有毒的、易挥发的（几乎没被研究过的）分散剂Corexit在事后被不加节制地洒在海面上之后——的几年中，因为我们的疏忽大意结出的恶果渐渐彰显出来，而那些海洋生物却在替我们买单。虽然公关部门再三保证，说什么一切都好，泄露的原油奇迹般地消失了，很可能被微生物吃了，但是随着时间的推移，越来越多的证据表明，海豚与各种鱼类、有壳类水生动物、珊瑚，甚至浮游生物都被严重毒害了。在墨西哥湾沿岸一带，人们捕来的鱼虾常被发现没有眼睛甚至没有眼眶，而遍体鳞伤的现象也是家常便饭；螃蟹的壳没有长好；珊瑚被一层棕色的黏性物覆盖；从德克萨斯到弗吉尼亚，死去的海豚达到惊人的数量。

关于最后一点有个骇人的例子：在2011年最初的四个月中，有80多头死产的宽吻海豚——已成形的胎儿或者未成形的胚胎——被冲到墨西哥湾的岸边；也有大量非正常死亡的成年海豚，其数量是正常年份的三倍，而且他们大量死亡的时间开始得更早。虽然一场发生在漏油事件之前的寒流也对海豚造成了影响，但要说在闷热的污染物中游来游去不是这场灾难的主因，那绝对是不合逻辑的。在过去的五年中，美国国家海洋和大气管理局发现，墨西哥湾的海豚存在“非正常死亡现象”。虽然自1991年来，美国相继发生了60起海豚非正常死亡的事件，但墨西哥湾的情况尤为突出。2010年5月到2015年5月，仅就我们发现的而言，就有1199具海豚尸体被冲到岸边；而绝大多数海豚的尸体根本就不会靠岸，他们要么沉入深海中，要么被捕食者吃掉。据科学家推测，死去海豚的总数可能要比已发现的高50倍之多，而且该数量还在继续变大。

在路易斯安那州的巴拉塔里亚湾，之前有个物种丰富的港湾，里面生活着很多宽吻海豚的群体，但在2013年进行的一项关于32头海豚的研究中，人们发现大多数海豚都病得不轻，有些甚至快死了。他们得了肺病和肝病，体内各种激素的分泌严重不足，体重过轻，还有贫血症状，有很多连牙齿都掉得精光。“我从未见过如此多的病入膏肓的动物，”美国国家海洋和大气管理局的首席研究员洛里·斯奇克说道，“我们看到的跟原油泄漏有关。”

面对这样的惨剧，我们很难不感到愤怒、很难不感到震惊。但是贝尔德的魅力之一在于他那审慎的态度。虽然他很想保护自己研究的海豚，但他并没有大声疾呼。在与那些威胁海豚的利益方打交道的时候，贝尔德的处世哲学是，与其通过强制手段将威胁根除（其成功率可能为零），不如与他们合作，尽量把对海洋生物的危害减到最小的程度（相信这一点是可以办到的）。“我很看重实际的效果，我觉得这世界是个复杂的地方。”他告诉我。

最近，贝尔德加入了一个名为“减少伤害”的团队，该团队由美国国家海洋渔业局发起，他们旨在找到一些可行的方法，以降低夏威夷的捕鱼业所能伤到的伪虎鲸及其他海豚的数量。团队成员还包括很多渔民。当我问及他们的团队是否有种伟大的团队精神时，贝尔德犹豫了一下。“这个……算有吧，”他说，“但可能不如你希望的那样伟大。”他接着强调，如果你想把事情办妥，承认这个市值数十亿美元的行业、尊重他们的利益并做出适当的妥协，也是十分重要的。最终，他们与利益方达成了一项协议，协议要求延绳钓船离本岛远点，捕鱼时用方便海豚躲避的环形钩。“我吃鱼，”贝尔德说，“我觉得捕鱼业应该继续存在。只不过，我希望捕鱼业的发展是可持续的，不会影响受保护的物种。”他仔细地看了看菜单，并建议我点鬼头刀鱼：“这种鱼长得快，繁殖力强，寿命也只有几年，所以它能有效防止渔民们对其他很多鱼种的过度捕捞，比如金枪鱼和剑鱼。”寿命短的另一个好处在于，鬼头刀鱼在海洋污染物中浸泡的时间较其他鱼类明显缩短。

贝尔德还对海豚捕捞业做出妥协，虽然与其他科学家一样，他对日本屠杀海豚的行径感到震惊。“有人认为，我们应该把关起来的海豚通通放掉，虽然我的看法与他们不同，但我确实觉得我们不应该在野生环境中捕捉海豚。”他向我讲述他小时候被水族馆和动物园吸引，并因此激发了对动物的兴趣。“我想，如果我是水族馆的负责人，我一定会让每个环节都能传达出一种强烈的、了解和保护野生动物的意识。对于宽吻海豚之类的动物，我并不反对将他们圈养起来，只要我们的照顾工作做到位就好。但就目前来说，他们并没有得到很好的照顾。”

要在人与海豚之间找到一个合理的平衡，贝尔德最大的挑战来自美国海军，而该机构恰恰又是贝尔德的主要资助者之一。一方面，作为美国的海务管事，美国海军资助过很多海洋研究，其数量是其他机构无法比拟的；另一方面，美国海军之所以会这样做，要么是为自己的利益考虑，要么是迫于来自法庭的压力。例如，贝尔德在夏威夷进行的研究中，有很多都属于实况调查，因为美国海军越来越频繁地使用中频及低频声呐，这给那些靠听觉活命的海洋生物造成很大的危害，调查的目的即在于查明这种危害究竟有多大。声呐是美国海军的主要工具，它被用来监测敌方的潜艇或者水下的其他危险因素，但它同时也是海下最大的噪音来源之一。最强的声呐系统可在水下造成236分贝的噪音，那种令人头痛欲裂的强度基本上与一艘火箭起飞时不相上下。

为什么在有海下军事演习的地方，海豚和鲸常常集体搁浅在沙滩上，耳朵孔和眼睛里会流出血来？美国海军无意于知道答案，因为他们压根儿就不关心这些动物的死活。但是环保组织会起诉他们，公众的愤怒更加让他们难堪，所以他们不得不靠资助的办法来缓解压力。通过贝尔德及其他科学家的研究，那些最容易受影响的鲸目动物居住的海域已被成功标示出来了，这样一来，军舰在行进途中就能完全绕开他们，不会给他们造成伤害。美国海军或许也可以将耗资1.27亿美元的海下作战训练基地修建在别处，而不是建在目前唯一已知的北大西洋露脊鲸（极度濒危物种）的产仔地；或者禁止在离美国海岸一英里的范围内进行导弹试验。或许我们可以设置一些小型避难所？因为美国毕竟还有1.39亿平方英里的广阔海域。对于和平时期的军事演习来说，这一要求无论怎样都不算过分。

然而，令人惊讶的是，就连这种要求也成了奢望。虽然军用声呐已被证实会对海洋哺乳动物造成危害——将它们从觅食地点赶走，使它们在恐慌中搁浅，干扰它们的交流、交配及休息，使它们的内脏出血或形成栓塞——然而美国海军使出浑身解数，要求最高法院撤销对他们的一切限制。他们采取坚决不妥协的态度，认为军事活动一旦松懈下来，美国海域随时随地都可能被炮弹袭击——谁要是不配合他们，谁就是在损害国家甚至全球的安全。

他们不但不收敛，反而还在2012年提交了一份五年计划，想要大肆扩充军事演习的规模。根据该计划的要求，仅在夏威夷及南加州地区，美国海军就要进行总共50万个小时的声呐演习、射出26万发炮弹。根据他们自己的评估，这会使该海域内的155头海豚和鲸死于非命，2000头会留下严重的永久性伤害，960万头会失去听力或者其他重要的功能——这将使鲸目动物受影响的概率增加1100%，而他们觉得这是“可以忽略不计的”。

◇ ◆ ◇

在脑浆迸裂的鲸目动物尸体还不至于多到无法掩盖的那些年，美国海军一口咬定他们的声呐对海豚和鲸无丝毫影响。说到水下爆炸产生的噪音，美国海军部的某位科学家认为，那对海豚的影响也是微乎其微的，其程度就好比将一本书扔到桌上的声音对我们的影响。鉴于美国海军爱将严重的影响轻微化，而这次的伤害预测又这么高，那他们对海洋生物造成实际伤害的程度肯定还要高得多。

在未经审查的情况下，美国国家海洋渔业局擅自批准了这项计划，随后，几个环保团体联合起诉国家海洋渔业局并获得胜诉。在一场举行于2015年3月的、以其异常强烈的措辞闻名的裁决中，美国海军与国家海洋渔业局被发现有完全无视法律的行为，他们不管《美国海洋哺乳动物保护法》、《美国濒危物种保护法》、《美国国家环境政策法》的要求，而且法院认为，他们如果仅在现有计划上做一些调整，那是远远不够的，所以他们必须放弃原计划，并重新部署。对于所有关心海洋生物存亡的人们来说，这场裁决大获全胜。但问题远没有得到解决。实际上，战斗的序幕才刚刚拉开。

目前，贝尔德研究的主要工作包括给那些常常游向深海的海豚和鲸打上卫星标记，因为在深海区，这些动物更容易受到声呐的影响，而卫星标记能够准确地记录他们的行踪。贝尔德可在电脑上看到被标记的动物是怎样对美国海军的活动做出反应的。在夏威夷一带，美国海军的活动十分广泛。例如，在靠近考艾岛西北角的海域里，美国海军一年中会进行两次潜艇指挥官训练，并且一连好几天都会将声呐开着；夏威夷还会举行两年一度的环太平洋军事演习，这是世界上规模最大的国际性海上军演，军演期间，战斗操练、模拟战、炸弹爆炸等活动发出的轰鸣声响彻全岛。

我们在海里的足迹踏得如此之快，以至于信息收集工作几乎是在同时间赛跑。而贝尔德研究的那些少有人知的物种尤其难了解。如果我们还想挽救那些脆弱的伪虎鲸、瓜头鲸、喙鲸及很多其他鲸类的话，那么现在正是采取干预的时候。虽然硬科学知识不一定会增加我们对抗美国海军、渔业部及石油公司这些现代歌利亚①的能力，但它至少……不是没用的，它是大卫那把小弹弓上的一颗石子，是我们对抗一个强大未来的渺小希望，在那个强大的未来里，海洋只会沦为军事行动、石油开采以及捕鱼业的天下。

贝尔德已发现瓜头鲸、伪虎鲸、侏虎鲸及领航鲸在夏威夷栖息；他已发表了多篇记录这些鲸的分布范围及数量的论文，并将这些论文提交到美国国家海洋渔业局，希望这些鲸的栖息地能免遭声呐的侵害。他对218头海豚和鲸做了标记，并观察过他们是怎样适应（或不适应）周围这些刺耳的噪音的。“我感觉有些种类对噪音的抵抗力很弱，而另一些种类忍受噪音的能力可能要强大得多，”他在描述经常游到美国海军军演范围内的宽吻海豚和糙齿海豚时说，“个别的几头可能一辈子都在受声呐的影响。”

① 歌利亚，《圣经》中的巨人，被大卫所杀。详见《撒母耳记下》第17章内容。——译者注

然而，收集海豚的信息极为不易。贝尔德的研究花费了大量的时间和物力，而且更重要的是，这种工作很考验耐心。“我一直以来都想知道的是，我们怎样才能研究那些一生中的大部分时间都待在水下的动物呢？”他说完，肩膀剧烈地一耸。要研究海豚这种流浪者、深潜者，以及上一秒还在水面上、下一秒就杳无踪迹的动物，那绝不是不谙水性或者心理脆弱的人该干的事。贝尔德的一天通常是这样开始的：他在日出时出发，驾着一艘小船航行100英里，然后在日落时归来。

贝尔德说，我如果想了解他的研究工作，最好的办法就是陪着他的团队去完成一场实地的任务。三个月后，他会回到夏威夷，那也正是举行2014年度环太平洋军事演习的时候。今年的军演规模比以往更大：届时将有22个国家参加，并配备有49艘军舰、6艘潜艇、200多架飞机及25000名演习人员。从七月末到八月初，鱼雷发射、沉船演练、潜艇追踪等项目将在夏威夷轮番上演，那简直是一场大型的声呐聚会。

◇◆◇

“忘记提醒你了，我们会花很长的时间在海上巡游，期间可能什么也不能发现。”

贝尔德从头到脚都被防紫外线的服装裹着，他坐在他那27英尺长的波士顿威拿钓鱼船的航行驾驶台上，正将我们带往大岛的最南端。我们离岸已有几英里了，海上风平浪静，只要海豚的背鳍破水而出，一有动静就能被我们看到；就连远处一条鱼从水里跃出的样子也逃不过我们的眼睛。从早上起，气温就热得不行，天空层叠着一缕缕白云，似乎更将阳光衬托得耀眼了。船上共有六个人，每个人都有各自的任务在身，一副训练有素的样子，仿佛我们也在进行迷你版的环太平洋军事演习。贝尔德在岸上看上去很温和，但一到海上，他立马变成一位精力旺盛的工头：每时每刻都不放松对于周围环境的监测，不放过任何死角。每个人的眼珠子在眼眶里做

180度旋转，来来回回，来来回回，仿佛汽车挡风玻璃上的风挡刮水器。在远处水天交接的地方，我能看见海军驱逐舰和巡洋舰的黑色轮廓，那些笨重的战舰仿佛来自一款反托邦主题的XBox游戏。

丹尼尔·韦伯斯特，贝尔德的得力助手，站在船头的一侧。韦伯斯特年登不惑，中等身材，强健而敏捷，一顶棒球帽罩着棕色的头发。他沉默寡言，但很爱笑，给人一种处变不惊的感觉，仿佛那是长期待在船上的科学家所必备的能力。要在一个剧烈颠簸的微型平台上做复杂的工作，并在蚀人的炎热及海水中正确操作高度灵敏的电子设备，其难度可想而知。不仅如此，在一头居维叶突吻鲸从水里探出头来，并可能在1.5秒后就深遁无踪的情况下，韦伯斯特便是那位负责标记他的人，而贝尔德负责将船开到合适的位置。这种高难度的技术活就好比在波速球上保持平衡，而波速球又被置于一条运动着的传送带上，在波速球上站稳的人还要射箭射中靶心。

与贝尔德一样，韦伯斯特是位资深的观察者。对于一位深水海豚研究员来说，敏锐的观察力是最重要的技能之一，也是一位生物学家最有可能被贝尔德团队相中的保障。能够看清远处一个小得如同棒球的疾驰的目标，并能精准地辨别鳍尖或者喙尖上的条纹类别，这简直堪比那种用于发现细微目标——例如，远处一头伪虎鲸露出水面呼吸后造成的一丝波纹——的激光视觉了。

生物学家布伦达·罗恩站在韦伯斯特的对面，正在察看韦伯斯特身后的广阔洋面。罗恩又高又瘦，但有一身适合繁重体力劳动的肌肉，她尤其擅长那些难度颇高的鲸类研究任务。她经常在阿拉斯加州、北极区、加拿大东海岸的冰冷刺骨、瞬息万变的海域中工作，以寻找蓝鲸、露脊鲸、弓头鲸及座头鲸的踪影，并在充气城堡一样脆弱的小船上对他们那滚动的身躯进行标记。今天，她戴着一副偏光太阳镜，身子斜靠在钓鱼船的挡风玻璃上，头上扎着一根马尾辫，脖套罩在脸上以遮挡无情的烈日。令这个团队无懈可击的还有：吉姆·沃德，一位20多岁的、精力充沛的摄影师；来自贝尔德研究小组的凯丽·比奇，一位性情可人、聪明灵巧的实习生；以及华盛顿奥林匹亚市的卡斯卡迪亚研究团体。

摄影是研究工作很重要的一部分。罗恩身后堆着一些带硬边的百利能摄影箱，箱里装着佳能7D变焦照相机。与罕见的海豚相逢只是一瞬间的事，而且易使人手足无措，人们不仅要在这惊鸿一瞥的瞬间给他们做好标记，最重要的是还得将其拍下来。贝尔德在这些海域里一共发现三群伪虎鲸，并且每一头他都认得。上岸之后，贝尔德会仔细查看拍下的照片，以了解他们最新的动向：谁还在附近？谁已经走了？谁生了孩子？谁的背鳍又添了新伤？谁瘦成皮包骨了？当某种海豚的数量严重不足时，每一次的观察记录都非常重要。

为了发现那些行踪不定的海豚，贝尔德专门制作了传单，并将其分发到钓鱼船、旅行社、潜水俱乐部等一切可能发现伪虎鲸群的对象那里。传单背面醒目地印着他的联系方式，包括他的手机号码。他还向人发放折叠式野外指南册，上面印着伪虎鲸背鳍的照片，那些背鳍都有情况不一的变形，可以据此认出每头伪虎鲸个体。指南册设计得非常漂亮，上面印了很多关于伪虎鲸的科学常识。贝尔德解释道，如果你想让大众关心那些大多数人听都没听过、并且可能一辈子也见不到一次的动物，那么做好普及工作非常重要。为了引起孩子的兴趣，贝尔德甚至设计了有伪虎鲸图案的刮刮纸。

因为我是第一天跟他们出行，我的位置被安排在驾驶台上，就在贝尔德旁边。那里有一半被遮住了，太阳照不下来，我感觉我被赋予了一个很大的特权。我的任务也不算艰巨，因为我主要负责打响片，无论何时，只要有谁发现了曳尾鹱或褐燕鹱这两种海鸟中的任何一种，我就打一下响片。当一只不太常见的鸟儿从头上快速地飞过时，贝尔德便喊："快拍！"并且将它一眼认出来："黑翅圆尾鹱！"韦伯斯特整个身子挂在栏杆上，只听见在隆隆的马达声中，他的相机咔嚓咔嚓地响着。船在航行的时候，贝尔德密切注视着一切事物、动向及征兆。他的团队曾在执行任务的途中停下来捡浮在水面的垃圾袋、废弃的渔网及其他塑料废品，但是平均一天下来，船被各种垃圾堆得满满的，以致他们停靠的小码头已不准他们用垃圾桶了。

最常见的漂浮物是各种气球。那是节日期间被人丢到海里的，气球内充满了氦气，所以可以长期浮在水面上，这种由Mylar聚酯薄膜围成的球状物堪比一位厉害的杀手。海龟、海豚及其他海洋动物以为那是一条鱼或一条枪乌贼，于是将其误吞入腹中，引起致命的后果。我注意到在韦伯斯特的标记箱上贴着一张纸条，上面写着：鼓起的气球，不能留！“我们捡到的气球大多数都写着某些聚会的用语。”贝尔德说。当人们将他们的生日愿望、毕业时的喜悦心情或者婚礼祝福放飞到天上时，他们并不知道自己的行为有多么致命。

为避开信风，小船朝南方缓慢地开着。阳光变成银黄色，云层大量堆积在火山口的上方，给人一种不祥的预感。韦伯斯特过来坐在我们旁边，因为水面上还没有太大的动静。我们停下来捞一条死去的枪乌贼，它那深栗色的躯干已被咬掉了一半；我们看见军舰鸟——一种喉囊呈红色的热带鸟[①]——从头顶滑翔而过，还有一些黄鳍金枪鱼在水面上跳跃，但就是看不到一头海豚。几个小时后，我才开始明白过来：要在大海里找一头海豚，其困难程度丝毫不亚于从一大堆干草中找一枚细针。“我们大概每三周才有一次发现伪虎鲸的机会。”韦伯斯特说。贝尔德点头同意道：“这也是为什么对于伪虎鲸的研究从古至今加起来都没有很多。但我们尽量争取在以后的日子里取得突破，我们会尽一切办法来开展工作。”

我一直感到好奇的是，伪虎鲸为什么令贝尔德如此着迷？我在船上问过他这个问题，他听了脸上一亮。很少有比这个话题更让他愿意多谈的了。在他前往夏威夷之前，他和妻子安妮驾车从奥林匹亚市到温哥华水族馆去，因为有头伪虎鲸幼崽从沙滩上被救起来了，并被送到水族馆养伤。在贝尔德经历的第一次伪虎鲸搁浅事件中，一头名叫切斯特的幼崽幸运地存活下来，虽然他才六周大，牙齿还没长出来，还没有断奶。当时没人相信他能渡过难关，但到现在他还活得好好的，水族馆的工作人员与外界公众——所有见过他的人——的成见都被彻底颠覆了。贝尔德对我说道，伪虎鲸令人震惊的地方，在于他们对人的兴趣“远远大于我所接触

① 原文以“尾部呈红色（red-tailed）”来形容军舰鸟，疑不实，此处暂以“喉囊呈红色”代替。——译者注

过的其他动物对人的兴趣，”他充满感情地笑着，“他们将人看作与自己相似的存在。”

贝尔德的两位同事——丹·麦克斯威尼和德龙·魏卑克——有与伪虎鲸同游的经历，并且，关于伪虎鲸对人的兴趣有多么强烈，他们都有一段精彩的故事与人们分享。有一次，麦克斯威尼潜到一群伪虎鲸附近，其中一头游上来，嘴里衔着一条金枪鱼，并吐出来给他，仿佛是在献礼物。他接受了。伪虎鲸游走之后，很快又游了回来。麦克斯威尼将那条鱼还给他，他便轻轻地衔在嘴里。“自有记录以来，这并不是伪虎鲸第一次干这种事了，”贝尔德指出，“这基本上是他们分享猎物的一种惯例，为什么说惯例呢？因为我觉得这种行为里包含了某种象征性成分。”

其他顶级捕食者，例如鲨鱼和狮子，都会经常分享自己捕获来的战利品，无论它们抓到了什么，都要与同胞们一起将猎物撕碎。贝尔德曾观察到一群伪虎鲸将一条鱼传来传去，没有谁下口咬它。“我不知道还有什么动物能做这种事，”贝尔德说，“那么，他们为什么要这样呢？嗯，他们捕猎的时候通常会集体行动，他们这样捕猎可能已经持续好多年了。他们是彼此的战友，分享猎物是种表达信任的方式。而他们把收到的鱼又还给人家……这并不是说，他们嫌鱼太少了，还想要更多的鱼，不是的。他们不光是为了将猎物吃掉，因为其中还有更多的含义：那是他们文化的一部分。他们将猎物赠给另一种动物的时候，他们脑子里是怎么想的？到这里就不难猜知了，”他笑了，“我养了一条狗，他非常可爱。但我给他一根骨头时，他绝对不会将骨头还给我。”

现在我们距离大岛的最南端只有35英里远了，并且一帆风顺，可贝尔德开始掉转船头。我们已经来到4000米深的海上，接下来想往回开，开到深度稍微浅些的地方。直到现在还不见一头海豚。我能看见从莫纳罗亚火山喷出的岩浆流入海里的痕迹，一座名叫“米洛里（Miloli’i）”的渔村孤零零地坐落在岸边。贝尔德刚刚撕开一袋利兹饼干，他的电话就响了。“我们在科纳的南边。”我听见他说，接着看见他的脸变僵硬了。

电话很快就挂了。贝尔德转向韦伯斯特和我。“我们说话的时候，那帮海军正开着中频声呐。”他恼火地说道。贝尔德告诉我们，打电话的是一位潜水船长，他听到声呐打在自己船上发出的噪音：“潜水员们全部从水里上来了，因为水下太吵、太难受。”更糟糕的是，声呐范围就在一片名叫“普阿克”的海域附近，而贝尔德不止一次强烈要求将普阿克划为禁区，因为那里住着一群瓜头鲸，其总数有450头，这种动物对军演造成的干扰很不习惯。在2004年环太平洋军事演习期间，由于声呐的采用，考艾岛哈纳雷湾有200头瓜头鲸搁浅在岸边死了。

贝尔德被惹怒了，他开始疯狂地打电话。看得出来，他十分沮丧。“依我看，海军的做法极不负责任，”他气冲冲地说，“这是一个公关错误，错得太离谱了。他们完全可以去其他地方——可是为什么偏偏要到有敏感动物的地方来，而且逼得人们不得不从水里上来呢？”贝尔德盯着远处的舰队，他的脸涨得通红，这并不只是天热的缘故。“那对大家有什么好处呢？”

◇◆◇

早在1773年，科学家就发现有些动物靠听觉而非视觉来认识世界。当时有位名叫斯帕兰扎尼的意大利科学家注意到，即便是在完全黑暗的环境下，蝙蝠也可以做完美的飞行，绕开它们看不见的障碍物。他对这一发现既惊且怕，但他勇敢地抓了几只蝙蝠，并开始在它们的身上进行实验。

如果你是蝙蝠的话，你肯定不想被斯帕兰扎尼抓住。虽然他的第一次实验还有点可爱——给蝙蝠戴上小小的兜帽——但他接下来的实验变得越来越残酷了。他把蝙蝠的眼睛蒙上甚至挖出，给它们的翅膀涂上清漆和浆糊。但在痊愈之后，即使没了眼睛，蝙蝠也能照常轻松地捕猎。斯帕兰扎尼一时摸不着头脑。他进而把注意力转到蝙蝠的耳朵上，用蜡油将蝙蝠的外耳道塞住。这一次他成功了：蝙蝠老是撞到东西上，似乎没有听力的话，蝙蝠就找不着北了。他将这个结论发表出来，并推测道，蝙蝠是识别声音的高手，但它们很少使用其他官能，当时某些知名科学家还嘲笑他这个结论，以致后来的一百年间，没有人愿意将他的结论当真，并且轻蔑地称之为“斯帕兰扎尼的蝙蝠疑惑”。

但斯帕兰扎尼并没有说错。虽然在1938年，他的“疑惑”被哈佛的几位科学家弄清楚了，但即便在当时，人们对于动物利用回声定位的能力——或者说，发出生物声呐的能力——了解得还不是很多。1947年，海洋工作室的负责人亚瑟·迈克布莱德指出，不管这是一种怎样的超感官能力，它都不是蝙蝠专有的，因为海豚显然也具备这种能力。但要详细解释其原理，那就只有凭猜测了。直到20世纪60年代，海豚声呐才被证明确有其事，当时诺里斯做了一系列实验，他用橡胶吸盘将海豚的眼睛蒙上，发现他们还能轻松地从水下迷宫中游出，并找到事先藏好的一片鱼肉。这是理所当然的，因为海豚3500万年前就在通过回声定位了。

简而言之，有效的声呐系统能够发出一束束声波，接着通过对回声的分析，准确判断出空间中或水下的某个物体的三维物理性质。不同材料反射声波的波长也不同；有些物体更有弹性，对于声波的反射也比其他物体更强烈。有些物体会将声音吸收掉，从而使回声减弱。无论细节有多么不同，所有声呐系统都包括三个部分：发射器、接收器与处理器。

科学家们很快了解到，海豚的声呐绝不简单。正如一位研究员说的：“海豚用回声定位的时候，就像米开朗琪罗在教堂的天花板上作画。”他们通过鼻道一样的结构（呼吸孔附近）发出咯哒咯哒的超声波，并通过额隆——一种位于额上的、充满脂肪的囊状物——来聚集声音。当咯哒声撞到某个物体上时，海豚就用下颚来接收回声，而下颚里流着充满脂肪的液体。回声信息从下颚传入耳部，并最终进入大脑，大脑将其破译成各种信息，传到眼睛等其他感官上。那些咯哒声汇成一股强大的声流，每秒多达两千下，但海豚都能一一将其识别出来并做相应的调整，无论是改变方向、音量还是频率，他们都能达到一种不可思议的精确度。他们甚至可以同时发出两股走向和频率各不相同的声流。通过这样的能力，即便隔着很远的距离，他们也能发现两个类似的物体在大小及成分上的细微差别。这是一种高超的机制，简直是为水下生活量身定制的。水下阳光很少，但声音容易传播，其速度要比在空气中快4.3倍。当海豚的生存环境被人为的噪音肆虐时，海豚的感受就跟我们被暴露在太亮的光中，以至什么都看不见一样。但是声音属于压力波——仿佛一道道不断撞来的能量墙——因此，为使比喻显得更准确，我们还得加上一句：我们不但被暴露在太亮的光中，而且眼睛还得直视那个强光源，以致视网膜痛苦得快要爆了。

数十年来，为了彻底弄清海豚回声定位的内在机制，人们做了无数的实验，特别是美国海军和俄罗斯海军。在声呐技术上占据优势明显对军事有利：自20世纪50年代以来，美国海军征用了大批海豚，并花了大量心血来训练他们，使他们用水下超能力为海军服务。就算我们无法模拟出这种高级声呐，但我们至少可以利用它。

目前为止，宽吻海豚已被美国用在越南、伊拉克、伊朗、巴林、挪威、东欧等地方，并被用来守护位于华盛顿班戈的三叉戟核潜艇基地——这还只是两个比较出名的例子。美国现在约有75个宽吻海豚部队，在过去，海豚部队的数量更多。1992年，美国海军将其海洋哺乳动物专案计划公之于众，但至今还是不愿意多谈，据他们有限的介绍来看，海豚们的主要任务是在军舰周围监视动向，并将水雷识别出来以便于清除。白鲸和海狮擅长深潜，并且能耐极低的水温，因此也被用来找回遗失在海底的导弹。（虎鲸也曾被用于军事活动，但事实证明他们很不听话，所以不怎么靠谱。）

在官方宣传中，美国海军总是强调海豚——即所谓的“海洋哺乳动物系统”——仅被用于非杀伤性军事行动中，包括让他们在海里巡游，而将摄像机绑在他们头上。但有对美国海军的做法不以为然的训练员爆料，说是海豚还被用来完成很多危险的任务。1973年，在莫利·塞弗主持的一期《60分钟》节目中，一位自称曾与基韦斯特的中情局合作的海豚专家迈克尔·格林伍德透露，美国海军还将海豚用于一项名为“水下杀手”的行动，让海豚用爆炸飞镖和点四五口径的子弹击杀敌方潜水者。“人们对海豚进行训练，使他们做很多人类无法完成的事，”格林伍德还说，很多海豚兵都逃跑了，“我们丢了很多海豚，他们隔三差五就要逃。”“看来军方对待海豚的态度绝不是那么美好。”塞弗严肃地总结道。

不管海豚兵被安排了什么任务，无论是在过去、现在或未来，美国海军一概承诺他们的海豚“将会受到最高级别的人性化照料”。实际上，他们还在官网上强调这是国会的规定，并被写入法律中了。“大家不必为这些海豚兵担心，”美国海军说道，“比起我们来说，海中的鲨鱼对海洋哺乳动物的危害更大……而那些捕海豚的人也会给他们造成更大的伤害（这也是为什么捕海豚是非法的）。”“我们的海豚兵教会我们很多东西，”网站上有这样一句热情洋溢的话，“我们越是了解他们，也就越能保护他们。”如果你相信他们的说辞，那这些话在你听来一定很顺耳。但不要忘记，他们说是这样说，但也在用声呐技术将这些动物从地球上赶尽杀绝，而这声呐技术恰恰归功于来自海豚的启发。

◇◆◇

第二天清晨，趁天边刚刚泛出粉红色，空中没有一丝风，贝尔德早早地驶离码头，向北开往普阿克，我们带着照相机和水下听音器。即便隔着很远的距离，环太平洋军事演习的地点也很容易就发现了，因为那里停着很多庞大的战舰。不久之后，我们碰到一群宽吻海豚。贝尔德将小船慢下来，好让我们有机会拍照；韦伯斯特将水下听音器扔到水里，听音器一上一下地浮动，顶部插着一根荧光小旗，我们可以借此判断它荡到哪儿了。之前我们了解到，附近有很强的声呐开着，贝尔德想看看现在是否还能够听见。

宽吻海豚们游近小船，并且勇敢地沿着伴流前进：隔着海水看去，他们全身发绿。我已坐在船头的一侧，所以可以近距离观察他们。我看见很多海豚都有刮擦痕和千篇一律的鲨鱼咬痕，那是一些被咬掉的肉又长出来后留下的圆形疤痕。有头海豚的背鳍被咬掉了一半。

站在驾驶台上，贝尔德举起他的双筒望远镜查看远方。“一点钟方向有一艘美国海军的军舰，”他说，“两点钟方向还有一艘巡洋舰或驱逐舰。他们都配备有作为战术武器的AN/SQS-53C声呐阵列，”他解释道，“他们没有开声呐，因为声呐如果开着的话，我们在这船上就能听到了。”另一艘笨重的大船就泊在柯哈拉四季酒店的前方，贝尔德看了说：“那一艘好像把后甲板降到水面了，这样他们就能将水陆两用的交通工具开到水上。”仿佛为了证实他的猜测，一艘黑色水翼艇从船腹射出，迅速开到海里了，激起公鸡尾羽一样的水花。接着出现了三架超大的直升机，在低空一扫而过，发出巨大的声响，急速的空气将海水打成白沫。我想，如果你是一名军事爱好者，那这阵势估计会让你激动，但对大多数度假的人来说，花800美元住一晚海滨小房，绝对不是为了看这个。正如贝尔德已经指出的那样，美国海军为什么会选择在这里军演，这实在是令人摸不着头脑。

我们等了足足10分钟，贝尔德才将我们载回水下听音器的旁边，以便韦伯斯特将听音器收回。快拢的时候，我们看见有东西在一旁浮动。“什么？”罗恩诧异道，“一条海鳗！”那是一条云纹海鳝，性喜栖居在珊瑚礁的缝隙中。通常情况下，离开自己存身的避难所是一条海鳗最不愿做的事情，这一条却赤身露体游到海面上来了，它用布满金色和棕色花纹的身躯紧紧缠着听音器，仿佛是在竭力避开海水的侵袭。“它在那里搞什么花样？”贝尔德说道，“莫名其妙。”

当噪音在海下轰鸣时，除了对噪音敏感的鲸目动物外，其他海洋动物也会受影响。令人反感的水下爆炸由来已久：在过去，美国和俄罗斯甚至在海上进行核试验，炸出数千英尺高的巨大蘑菇云，天空都被点燃了，海水也被烧沸了，冲击波和海啸吞没了好几英里之外的船只甚至整个海岛。你能读到无数有关这些核爆炸实验的报道，但你绝对不可能查到因此而死去的海洋生物数量，所以我们只能想象了。

并非所有噪音都是有冲击力或震耳欲聋的：有些不大的声音也比较烦人，例如，商船的螺旋桨声、钻探声、挖掘声、铺线路声，它们都是沉闷而持续的背景声音，都是连绵数英里而不绝的低频振动。（试想一下，一台空气压缩机被绑在你的头上，发出的咔嚓之声终日不绝。）科学家们将这种持续的嘈杂称为“声霾”，而且据他们估计，短短25年间，声霾污染就增加了10倍之多。工业噪音在海下叮当做响、咆哮轰鸣，掩盖了自然的声音，而海洋动物正是靠这自然的声音来进行交配、捕猎、逃命、导航、迁徙、交流——也就是它们的一切生命活动都依赖声音。在试图逃避或克服这些喧嚣的过程中，它们逐渐地变得烦躁、虚弱。

超级油轮在水下隆隆作响，其噪音大概有180分贝之高。人的耳膜听到185分贝的噪音就会炸裂；200分贝的冲击波可放倒一头母牛，并使之当场毙命。但水下最大的噪音——与之比起来，一枚原子弹爆炸的声音都只能排在第二（广岛原子弹爆炸的噪音经测为248分贝）——来自油气公司用来勘探海底情况的气枪。为进行勘探，轮船拖着数十架大炮，这些大炮大约每10秒便来一发，释放出250分贝的噪音，每次勘探都要持续好几个月，为此受影响的海洋生物遍布大片的海域。这些爆炸声会造成动物的耳聋和器官衰竭，并且严重伤害到它们的幼崽。远处的鲸也会不堪噪音的侵扰，他们会变得沉默，不愿进食，而离噪音很近的鲸会搁浅在沙滩上死去。在任何特定的时间内，在每个大洋里，全世界都会进行大量的海底勘探，而且其数量正在不断地上升。

当我们对那条紧张的海鳗感兴趣并不停地拍照时，无线电设备响起来了。“注意安全！注意安全！这里是第47战舰，我们正在进行限速技术装备故障控制训练。请所有船只保持在安全距离之外。”

收到警告之后，贝尔德调转方向，开到更远的海域去了。不久，我们又发现了一只死掉的枪乌贼，在它身上有很多白色的斑点。韦伯斯特将它捞起来，而贝尔德在用双筒望远镜观察船只。阳光狠狠地照在水上，令我们备受煎熬。“我这儿有点防晒霜，要吗？”沃德问我，“抹在身上就像超强力胶水。”我要了一点，涂在耳朵和脸上，虽然之前已经涂过一道了。

韦伯斯特如鹰眼般犀利的眼神不输贝尔德，他突然指着前方喊道：“小抹香鲸！”我不知道他说的什么，但其他人都高度重视。一段黑色的脊背破水而出，接着出现了一个钝形的脑袋。这种我不知道叫什么的动物有两到三头。他们很快消失了，但就凭这匆匆一瞥，贝尔德已能断定他们的名称：侏儒抹香鲸。“这也是一种受不了海军声呐的动物，”他皱着眉说，“在潜艇指挥官训练期间，考艾岛就发生过一起侏儒抹香鲸搁浅的事故。”我们等了差不多有一小时，但他们再也没有出现过了。“这是一种我们知之甚少的物种，”贝尔德解释道，“我们一共记录了115头，这还是目前唯一的有关侏儒抹香鲸的长期研究。”他说，这些动物很难跟踪，他们擅长将跟踪者远远地甩在身后：“他们什么时候潜水，在什么地方露头，这些都毫无规律可言。他们经常朝着一个完全相反的方向游去。”

◇◆◇

我离开之前，我们又发现了更多意气昂扬的领航鲸，一群喧闹的糙齿海豚，而且最令人兴奋的是，还有一群足有300头的瓜头鲸。瓜头鲸的行踪还是贝尔德从一位钓鱼船船长那里听来的，我们就在离岸12英里的海上发现了他们。一旦我们抵达那里，他们再也不会从视野中消失。他们是我见过的最欢乐的海豚，他们对我们的船感到好奇，老是要前来玩耍，时而浮窥我们，时而从我们旁边跃过，接着群集在水面上。“他们爱冲浪，”贝尔德说，“你只要稍稍一加速，就会看见20头瓜头鲸在船首犁开的浪花里游嬉。”

瓜头鲸生活在大集体中，他们看上去很喜欢互相做伴。他们到处都是，韦伯斯特还曾标记过两头，并对他们的活体组织取过样。之后，贝尔德会查看活检的结果，并将收集到的信息分享给其他科学家，包括基因学家和毒理学家。这群瓜头鲸不属于贝尔德担心的范畴：他们只是畅游整个岛链的过客。几头糙齿海豚已经加入他们的队列，在露出水面的所有背鳍中，还有两片鲨鱼鳍在穿来穿去，一片是远洋白鳍鲨的，一片是平滑白眼鲛的，两条鲨鱼的流线型身躯在水面上清晰可见。糙齿海豚善跳跃，一跳跳到很高的空中，他们身上还有印花棉布一样的粉色斑块，以及长而狭窄的喙部。如果宽吻海豚让我们想到强劲的宝马，那么糙齿海豚就是前端装有扰流板的保时捷了，而瓜头鲸更像加强型的迷你库柏。

这些动物和我们待了好几个小时，所有人都在拍照，贝尔德在驾驶台上报方向，以便于韦伯斯特将微型弩一样的标记枪瞄准目标，而数百头海豚就在我们旁边和下方迅速地游过。（谁都不想眼睁睁看着价值5000美元的卫星标记就那样打了水漂，随着海豚沉入无法寻觅的深处。）“很大的雄海豚正从两点钟方向朝你游来——目标物种，”贝尔德喊道，接着轻轻一笑：“我们将每头海豚亲切地称为‘目标物种’，希望不久就能将他们称为‘已标记物种’了。”

“这群淘气的小杂种，”罗恩笑着说道。韦伯斯特点点头，将头上的汗水擦去。“刚开始什么都没有，没有这个，没有那个，”他说，“但接着就——哗！”一头瓜头鲸游到小船的旁边，正好就在我站的地方。他张开嘴巴，仿佛在笑。这是一种全身漆黑、脸带喜感的小型鲸。我想象他们正在说话，在开玩笑，在到处厮混，他们正在开心地与同伴交往，正如一场隆重的鸡尾酒会上的人们一样。

◇◆◇

一周后，一头领航鲸搁浅并死在欧胡岛上，之后又过了五天，另一头领航鲸游到同样的港湾，并进入浅水区，最后死在沙滩上。“他看上去很困惑，”一位见过那头鲸的桨手说，“他直接朝我们游过来，一头撞在我们的独木舟上。”两头更大的黑海豚——经目击者确认为伪虎鲸（但贝尔德说那几乎是不可能的，因为他怀疑他们还是领航鲸）——也在附近被发现了，他们不规则地转着圈，仿佛正在遭受巨大的痛苦；人们还发现，虎鲨就在附近埋伏着。

这些都是环太平洋军事演习的受害者吗？美国海军拒不承认这一点，这毫不足怪。那种认为声呐或导弹测试会伤害海豚的说法是“幼稚的、不负责任的”，一位美国海军发言人说道。确实，在没有证据的情况下，这些悲剧只能被当成一个伤心的巧合。但这同样的巧合为什么屡次发生？

◇◆◇

如果哪天有谁能在夏威夷看到伪虎鲸并拍几张像样的照片，那一天在贝尔德看来就是非常美好的一天了。那位幸运儿甚至不必是贝尔德自己：看到伪虎鲸这件事本身就很可贵了。要想了解一位潜心研究伪虎鲸的科学家有多么专注，可能最好的方式就是看看下面这个尴尬的事实：2014年，在连续八周不间断的巡游中，贝尔德和他的团队只有一次遇上伪虎鲸。即便这样，多亏了其他研究者、爱鲸人士、水肺潜水者、海洋迷及眼尖的船客们拍下的大量照片，贝尔德还是可以得到有关伪虎鲸的第一手资料。实际上，当年的伪虎鲸目击事件共有17起之多，被拍到的伪虎鲸有119头，其中69头已被确认了身份。如果你知道整个夏威夷海域的伪虎鲸加起来还不到200头，那你就能明白这绝对算得上是一个集体努力得来的超凡成就，这也证明贝尔德孜孜不倦向公众普及伪虎鲸知识的努力其实并没有白费。

但若贝尔德在元旦前夜就开香槟酒庆祝的话，那他庆祝的还不是时候，因为第二天还有更大的惊喜来临。2015年1月1日，在距离大岛两英里的海上，有人发现了一群数量可观的伪虎鲸——将幼崽算上的话，其数量在25头到30头之间——而且更难得的是，发现他们的那群人凑巧又是一个专业的水下摄影师团队，团队拍下的视频和照片是如此可爱、清晰和令人着迷，后来还上了夏威夷晚间新闻。看到镜头下的伪虎鲸，我能体会为什么这是贝尔德最钟爱的物种了。伪虎鲸们快速地游来游去，一忽儿在下，一忽儿在上，一忽儿又来到潜水者身旁，向他们发出欢快的嗡嗡声。那是一幅美得惊人的画面：二十几头全世界最稀有的海豚突然闯入镜头中，争着要来个特写。他们一副好奇的样子，脸上甚至带着一种顽皮的、貌似坏笑的表情。他们发出的声呐的咯咯声、嘎吱声和啸鸣声响彻在蓝色大教堂般的海里。所有伪虎鲸都那么敏捷，那么机灵，他们集合优雅、力量以及明显的智能于一身，令人不由得叹为观止。他们既是海豚鱼雷，又是在一个完美的世界中被我们发现的唯一的海下导弹。

**Greetings from Hawaii: We're Having a Blast!**

◇ ◆ ◇

# 第十章

# 回心转意

五月一个碧空如洗的星期六早晨，在多伦多机场租了一辆车之后，我驾车南行，穿过80英里拥挤的车流，一路经过零售中心、超级商场、快餐店、商务花园、成片住宅区、连锁汽车旅馆，来到全世界最宏伟壮观的自然风景区之一：尼亚加拉大瀑布。我在之前已经领略过它那雷霆般的气势了，那是一道永远年轻的风景，但这一次我不是来看瀑布的，我在距离瀑布一英里的地方停车，为的是去拜访另一个旅游景区。汽车快通往虹桥——直接横跨至美国边界的巨型天然桥——的岔路时，我看见一辆运动型多用途汽车，上面的保险杠贴纸写着这样的标语：海洋国——一个恐怖的地方。于是我跟了上去。我知道他跟我要去的都是同一个地方。

要到那个地方去的还有好几百个人。这是加拿大海洋国开始某种活动的第一天，这就意味着那里将会有一场游行。活动一直要持续到来年10月，届时还有另一场游行。该活动已连续举办了好多年了。在很多关心海豚的人看来，海洋世界的形象极其恶劣。最近几年，游行的声势变得越来越浩大，批评者的谴责还被媒体报道了，抗议的呼声似乎正达到高潮。改变看来刻不容缓了——但真是这样吗？从他们的表态来看，加拿大恐怕不太可能对海豚的过去、现在和未来进行思考，但是分别位于加拿大两端的两个景点给我们提供了一些惊人的、意想不到的视角。

海洋国在1961年刚刚开业时，其创始人——一位名叫约翰·厚勒的斯洛文尼亚男人——仅仅将三头海狮装进两个钢罐里进行展览。而现在，海洋国已经发展成一个占地一千英亩的大产业了，公园里住着各种各样的动物，包括几头宽吻海豚，约40头白鲸，1头虎鲸，以及海豹、海狮、海象，还有森林中的熊和鹿。地面上点缀着很多摩天轮，它们的名字各异，有叫“星际复仇”的，有叫“天空之鹰”的，有叫“龙山”的。还有一座摩天轮叫“虎鲸惊魂”，考虑到海洋国发迹的历史，该名字无意中带上了讽刺的意味：自20世纪70年代以来，估计至少有16头虎鲸死在这里，而且虎鲸并非唯一的牺牲者。

而就在前一年，一头名为斯古特的白鲸幼崽惨死之后，《多伦多明星报》发表了一系列调查研究报道。他们发现，斯古特连同她的母亲斯凯拉被安置到两头雄性白鲸的身旁，与他们朝夕相对，这种做法严重违背了一切照顾动物的逻辑。有一天傍晚，时间是在六点钟，两头雄性白鲸疯狂撕咬斯古特，导致她当场毙命；而斯凯拉和一位公园导游在惊慌中目睹了整个过程，当时甚至没有训练师或兽医在场，而且显而易见的是，没有谁对呼救声做出回应。虽然向导将这场厮杀全程记录了下来，而且后来还公开了，但海洋国在官方回应中宣称，斯古特是在“突发疾病后死的”。厚勒虽然承认斯古特是被袭击致死，但他将其归咎为残酷的自然法则，他觉得那头小白鲸已疾病缠身了，所以才会招来成年雄鲸的攻击。“你得明白……生有时，死有时，人和其他生物都一样。”他在采访时说。

当《多伦多明星报》的两名记者——琳达·迪贝尔和利亚姆·凯西——开始深入挖掘真相时，他们发现海洋国很多不为人知的恶行。给他们提供线索的有动物维权人士——自20世纪70年代起，这些人就在指责海洋国了——还有很多之前在海洋国工作的员工。这些员工决定将海洋国的所作所为告发出来，好为自己关心的动物出一分力。据他们透露，海洋国存在很多问题，其中之一就是水族箱的水质净化系统常常出故障，以致海洋哺乳动物在化学污染物的侵蚀下一天天虚弱下去。厚勒屡次否认水质有问题。“我们对这些动物的关心，”他对记者说，“甚至超过我对我自己的关心。”

有些海豚被关在一栋毫无窗户的混凝土建筑中，该建筑还是由一个电子游戏中心赞助的；其他海豚因为是由海洋世界从墨西哥湾非法捕来的，早被美国渔业部没收了。凯科是电影《威鲸闯天关》里的虎鲸原型，他被海洋世界卖到墨西哥一家环境极其恶劣的海洋公园，并在那里被折磨致死。实际上，在2011年，海洋世界还从海洋国将自己的一头虎鲸收回了，那是一头名叫伊凯卡的雄虎鲸，是海洋世界用来从海洋国换取四头白鲸进行繁殖的抵押物。虽然在海洋世界死去的虎鲸至少有37头，但是海洋世界仍然被伊凯卡在海洋国所受的虐待惊呆了。当厚勒拒绝归还那头虎鲸时，双方争执到了对簿公堂的地步，并以海洋世界的胜利告终。

即便没被关在污浊的池中，海洋国的动物同样生活得不好。熊和鹿的身上多有还没愈合的溃疡，其毛皮脏污，耳朵撕裂。在过去，公园内的鹿还感染过牛结核病；在两个不同的场合下，一群熊将另一头熊撕得血肉横飞，而游客们惊恐地在一旁看着。“一旦它们打起来了，你就只能束手无策，”在第二次有熊打架致死之后，厚勒遗憾地说道，“大自然也残酷至极。”一位揭发者在之前还是海洋国的设备维护主管，据他透露，海洋国有四座大型乱葬坑，里面大概埋了1000多具动物的尸体，一般人在未经许可的情况下是禁止入内的。

还没看见海洋国，我就听到抗议者的呼声了。他们在海洋国前面的路上排成长长的队伍，摇着抗议牌呐喊。一条横幅上写着这样的标语：若你爱海豚，请发出你的声音！过往车流则用喇叭声援。游行群众——后来估计有1000多人——声音高亢而激动。我找到一个停车位并开了进去，在我旁边是位妇女和她九岁的儿子。小男孩举着的牌子上写着：欢迎来到奴隶国！“我心疼那些鹿。”他对我说。

几乎就在同一时间，我看见奥巴瑞了。他戴着他那标志性的棒球帽和雷朋太阳镜，正被一群人围着。打过招呼后，他把这里的问题详细地说给我听：在保护被捕的海洋哺乳动物方面，加拿大几乎毫无作为。“你可以在你的后院挖一个洞，再用花园水管注满水，然后放一头海豚进去，保证没有人拦你，”奥巴瑞说道，“这在安大略省完全合法。”

而且荒谬的是，这竟然是真的。奥巴瑞的说法如果有与事实出入的地方，那也只能是说得还不够严重。在这里，如果你正好愿意，你甚至还可以将一头白鲸和一头老虎同时关进你的后院。在玻利维亚、智利、哥斯达黎加、克罗地亚、塞浦路斯、匈牙利、印度、斯洛文尼亚和瑞士这样的国家，基于道德方面的考虑，海豚圈养已被禁止了；其他国家，包括英国、卢森堡、尼加拉瓜、挪威等，已将海豚圈养限制到几乎可以忽略的程度；而美国也有备受推崇的《美国海洋哺乳动物保护法》。但加拿大没有任何行动，虽然它在很多其他问题的处理上都有明显的进步。难道海洋国的监管者竟如此的无权无势，落到令人怜悯的地步？

与不作为的政府形成鲜明对比的是，公众间产生了一股来自底层的反对热情。

我们站在一道将当天正在买票入园的游客和抗议者隔开的铁丝网旁边，奥巴瑞介绍我与卡拉·桑兹认识。桑兹是位来自多伦多的纪录片制作人，她从1990年起就在揭露海洋国的非人道做法了。她40多岁，头发乌黑，眼神如雌鹿般无邪。她曾经从一间锅炉房爬进海洋国里，并将海洋国的收容所偷拍下来。那是一座禁止入内的大型地下室，训练师称之为“谷仓”。“我发现仓库里挤满了海豚，”桑兹回忆道，“还有一头名叫朱尼尔的虎鲸。我连续关注了五年。”她指向铁丝网那边一栋修长、扁平的建筑说：“就在那里。朱尼尔就关在里面。”

与凯科一样，朱尼尔来自冰岛，他是在1984年被捕来的，被捕获时的确切年纪已无从得知，但他非常年轻，因为桑兹第一次见他时，他的脸上还有一些残留的毛发，而这种毛发会在虎鲸的早年时期消失殆尽。还有另外的两次，桑兹回到谷仓中，每次都看见朱尼尔浮在水面，明显衰弱了很多。“他被带到外面去过吗？”桑兹说，“我感觉没有。我从没见过。虽然我无法证明，但我觉得他在里面待四年是有可能的。”朱尼尔在1994年死了。海洋国从未提及过朱尼尔在谷仓里的生活，也没有公开他的死讯。

朱尼尔在痛苦中仅活了10年，但与其他死在海洋国的虎鲸相比，他已算长寿了。一头从华盛顿州被捕来的、名叫坎度二世的雄虎鲸活了八年；在人工环境下出生的哈德逊活了六年；诺娃、卡纳克、马利克和雅典娜活了四年。阿冈昆活了两年零八个月；两头没有名字的幼崽活了三个月；艾谱莉刚满月就死去了；另一头没有名字的幼崽只活了11天。

这些年来，在海洋国死去的虎鲸已有29头之多，而且现在那里只剩一头了。该头虎鲸名叫基斯卡，她独自在水池里游来游去。在她被圈养的这些年中，她已生过四个宝宝了，但后来都没有活成。2008年，她又失去了她唯一的闺蜜努特卡五世。努特卡五世是一位曾在冰岛的鲸群中领头的雌虎鲸，她在海洋国已失去了八个孩子，每逢她或基斯卡要生的时候，另一位都会倾力相助。

在人群中闲逛的时候，我遇到基斯卡的前首席训练师克里斯汀·桑托斯。34

岁的桑托斯是一位纤瘦的女人，她的身上有种忧郁的气质。在男友——菲尔·德默斯，另一位海洋国的高级训练师——辞掉职务并将海洋国的恶行揭发出来之后，她也被海洋国炒鱿鱼了。被解雇的时候，她向《多伦多明星报》的记者表达了自己的担忧，因为基斯卡的尾巴还在大量地出血。迪贝尔和凯西找到的一段视频正好表明了这点。时至今日，厚勒已将桑托斯和德默斯告上了法庭——有谁敢义正词严地公开反对海洋国，他就会通过针对公众参与的策略性诉讼来教训对方——而桑托斯和德默斯又反过来起诉厚勒，认为他在滥用诉讼权。“我不得不为打官司的事情担心，”桑托斯说道，“但其实我更担心基斯卡。”

在过去的12年中，桑托斯一直都在照顾基斯卡。“没与她待在一起，而是在铁丝网这边，这对我来说有点难以置信。”她颤声说道。桑托斯将基斯卡形容为“最甜美的女孩”。这是一头充满好奇的虎鲸，她喜欢玩捉迷藏游戏，还喜欢有人摸她的舌头。在过去，桑托斯将一台电视机搬到水下观察窗旁边，好让基斯卡看看电视；在冬天，她在基斯卡的水池旁堆了雪人，而基斯卡跃出水面来欣赏。“让她感兴趣的事我都做过，”桑托斯说道，“都做过。”她开始哭了。

◇◆◇

虎鲸不是一般的动物。虽然一眼看去所有虎鲸都长得一样，但他们并不属于同一个物种。在很多情况下，虎鲸的宗族与宗族之间是如此不同，以至科学家怀疑他们实际上是各不相同的物种。太平洋西北地区就有三种不同的虎鲸，人们常常称之为虎鲸居民、虎鲸过客和近海虎鲸。三种虎鲸的区别大致与投资银行家、摇滚歌星和游牧民的区别相仿。虎鲸居民更喜欢王鲑，若没有王鲑，他们宁愿挨饿也不会吃像红鲑这样的食物；虎鲸过客捕食海豹和海狮，什么鲑鱼也不吃；近海虎鲸喜欢吃鲨鱼，他们能将鲨鱼骨熟练地剔除。三种虎鲸毫无共同之处，而且他们看见彼此时都会主动地避开。如果实在狭路相逢了，那也将会有一场冲突。然而，如果遇到的是同一宗族的虎鲸，他们就会友好地招呼对方，其程序繁琐至极。

在我们听来，虎鲸的叫声就像一群鬼的哭声，那是各种神秘的嚎叫组合而成的效果，但科学家发现，每群虎鲸都有他们独立的方言。（可能这对择偶来说至关重要：在野外，虎鲸总是竭力避免近亲繁殖的发生。）他们还有独特的交流方式。虎鲸居民捕猎时会大声喊叫；虎鲸过客则一声不吭，只在吃饱后发出欢快的叫声。近海虎鲸会在游泳时拍打尾巴，其原因无人知晓。三种虎鲸利用回声定位的本领都有他们独特的风格。就连他们身上那些惊人的斑纹都绝不是同一款的：在广阔的海洋中，不同虎鲸的大小、鳍形和白斑都有很大的不同。

直到20世纪60年代，虎鲸还被视为嗜血的猎食者——因此，人们给他安了一个可怕的名字：杀人鲸。人们认为，体型较大的雄虎鲸占统治地位，他们会将很多雌虎鲸收为后宫。一有机会，这些怪兽就会攻击人；对闯入他们领地的任何人——甚至任何船——来说，他们无疑都会构成一种致命的威胁。在大众眼里，他们是“海洋中已被确知的最大的食人动物”。遇到虎鲸的人常常担心自己会被子弹射中：捕鲸者、渔民、海军军官、空军飞行员会拿虎鲸当活靶。当然，除了虎鲸擅长捕猎这个显而易见的事实之外，那时的人们对虎鲸还一窍不通。但在不久之后，由于海洋科学家开始对虎鲸进行研究了，人们逐渐认识到把虎鲸看成邪恶动物的观点是多么地不对。

虽然不乏下手的机会和理由，但虎鲸从未在全世界的海洋中杀过哪怕一个人。（与之相对的是，仅在2014年的美国，被狗咬死的人就有42位之多。）他们是对我们表现出温柔好奇心的顶级捕食者，是展示着复杂智慧的沟通专家。雌虎鲸不但不会被囚在后宫，她们反而还是自己所属虎鲸群的管理者——特别是最年长的雌鲸奶奶们。这些体重四吨的女士好比一颗颗恒星，所有雄虎鲸像行星一样将她们围着：在一生的绝大部分时间中，虎鲸都会黏着自己的母亲。一头虎鲸所在群体的所有成员都是他的直系亲属，他们有可能是祖孙四代同处一群的。每个群体又是规模更大的宗族的一部分，宗族也是由近亲组成，而在虎鲸家族结构图的顶端，宗族又会组成更大的群落。在我们的陆上世界，我们会将这些群落看作不同的国家。

一头虎鲸接受文化教育的过程与人类很像。他们和我们都是在社会中学习，而且什么都不是凭一日之功实现的：成熟是个漫长而缓慢的过程。即便到了20岁，虎鲸还在学习和成长。人们已发现，那些领头的雌虎鲸能活到一百岁，她们常比自己的孩子还活得久些；绝经后的她们还能再活30年之久。正如自然界中所有成功的进化特点一样，这个特点也有它存在的理由。关于这些雌性首领扮演的角色，我们了解到了一些颇具启发性的事。她们会照顾婴儿，会分享食物，会教育后代：年幼的虎鲸会从母亲、祖母和曾祖母那里学到很多必备的知识。没能获得这些知识的虎鲸要在自然环境中生活，其艰难程度就跟被狼养大的人在曼哈顿中城区活下去一样。

在我们赖以生存的这个蓝色星球上，海洋已有38亿年的历史了。在这片毫无历史记录的世界中，饱经世故的雌性首领掌握着后代所需的一切生存知识。她是说方言的行家，她让后代知道他们的身份，她还会教后代们该怎样捕猎——想想虎鲸复杂而专业的捕猎技巧，你就知道那不是一件轻松的活。在阿根廷，一群虎鲸冒着极大的风险，故意将自己搁浅到沙滩上——他们迅速扑身上岸，将一头海豹咬住，然后有惊无险地摆回水中。科学家观察到几头年轻虎鲸甚至学了六年的时间，才敢稍微尝试一下这样的战略。

根据生活场所的不同，一头虎鲸的捕食策略也不尽相同：他可能会学习吹出复杂的气泡帘幕，并靠这些帘幕将鲱鱼朝同一个方向赶去；可能将头探出水面以找到一种美味的海豹；可能需要掌握在不同队形中快速移动的战术——快速得甚至超过霍格沃茨魔法学校的魁地奇球队——并与同伴们一起，和抹香鲸进行一场实打实的殊死对决；可能学习从海底的淤泥中精准地叼出赤虹（而不会被赤虹蜇到）；还可能学习怎样令一头大白鲨无法动弹，直到它被彻底地闷死。没有雌性师父的传授，那些没有经验的虎鲸就休想掌握这样的本事。

年长的雌虎鲸还知道在什么时间、什么地点能捕到猎物。天气说变就变，人类在海上的活动越来越频繁，这些都会使海洋环境发生突然的改变。例如，当一场厄尔尼诺现象或拉尼娜现象来袭的时候，或者当拉马德雷这样的周期性灾害使上一年还有丰富食物的捕猎场所在下一年就变得一无所有，或者因为人类在海上进行大范围的延绳捕鱼活动，某个几百年来都靠吃小鳞犬牙南极鱼生存的虎鲸宗族突然断粮了，这时一头见多识广的雌虎鲸就成了关键的引路者。她会综合她了解到的所有信息，为整个虎鲸群制定一个可行的备选方案。

在描述虎鲸的很多非凡的特点时，那些最实事求是的科学家也难免感情用事。海洋生态学家罗伯特·皮特曼将虎鲸确定为“目前地球上最神奇的动物”，他的这个说法代表了他的很多同事的心声。另一位科学家将虎鲸看作“当之无愧的海洋之王”。学术论文的写作并不是靠感叹号的大量使用被人知晓的，但在查阅有关虎鲸的研究论文时，我发现的感叹号不止一个两个。那些海洋专家的热情通常是为虎鲸燃烧的，他们用来夸赞虎鲸的褒义词更适合出现在一篇五星级经典电影的评论中。

◇ ◆ ◇

在游行队伍中逗留几个小时之后，我决定到铁丝网那边去冒险一瞧。海洋国的停车场似乎永远都是上坡路，那是一段随意铺成的、巨大的沥青路面，我跟着一个五口之家——父母带着两个男孩和一个婴儿——朝里面走去。他们愤怒地看着门外的游行群众。“去找份工作！”那位父亲朝抗议者喊道。“该吃药了！”其中一位男孩插了一句。另一个男孩忙着将手指做成步枪的样子，并瞄准叽叽喳喳从头上飞过的鸟儿。

水泥柱的设计一直延伸到公园内部，其风格近似于中世纪建筑。海洋国占据了好几公顷的土地：为了第一时间弄清楚40头白鲸是怎样被塞进区区几个水池中的，我还得艰难地穿过很多其他的展览项目。

“鹿苑”和“熊国”的状况都不容乐观，里面的动物不是聚集在肮脏的院子中，便是聚集在灌木丛生的草坪上。一位掉了几颗牙的、神情疲倦的老市民就站在附近的一个小亭内，正在卖一种装满蜜渍玉米花的甜筒。这种食物是为那些想喂熊的游客准备的，每份要卖2.75美元。“把甜筒也喂给它们，”她向顾客们建议，“它们爱吃上面的蜂蜜。”人们将玉米花密匝匝地朝熊边撒去，只见十几头熊坐在一段混凝土浇筑的深沟旁边，神情落寞。

终于看到白鲸了。很多很多的白鲸。我从未在自然环境中看见过这些动物，但说他们在野外至少会有一部分时间在水下游泳，这总不会错吧。可在这里，他们不得不将身子立在水中，像浮标一样地立着——我想，这是为了更好地将他们塞进池中吧——并将身子贴在水池的边缘，头从水里探出来，嘴巴张得大大的，以接住孩子们扔来的小鱼（8.75美元一桶）。偶尔会有一位训练师将一头白鲸的嘴紧紧按住一会儿，好让一位孩子抚弄一下他的头。这可能是一项最近才实行的防范措施，因为过去发生过游客喂白鲸时被咬的悲剧。而且直到2006年——在提里库姆酿成最严重的伤人事件之后——海洋国还在鼓励游客抚摸虎鲸并亲手给他们喂食。

我站到后面去，好仔细观察眼前的场景。白鲸们一副憨态可掬的模样，你一看到他们，就有一种揽之入怀的冲动。他们的身体很长，两头细而中间凹；头部呈球状隆起，三角形的嘴喙很短，眼睛好像软心豆粒糖。他们没有背鳍，很适合在冰下滑动：大多数白鲸生活在北极的海里。他们特别爱表达，那种由啾啾声、嘎嘎声、嗡嗡声以及哼曲儿一样的乐音混合而成的声音是出了名的。他们还精于模仿，人们发现，他们有时会开玩笑地模仿路过汽船的噪音；有一群被圈养起来的白鲸听到附近有地铁开过，于是发出地铁一样的声音。他们脸上的皱纹和表情给人一种愉快的熟悉之感——看到他们的那副样子，我们仿佛看到了更加天真无邪的自己。（他们的近亲却是一角鲸——一种形貌怪异的齿鲸，其烧烤签一样的长牙从头部孤零零地伸出来，令人想起传说中的独角兽形象。）白鲸生活在昏暗少光的北方水域里，他们那如幽灵般的白色身躯醒目得像一位仙子，只有全天下最铁石心肠的人才不会对他们着迷。

对于这一点，那些经营海洋主题公园的人们都是心知肚明的。白鲸以其独有的魅力成了圈养动物中的新宠，可人们对白鲸的需求量远远超过实际捕获的白鲸数量。多年来，人们无情地捕捉白鲸，俄罗斯附近的水域里至今还有捕捉白鲸的活动，但除了这个之外，全世界尚存的那些白鲸还要面临一种更加普遍的威胁——环境污染。白鲸是种比较脆弱的动物，他们很容易患病得癌，特别是对海水中的多环芳香族碳氢化合物、有机氯、多氯联苯、二噁英、铅、汞等污染物极其敏感。科学家在调查了被重度污染的圣劳伦斯河中的白鲸后发现，那里的白鲸普遍存在流产、死产和夭折现象：2013年，人们发现17具白鲸幼崽的尸体在海面漂着，这个数字已创历史最高纪录了。最近一项关于24头圣劳伦斯河白鲸的研究表明，24头白鲸中有21头患癌。

被圈养的白鲸也体弱多病。在野外，一头健康的白鲸可以活到60岁，但在水池中的话，他们很少有到20岁还活着的。我们无法确知海洋国养过或者养死过多少白鲸——其数量是如此之多，任何记录都是模糊的，海洋国从未就此发表过评论，加拿大官方也没有给出说法——但有一个叫“鲸目库”的网站能提供数据。该网站负责监管全世界的海洋主题公园并作出了值得称颂的详细记录。据鲸目库记录，海洋国的白鲸总数（自1999年起）有70头之多。这是通过一个恶心的数学计算得出的结论。而从详细的数字来看，厚勒一共买了35头从野外捕来的俄罗斯白鲸。不仅如此，该网站还记录了白鲸们在海洋国的30次顺产和四次死产。如果没有算错的话，这意味着有大概29头白鲸是在海洋国死的。然而，在鲸目库的花名册底部，有一个用鲜红字体标出的注释：该记录仅供参考，因为不排除有漏记的可能。

◇◆◇

“他为什么不拍水了呢？”

孩子抱怨道，他对基斯卡感到无聊，因为基斯卡游得奇慢，仿佛舍不得浪费体力。“没意思，”小男孩说完，扯扯母亲的腰包，“我们走吧。”

我所觉得高兴的是，基斯卡在今天似乎并没有流血。她的背鳍下垂得像一只泄气的气球，她对周围的事物漠不关心——既不关心周围的人，也不关心隔壁正在上演的白鲸狂欢会，连对池底的三块岩石也视若无睹。周围除了这些就没别的事物了。基斯卡心不在焉地绕着圈子，也不吭声，她那飞船一样的身姿散发着一种文静的气质。

在我看来，基斯卡像抑郁症患者，但海洋国断言她是全世界最幸运的动物。“基斯卡已经很老很老了，”海洋国的公关人员强调道，“而且与所有上了年纪的动物或者人一样，喜欢按着自己的节奏、在自己喜欢的时间里做事。”他们还宣称，任何人都会觉得这头鲸是养尊处优的。“基斯卡一直以来都被照顾得好好的，如果有必要拿人来作比的话，那普通人只有做梦才会被人这样照顾吧。”38岁的基斯卡只不过才活到中年，但她现在过的生活会让所有人都未老先衰的。

若要对残忍程度排名的话，那么将一头虎鲸孤立起来一定会名列前茅，这就好比将一个人单独囚禁起来一样。如果囚犯被单独锁起来了，那他很快就会崩溃的，因为那是一个令人彻底崩溃的速效方法。无论是从根本上、从生物学上还是从进化上来说，人都是社会动物——虎鲸也一样。若说二者有什么不同，那也只能是虎鲸的社会化程度比我们更高。全世界仅有的另一头被单独囚禁起来的虎鲸——一头名叫洛丽塔的、来自华盛顿州的雌虎鲸——就生活在迈阿密海洋馆。在过去的43年中，她一直在逼仄的池中转圈，就像一口杯中的一条金鱼。在一段航拍视频中，身长18英尺的洛丽塔在35英尺宽的水池中不停地转圈，这一幕令人绝望透骨。与海洋国一样，迈阿密海洋馆也常常遭遇游行群众激烈的抗议。

我到水下窗口去看基斯卡。幽暗的观赏区像一个洞穴，水池中投来冷蓝色的忧郁基调。观赏区挤满了人，很多人都推着婴儿车。基斯卡像女王一样从面前滑过，但在她的一举一动中看不到一丝快乐。她只是漂浮在像太空一样寂寞的空间中。我在旁边多看了一会儿，拍了几张照片，然后情绪低落地离去。当天下午我要赶一趟航班；我将飞往温哥华，在那里逗留一夜，然后继续飞往维多利亚市，并换乘渡船到彭德岛去。彭德岛位于“南部居民”——洛丽塔所属的宗族——的巢域，最近也成了克里斯·波特的栖身之所。

◇◆◇

彭德岛多雨，林木参天，东西很容易发霉。这个14平方英里的小岛夹在温哥华岛与加拿大西海岸之间，看上去只不过像一个标点。但对波特来说，彭德岛已绰绰有余了：那是他的临时居所，他将在那里制订他的下一步计划，他打算卷土重来。

看了波特在所罗门群岛的那些年接受采访后招致的批评，我怀疑他甚至可能不同意和我交谈。这也难怪，一个被冠以“海豚达斯·维达”的恶名的人，在遭遇接二连三的炮轰后，他还有多少心情继续接受采访呢？但当我联系他时，他不仅同意了我的请求，而且很希望能和我当面谈谈。老实说，他回答时的坦诚令我大吃一惊。就连有些小秘密的人都常常不愿意多谈，但波特呢？一个饱受争议的、做了多年海豚贩子的男人，他不但不忌讳这些，反而还乐于和别人探讨。

然而，波特的大方可能是有原因的。在他回复我的邮件和我读过的文章中，他进行了一些沉重的反思，并做出了一个惊人的决定：他决定放弃捕捉和贩卖海豚的生意。“我对这个行业已经不抱幻想了，”他说，“我只是累了。我意识到还有其他方式可以让人了解鲸与海豚的价值和智慧，而不必狠心地将他们与自己的家庭拆散。”当然，对一个在近年来总共卖出83头海豚的波特来说，这简直是个180度的大转变。波特承认过去所犯的错误——“的确，我的形象很坏”——但他保证今后会将贩卖海豚的热情转到拯救海豚上来。

在解释自己的态度为何会有如此大的转变时，波特讲了很多悲伤的故事。他说，他被所罗门群岛的某些海豚着实感动了一番，他感觉他对海豚做的那些事是错误的。但对他影响最大的动物，也即他反复提及的动物，竟是提里库姆。据波特声称，唐恩·布兰乔的死给他的震撼很大。对他来说，该事件不啻压垮骆驼的最后一根稻草：20年前，被捕的提里库姆初到太平洋海陆世界的时候，波特曾是他的训练师之一。而在1999年，随着开尔剔·拜恩的去世，海洋世界将提里库姆买走，波特也是帮助运送提里库姆到奥兰多去的人之一。他了解提里库姆，他太了解了，而且现在这头鲸已有力地证明，这个体制已经彻底瓦解了。听波特的口气，不管他在以后要做些什么，他都是为提里库姆而做的。

他是真心改邪归正吗？或许吧。时下，波特仍在流放中，他仍在努力将过去一笔勾销。他目前在诗人湾工作，担任的是夜核员一职。诗人湾位于南彭德岛宁静优美的海岸线上，它是一家度假酒店，也是一座小码头，还是我们即将会面的地方。

◇◆◇

“我从未想过我会把事情搞得这么大、这么复杂。对……复杂到令我震惊的程度。到最后，我有种……有种快要淹死的感觉。”

波特呷了一口拉格啤酒。他看上去很累，而且有点闷闷不乐，但他那双蓝眼睛显得犀利而警觉。他的发际线靠得很后，将眉毛充分地暴露出来，眉头一说话就皱在一起。采访已经进行三个小时了，这对他来说并不是那么好玩，但我还是继续提问，他也只能继续回答。我想知道他到所罗门群岛的主要原因，为什么会选择贩卖海豚以及他是否有一丝愧疚。我最想知道的是，一位口口声声热爱海洋动物的人，怎么会在后来变成海豚贩子呢？

“我这样做是为了挑战这个行业，”波特说道，“好比说，我们必须老实交代这样的问题：这些动物都是从哪里来的？如果我们就连这一点都拒绝交代，那我们凭什么说，我们是在教育大众、是在增强他们的觉悟呢？如果我们在做的事情确实很不错，那为什么我们要向大众隐瞒海豚的来源？我们为什么不庆祝一下呢？”

我认真地听着，虽然我绝不相信大众越了解这种暴利的海豚交易，他们对它的认同度就会越高。根据我自己的经验来看，海洋主题公园的游客毫不关心这些动物的来源，而这正中园方的下怀。实际上，整个行业的正常运行都得靠某种幻想，即认为海豚是从天上无缘无故掉下来的。但我觉得波特的意思如下：如果你不敢向大众公开你在做的事，那可能意味着你不该再继续下去了。他说，他去所罗门群岛的目的是要建一个示范基地，在那里，所有人——包括捕杀海豚的部落男子、爱海豚的游客和各种海豚，当然还包括波特和他的那些投资方——都会获得实际的好处。然而，正如他知道的那样，事情的发展令他始料未及。

“我想，为什么不建个度假村呢？”他滔滔不绝地解释道，“而且我们可以建个大水湾，并让游客们在午夜过来，因为海豚在夜晚会更加活跃——我们让海豚在白天表演，因为游客一般在白天参观，但这实际上违背了海豚的天性——这样我们就将节目安排到晚上，即便不安排节目，晚上也更适合观看海豚，因为他们很活跃，会一起玩耍，会彼此配对，你懂的。那将会是一场快乐的时光。”他停下来喘气，“所以我一想，哇，我这一生已经做了这么多修建天然海场的工作。我知道怎样去……你可以让海豚来了去，去了来——你可以在早饭时将百叶窗打开，然后就会看见一头海豚向你打招呼了。”

在波特的构想中，海豚可以自由地来去，想待多久待多久。人们还会定期地给他们喂食，但不会喂得太饱，以免他们养成好逸恶劳的习惯，导致捕食能力的退化。最理想的情况是，海豚过来吃一点零食，陪游客在环礁湖玩玩，就算不用网拦网赶，他们也会常常来做客。“有些海豚来了就走，”波特不禁幻想起细节来了，“就好比——‘我走啦！拜拜！’有些则乐意待上一阵。”

该计划在2000年步入正轨，当时波特辞去了温哥华水族馆的首席训练师一职，迁往意大利的热那亚，并在那里继续从事接触海豚的工作。虽然他的妻子和三个孩子都很喜欢意大利，但他还想进一步发展。他从未听说过所罗门群岛，但当别人向他提及那里有杀海豚的传统时，他的兴趣被勾起来了。“我想，‘啊，要是他们愿意杀海豚，那他们一定也愿意让一些海豚活下来吧。’所以我到了那里，开始结识一些当地人，并物色了适合修建度假村的一块宝地：吉沃图岛。但是我一回来筹款，所有投资者都向我说道，‘没门！那个地方太恐怖了！’”他对这段往事报以轻轻的一笑。“那时我不得不转向政府求助，在得到他们的允许后，出口几头海豚卖钱——这样的话，我就有建度假村的本钱了。”

我也喝了点啤酒。在波特的说辞里，我能发现很多值得商榷的地方，包括83头海豚被他说成“几头”了。我问及他在吉沃图的计划失败之后有什么感想。“我有好一阵才平复过来，”波特坦诚道，“我过得很痛苦。在过去的两年中，我的情绪低落得不行。你问我在所罗门群岛的那段岁月，那我肯定也是精神不振的，我都在尽力克服。你知道的，那时的情况很严峻。”他停顿下来，眼神定定地看着远方。他沉默了好一阵子，等心情镇定后，继续说道：“我现在觉得，如果某人之前做了很多伤天害理的事，那他往后也可以做同样多的善事，这没什么不对的。”

“在你造成的那些伤害中，最令你感到抱歉的是哪一件？”

波特愣了一下，仿佛被我这个直接的问题震住了。他又沉默了一会儿，但这次有眼泪流出。片刻之后，他长长地吁了一口气。“最抱歉的是对单个的动物做的那些事，”他几乎是在啜泣了，“嗯，单个的动物。海豚放生计划失败了，打算用来放生的海豚都他妈死了，就连最后一头小崽崽都没有幸免。而且你知道……我到现在都还过意不去的。”他哭得越来越凶。“对不起，”他揩揩眼睛，“唉，我知道这会让我……”他已泣不成声了。

当然，波特忏悔的诚意只能通过他的行动来表示，流再多泪也没有用的——但当他介绍他的新计划时，一切听上去都那么美好。他将利用新技术模拟真实的海洋环境，让观众沉浸其中；例如，人们可以体会到与一群虎鲸同游的真实感受。他越说越激动，像个刚创业的热血青年一样飞快地向我介绍各种新奇的点子。或许通过模拟器，你能身临其境地经历一趟海下的旅程，或许你可以亲自骑上一种交通工具，到海下去转悠转悠。“就像潜水自行车一样，”他说，“你见过潜水自行车吗？德国产的，在水下的速度可以达到八节呢！”

波特还告诉我，这些点子已在其他地方得到实施了。“我听说理查德·布兰森在谈论开发模拟器的事。很好！还有詹姆斯·卡梅隆，很好！我坚信在我们这个时代，所有创造者都会因海洋而走到一起——我们会让海洋主题公园成为历史。”如果这个计划成功了，那么在不远的将来，我们也可以去拜访一下，而且到时没有一个孩子想去什么海洋国、海洋世界、深圳小梅沙海洋世界、日本南淡路海豚农场、俄罗斯雅罗斯拉夫尔海豚馆之类的地方，除非这些地方已经彻底改头换面了：变成一家家有益于大自然的商业机构。

波特指出，它会亲自拍下模拟器的视频，并先通过与海狮同游来试验一下。“你怎么拍虎鲸呢？”我问，“他们会让你靠那么近吗？”

“这个，坦率讲，”波特狡黠地一笑，“我连抓他们都不在话下，拍他们又有何难？”

◇◆◇

20世纪60年代到70年代初期，虎鲸被人疯狂地捕捉，而彭德岛的“南部居民”被捕捉得最甚。那些捕虎鲸的人是为海洋主题公园效力的，他们通过侦察机、炸药和网将虎鲸们赶到一处，期间造成很多动物的伤亡，并使虎鲸遭受严重的精神创伤。最后被捕的虎鲸共有45头，达到“南部居民”总数的30%。更糟糕的是，海洋主题公园只收购幼崽，这相当于令“南部居民”绝后了。

为平公愤，华盛顿州在1976年将海洋世界告上法庭，起诉他们捕虎鲸的量严重超标。在胜诉之后，华盛顿州进一步宣布，捕虎鲸是非法的。（不久，海洋世界迁到冰岛，开始在那里捕鲸，直到1989年才洗手不干。）从那以后，“南部居民”努力恢复往日的规模，但由于过度捕捞、声呐、导弹测试、船运交通及海水污染的普遍存在，“南部居民”只有79头活下来。现在他们已被列为濒危物种了。

在一系列可耻的围捕之后，洛丽塔成了唯一幸存下来的虎鲸。她在水池中被关了43年了，已经不可能再次融入野外的环境。但有一项举措正努力将她安置到一个天然的海水圈养池：华盛顿州圣胡安岛上的一个名叫卡那卡湾的地方，而洛丽塔就是在其附近被捕的。与迈阿密海洋馆相比，卡那卡湾的条件要优越得多，至少多了点自由。不仅如此，洛丽塔的母亲——一头来自“南部居民”L群的虎鲸——仍然健在。这位老母亲已85岁了，还与家人们待在一起。附近鲸类研究中心的科学家们经常看见她。在听到她的声音后，洛丽塔可能——甚至很可能——将其认出。

捕杀和走私海豚的黑暗岁月过去了，我们对海豚造成的所有伤害已成为过去，如今我们迎来一线希望的微光——很快变成强烈的光芒——在这希望之光的照耀下，未来有可能会得到改善。波特的回心转意只不过是众多改善中的一个小小的例子而已。《海豚湾》上映之后，《黑鲸》也应运而生，这部纪录片让成千上万的观众知道了将虎鲸关起来要付出多大的代价——哪怕被关在我们所能想象到的最大的混凝土池中，虎鲸也绝不会过得舒坦。随着大众意识的提高，加州和华盛顿州专门颁布新法以禁止人工饲养和繁殖虎鲸，其他州也有望继踵。2014年，马里兰州的巴尔的摩市宣布要为那些被圈养的老海豚修建一座海滨庇护所，也可以说是一座海豚的养老院。CEO约翰·拉卡内利对媒体指出，类似的设施已在为大象、黑猩猩及其他动物服务了。“我们想还海豚和观众们一个公道，并且更好地履行我们的使命，”他解释道，“我们希望改变人们看待和关心海洋的方式。”巴尔的摩国家水族馆还废除了按部就班的海豚表演，认为这种恶习已经“过时了”。

对海洋主题公园来说，对被捕的海豚和鲸采取更加文明的态度无疑是上了正道。首次公开募股之后，海洋世界一路飞涨的股票很快就一落千丈，这标志着公众对它的运作越来越不满意了。自2013年5月以来，该公司损失了超过三分之一的市值，而且目前正被股东们起诉，因为它“不光隐瞒了自己虐待虎鲸的行径，还拒绝承认游客量越来越少的原因。”

另一方面，由斯蒂芬·怀斯律师创立（由洛莉·玛丽诺担任科学顾问）的一个名叫非人类物种权利项目的组织开始向法院提案，督促法院给予那些非常聪明的动物——黑猩猩、大象、海豚等——一些基本的人类权利，并向他们签发旨在保护被拘押人士的人身保护令。这是一个艰难的、具有开拓性的、注定受阻的过程，但怀斯的做法很高明。从法律上和哲学上来说，“人”字仅仅是指一个独立的实体，它并非“人类”的同义词。毕竟，如果公司或社团都可以被称为法人，那表现出这种感觉和自我意识的动物为什么就不可以称自己为人了呢?

这个观点曾出现在美国科学促进会在2012年举行的一次年会——该年会是全世界最大的科学家集会——上，当时某团体提出了一个包括10项内容的“鲸目动物权利宣言”。“任何鲸目动物不得被关押或被奴役；不得被虐待；不得脱离他们的自然环境，”宣言上说，“鲸目动物不属于任何国家、公司、团体或个人。”“海豚是非人类的人，”汤姆·怀特解释道，“每个人都应该是一个个体。如果个体举足轻重，那么从伦理上说，故意杀害这样的个体就相当于在故意杀害我们这样的人了。”

当佐治亚水族馆申请从俄罗斯进口18头被捕获的白鲸时，美国国家海洋和大气管理局拒绝了这一请求，这对白鲸来说也是一个好消息。冗长的听证会后，管理局最终裁决道，将这批白鲸运过来的话，那么整个白鲸种族的数量都会受影响；若开了先例，那么今后还可能有更多的白鲸被捕；佐治亚水族馆也没能充分证明这些鲸被人道地对待；还有，归根结蒂，这是一个坏主意。

接着又来个惊喜：在我参观加拿大海洋国的18个月后，渥太华政府发布了一份长达125页的报告，该报告由一群科学家联合起草，上面制定了全面保护在关海洋哺乳动物的详细规划。不仅如此，它还促成了禁止收购、销售或人工繁殖虎鲸的立法。鉴于海洋国是该省唯一关押这些动物的设施，我们完全可以说，这些大快人心的规定是专门针对约翰·厚勒的。

“我设想有那么一天，现在这些海洋水族馆会从海豚‘监狱’进步到跨物种学校，”约翰·里利写道，“海豚和人将在那里学到有关对方的知识。”与里利的很多预言、声明和希望一样，人与海豚共同繁荣的想法是个值得拥有的梦想——但现在我们可能已在实现梦想的路上了。有人或许认为这种关系是亘古未有的，只可惜实情并不如此。实际上，很久以前就有这类故事了，只不过年湮代远，远得几乎像一个神话。

**Charge of Heart**

◇ ◆ ◇

第十一章

# 锡拉岛

这些史前陶器上的海豚画像已有3800年的历史了，他们那黑白相间的身躯在赤陶土画的波纹上跃起，至今还是栩栩如生。他们用一双淘气的大眼盯着我看，眼缘上还描着克娄巴特拉七世一样的眼影。但这些海豚问世的时间要比这位埃及艳后早1700多年。这些海豚被画在储藏食物的粗陶罐一样的器物上，它们是目前已知的最早的一批海豚画像，也是同一类型中的最早的画作。创作者的名字已经湮灭无闻了，他背后的那个文明也笼罩在神秘之中，但可以确定的是：无论是谁画了这些画，都画得非常出色。

我退后几步，以便更好地观赏它在聚光灯下的模样。如果你没有见过原件，那你可能觉得这件古董也不过如此，因为它毕竟只是一件厨具而已。雅典国立考古博物馆是那些以雷电为武器的、富有传奇色彩的希腊诸神的大本营，相形之下，那些滑稽可笑的海豚也就微不足道了。然而，如果你了解了海豚的故事，那你一定会对他们刮目相看。这种动物在历史上有显著的地位，围绕他们而生的传奇故事也是迄今为止最大的谜团之一。

我是在前一天来雅典的，这个城市已被债务和经济紧缩弄得疲惫不堪，没有谁有心思关注海洋动物。人们都是一副忧心忡忡的样子，极高的失业率和对未来的迷茫压得他们透不过气来。我的出租车司机是一位30多岁的希腊男人，他说他在过去是做土木工程师的，由于国内情势的影响，他不得不可悲地操起驾驶盘来了。“我感觉在下一年的这个时候，我们只能靠吃人肉活下来。”他说。

大街上一派荒凉、肮脏，墙上满是乱涂乱画的痕迹。每隔一家就会发现一间空空的店面；很多流浪狗在街面上游荡。即便进了博物馆——世界上最精美的博物馆之一，你也可以看到很多电灯都坏了，室内给人一种被人弃置已久的感觉。我穿过一道道由宏伟的裸体躯干雕像组成的拱廊，经过描绘古希腊历史上的一次次伟大战争的大理石壁画，却无意流连，因为我是来看海豚的。它们全被塞在二楼一间光线昏暗的小房间里，该房间有一个正式的名称：锡拉美术馆。锡拉美术馆是不起眼的，以至于你很难找到它，但因为某种原因，这种布置倒让人觉得合宜：那些画海豚的米诺斯人已从历史上消失了3000多年了。

在米诺斯文明的巅峰时期，也即公元前1700年左右，米诺斯人居住在爱琴海的基克拉迪群岛上。克里特岛和锡拉岛（又叫桑托林岛）是他们的主要据点，但他们的影响远及亚洲、非洲甚至可能更远的地方。他们是高超的航海家、海洋专家和天文导航家，在还没有地图问世的很多年前，他们就在扬帆出海了。他们一次次勇敢地越过重洋，以同外部的世界开展贸易：米诺斯人的奢侈品——华丽的壁画、精美的陶器、璀璨的珠宝、青铜工具、橄榄油，还有米诺斯人发明的一种醉人的果酒——甚至得到埃及法老的青睐。频繁的贸易往来给米诺斯人带来巨大的财富，他们又用这些财富建起富丽堂皇的宫殿。他们还格外自信，在任何居民区都没有修筑防御工事。你可能觉得，作为一个历史可以上溯到石器时代的世界性民族，米诺斯人应该同埃及人、罗马人、波斯人、古希腊人一样为我们熟知。但实际不然，他们早就从历史上消失了，留给后世的只有一长串问号。

被埋在100英尺深的灰烬中的事物不消失都难，米诺斯文明就是这样消失的。公元前1500年左右的一天，锡拉岛上发生了一场极具毁灭性的火山大爆发，灿烂的米诺斯文明被彻底摧毁了。据估计，这场史无前例的灾难要比1883年的印度尼西亚火山大爆发（造成火山部分坍塌，并有36000人丧生）猛烈四倍。锡拉岛火山爆发的时候，滚滚的烟云携裹着大量石块喷到好几英里的高空；阳光无法照到地面上，天空好几个月一片黑暗；爆发时的咆哮声远传到非洲；喷出的尘埃又落到亚洲。锡拉岛上山摇地动，群山之巅崩塌到海里，引发滔天的海啸，不到半小时就到克里特岛了。以前还是山峰的地方，如今下陷成一个巨大的破火山口，火山口直通到1200英尺深的海里。之前那些宏大的宫殿和城市被巨浪吞没——很多研究者认为，柏拉图笔下的亚特兰蒂斯传说就是以该事件为原型创作出来的。没有人知道，之后的米诺斯人到底遭遇了什么，总之到了公元前1400年的时候，所有米诺斯人都没了踪影，米诺斯的原址被好战的迈锡尼人占据了。

米诺斯被消灭得如此干净，以至考古学家仅仅是在一个极为偶然的情况下才发掘出一点东西，而且直到今天，我们所能见到的米诺斯遗物只有很少的一部分。但就从我们了解到的那点皮毛来看，他们遗留下的艺术品已完美映现出一个快乐、精致且崇尚自然的民族。在几千件米诺斯民族的绘画、陶艺及雕刻作品中，很多都是精工细作完成的，而且上面看不到任何描绘战争、搏斗或者其他暴力行为的图画。他们崇奉的神祇实际上是一位女神：米诺斯文化中的神叫波特尼亚，也即神圣女性的代表，爱与创造之源，所有动物的女主。在一些精美的壁画和金印上，我们可以看见这位女神在橄榄园中与她的女祭司跳舞，她的身后紧跟着狮子与狮鹫，鸟儿们在她的头上盘旋，海豚依偎在她的怀里。

在已知的米诺斯人遗物中，最令人叫绝的是一系列发现于锡拉岛上一个名叫阿科罗提利的海滨城市遗址的壁画。该遗址是希腊考古学家斯皮瑞东·玛瑞纳托斯发现的。1967年，凭着一种莫名的预感，他在那里开始漫长的发掘工作，结果很快就挖到东西。阿科罗提利被证明是另一个庞贝古城，只是它的历史要比庞贝古城早上1600年。在层层的土壤之下，玛瑞纳托斯挖出了很多两三层楼高的房子，房内的设施出乎所有人的意外：史前时期的米诺斯人甚至用上了自来热水！在火山大爆发之前，人们成功撤离了那个地方——遗址里连一具尸体也没有发现——但房屋的墙壁上有很多独特的、引人遐想的壁画。壁画的内容多是装饰得十分华丽的女人弯腰轻抚百合花，亲吻燕子，与海豚和猴子嬉戏，运用的是螺旋换色的着色风格；壁画上还描绘了喜洋洋的米诺斯人参加节日聚会的盛况，画面洋溢着一派抒情诗式的优雅。玛瑞纳托斯还发现了很多他们丢下的财物，雅典国立考古博物馆收藏的绘有海豚的陶器，就是由他发掘出来的。

米诺斯人的工艺品讲述着一段迷人的故事，使我们得以略窥一个时代和一个民族的真实样貌——他们以什么为贵？他们在怎样生活？他们对海豚的钟爱成为他们主要的魅力之一。也有其他对海豚着迷的文化——很少有动物被如此彻底地神化——但他们讲述的有关海豚的故事都是口耳相传的，现在传下来的听上去都有点模糊和失真。他们的叙述虽然动人，但我们很难将其定义为非虚构类作品。

例如，西非多贡人说他们是诺母的后裔，诺母来自大犬星座中的一个名叫天狼星的星球，他们的外形与海豚很像。亚马孙河流域盛行的一种观点认为，亚马孙河豚是聪明的术士，他们常常来到岸上，伪装成英俊的男人，一心勾引良家妇女。萨满教僧说，亚马孙河豚是从平行宇宙来到地球的使者，他们可以引导我们从这个世界通到另一个叫恩坎特的水下世界，那是一个水晶般的大都市，里面的一切事物都闪耀着钻石般的光芒。认为海豚可以随时幻化成人形的观点还出现在澳洲土著的传说中、太平洋岛屿居民的民歌中、美洲原住民的传说以及古希腊的史诗中。当然，无论真实与否，这些神话都反映出人与海豚之间无比亲密的关系。然而，虽然其他文化都在谈论他们与海豚的联系，但只有米诺斯人提供了确凿的证据。

在米诺斯人的艺术作品中，海豚出现的次数出奇地多，以至于历史学家将这个特点形容为米诺斯文明的“海洋风”。我们还没见过有谁在更早的时候画过海豚，也没见过有谁会画得这么多、这么精彩。那么，这些愉快而崇尚和平的海豚爱好者是谁？他们在几千年前向我们传达了怎样的信息？这并不是无聊的问题。在这个人类与其他生物艰难共处的时代，我仿佛觉得我们可以借助一点米诺斯人的智慧，来应付那些多得快令我们窒息的信息。

从锡拉美术馆出来，逛逛博物馆的其他地方，我仿佛被推进了一个更凶猛、更近的年代，那里满是战争英雄、狰狞的蛇发女妖戈尔工、半人半兽的森林之神萨梯、俾格米人以及撕碎马匹的狮子。我每到一处都能看见宙斯正在用长枪刺杀女人。年代越靠后，海豚的图画越少，即便有也是作为粗暴的、站着挥舞三叉戟的波塞冬的手下出现。每个人都带着武器，很多都是有身无头的。对他们来说，海洋只是一个充满敌意的战场，没有谁像米诺斯人那样是在享受这一切。

◇◆◇

一位名叫阿尔忒弥斯的老头坐在快散架的桌子旁，小口啜饮一杯兑了蜂蜜的拉客酒，他的背靠在他那粉刷得雪白的房子的墙上。西颓的太阳逼近破火山口的上方，人们已经聚集在路边、门口和海岬上，等着观赏壮丽的落日之景。整个锡拉岛都向着大海，岛上的建筑物紧贴在峭壁的面上，而峭壁以极陡的坡度延伸至海里。在被夕阳镀了一层金边的黄昏，岛上雪白的房屋沐浴在一片熔金熔铜般的光辉中。阿尔忒弥斯快90岁了，对英语全无所知，但这并不影响我们的交流。他先指指金光焕发的景象，接着摸摸心脏的位置。我点点头，跟着他做了一遍。我在一张碎纸上勾勒出一头海豚，并递给他看。“噢，”他喊道，“阿科罗提利！”他拿他的酒瓶将我的杯子重新斟满。

这个曾遭重创的小岛经历的变化是如此之巨，以至我还没有见过哪个地方有它一半的戏剧化效果，没有哪个地方可以像它那样刺激着我的想象。渡轮进港的那天早晨，在锡拉岛出现在视野中后，我被惊得跌回了座位。这个岛在很久以前几乎是片完美的圆形陆块，但如今只剩一点月牙形的，带着铁锈红、棕、灰三种条纹色彩的火山岩边缘，仿佛有一大块被什么巨爪刨掉，沉到深海中去了。破火山口的内围被海水充满，海水出奇地平静，神秘得像一块黑色的大理石。

刚一上岸，我就开始了对锡拉岛的考察。我走在狭窄的小径上，小径上还有毛驴踏着稳健的步伐。若你不慎滑倒了，你会一直滚一英里远。在可爱的伊亚小镇，处处都有海豚的身影：人们仿照米诺斯人的画风，将海豚用模板刷到墙上、印在酒店标牌上、刻在珠宝上、画在壶上。在某个店里，我淘到一只双耳细颈椭圆土罐，上面绘着欢腾的海豚，这件宝贝引起了店主的注意。他的模样老让我想起《戴帽子的猫》。“不错——”他说道，讲着一口流利的希腊腔英语，“米诺斯文明的象征。你知道吧，米诺斯人很喜欢海洋动物。”

后来我又认识了阿尔忒弥斯。他似乎在这里待很久了，已经认识一些米诺斯人的后裔。“Kalimera（早上好），”我用我唯一知道的希腊语向他问好。“哈喽。”他用一双黏糊糊的眼睛朝我笑笑，并邀请我陪他喝上一杯。我的脚都走酸了，锡拉岛的氛围引人昏昏欲睡，拉克酒的魅力难以阻挡，而阿尔忒弥斯又那么热情，所以我欣然赴邀。我用肢体语言告诉他，第二天我打算去阿科罗提利看看。

很幸运的是，我来得正是时候。阿科罗提利在不久前还是禁区，之前因为遗址的屋顶部分塌陷，砸死了一位西班牙游客，所以关闭了八年之久。最近，遗址重新开放了，这个产生过不朽的海豚艺术品的小镇在被掩埋了悠悠岁月之后，又可以供世人瞻仰了。我读过的有关它的资料不计其数，我知道要研究米诺斯人对海洋的痴迷，就必须从这些废弃的街道着手。

什么是我希望找到的？黑夜从破火山口的寂静中升起之时，我这样想到。我想知道一个繁荣的民族是怎样做到与自然和谐相处的——并且相处了数千年之久。在现代社会，强大的科技实力令人武装到牙齿，我们却选择了另一条路。我们相信我们是独尊者：大自然可以供我们随意驱使。我们什么都想去摆布一下，甚至不放过我们自己的基因序列。在我来到希腊的前不久，有人发表了一篇论文，文中声称，仅仅60年间，地球上就有大约一半的动物灭绝——这还没算上植物和昆虫，以及珊瑚礁、雨林等生态系统。科学家说，我们正在以高于平常一千倍的速度灭绝各种生物。我们知道这是在毁灭生命——我们制成了反映这一情况的各种图表，还在电子表格上将数据汇总——但这丝毫没有让我们收敛。我们的行为仿佛在说，和谐这种古怪的观点是为乡巴佬准备的，我们还有更加远大的目标。简而言之，我们选择的路走起来并不是那么顺利。“我们以为我们什么都懂了，”哲学家托马斯·柏励说道，“但其实不然，我们只是把什么都试了一下。”

是什么让米诺斯人如此崇尚大自然——特别是海洋——而不是像其他后起的文明一样畏惧她、剥削她，或者想方设法征服她？为什么海豚在他们的世界占据如此重要的位置，并且与其他动物——鸟儿、蜜蜂、公牛、蛇、狮子、章鱼——常常出现在他们的绘画作品中？树是他们钟爱的另一个主题，花同样也是。他们为什么对螺旋图情有独钟，以至这种标志被他们画得到处都是？对他们来说，这种标志意味着什么？经过这么久的岁月之后，其他人看到这种标志又有怎样的联想？

◇◆◇

阿科罗提利是个裹在层层灰烬中的城市。为了辨认出建筑和街道的轮廓——它们至今还有一部分陷在灰里，里面散落着陶器，发掘时搭的脚手架还没被拆除——我不得不擦亮眼睛在一片土色的废墟中搜寻。现场笼罩着一种似乎正在呼吸的寂静、一种略带忧伤的甜蜜氛围。我惊讶得说不出话来，但看看其他游客的表情，才知他们也跟我一样。一座埋在地下的城市是种怎样的景观？那是你怎么想也想不到的，或者是你很难理解的，所以我找了位名叫莱夫泰里斯·佐泽斯的向导帮忙。

在这里工作的考古学家中，佐泽斯是最年轻的一位，他从1999年起就在这里开始了自己一生的事业，那时他才16岁。佐泽斯是个精力旺盛的年轻人，他生于雅典，在伦敦上学，是爱琴海史前学会的创立者之一，还能如数家珍地讲述已经成为历史的事情。通过大大小小的研究，他在锡拉岛附近已经确定了30座米诺斯遗址——这还只不过是开了个小头。“我们随便站在哪个地方，那里都埋了很多东西，”他用一口优雅圆润的英语说道，“火山爆发的时候，并非只有阿科罗提利被埋——整座岛的原貌都被完好地保存在地下。”

天气热得跟岩浆一样，但在安了气候调节装置的室内，空气凉爽而干燥。玛瑞纳托斯从一开始就意识到，阿科罗提利展示的是无穷的智慧，太多杰出的史前古物有待发掘，其数量之多，以至没有哪家博物馆可以将它们收纳净尽，所以干脆就将原址改造成博物馆。希腊政府早就在保护米诺斯文化遗址了，但官员们办事的速度奇慢，以致过了很久都没有落实，而目前该国的经济危机又断绝了一切进展的可能。“好几年没有发掘过了，”佐泽斯遗憾地说道，“研究和交流也少得可怜。所以我们正在局部范围内努力，争取恢复一部分发掘工作。”他还告诉我，他经常自掏腰包应付大家在阿科罗提利的必要开销：“2000年，我们共有一百位考古学家在这里工作。现在我们只有四五个看守了。你可以想象一下这种差别。”

我们站在入口附近的一个高架板台上，板台与建筑物的顶层齐平，游客站在上面可以俯瞰古城在火山爆发时的样子。有座建筑物被完全发掘出来了，其他只有一部分露在外面。遗址的面积很大，但这仅仅代表了阿科罗提利全貌的3%。这里曾是一个繁华之地，人口成千上万，因为在海边，交通便捷，堪称米诺斯版的旧金山或者悉尼。没人知道它的边界在哪：可能有一部分已经沉入破火山口的底部，也可能还有一部分延伸到更远的内陆地区，只是至今还藏在地下。

佐泽斯说，阿科罗提利的建筑物有大部分都是民房，但有一些规模稍大，看起来像公众聚会的场所。“我们看到的是主城区，”他向我指出，“而且你往下看的话，你能发现街道还配备了排污设施，这是一个很先进很先进的社会。”

最令人惊讶的是，每座建筑物的墙上都有醒目的米诺斯壁画，这些绘画作品在火山灰中保存得好好的。“这是任何地方都没有的事。”佐泽斯强调道。房间里满是各种形状、大小不一的陶器，这些陶器上绘着螺旋图、花、鸟和海豚；一些建筑物的地板镶嵌着闪闪发光的碎贝壳。显而易见的是，近水而建的阿科罗提利使米诺斯人的海洋梦得以开花结果。“他们确实将海豚画在很多壁画里，”佐泽斯说，“画在很多陶器上。你还能在图章石上看到海豚。对他们来说，这种动物的意义重大。”

我们在遗址内逛了一圈，佐泽斯向我介绍了在火山爆发的不同阶段，城市是怎样被一层一层掩埋的。当锡拉岛的火山第一次清喉咙时，它咳出了很多粗糙的浮石，接着又喷出一阵冰雹般的银色团块。在某个时刻，一颗颗大卵石像炮弹一样射出，将墙壁砸穿，落地之后再没有动过，至今还躺在原地，还能被看见。受灾初期，市区内的温度达到300℃，接下来变得更高。“第二阶段上升到400℃了，”佐泽斯说道，“所以整个城市遭遇的是灭顶之灾。”

他接着将西屋指给我看，西屋内有很多以海洋为主题的艺术品，研究人员怀疑屋主人是一个颇有地位的水手，他可能是一位海军上将，也可能是一位船长。

“这可能是地中海最重要的建筑之一。”佐泽斯说道，面露怀旧之色。第一次在阿科罗提利执行任务之时，他在房屋的底层挖出了一根陶土管，那是一种既高效又耐腐蚀的地下排污系统的一部分。他还挖出了一个石砌的冲水马桶，那是目前被发现的最早的冲水马桶。

西屋有两层楼高，宽阔的石梯连接着楼上楼下；房屋正面的落地窗正对着一个三角形的城市广场；顶楼被画有锡拉岛帆船舰队的壁缘环绕。这是一幅39英尺长、17英寸高的大型绘画作品，其效果非常逼真，仿佛是谁像新闻记者一样拍下的一段场景。画中出现的红色沙滩至今还在阿科罗提利附近，而七艘大型远洋舰和各式较小的帆船正绕着港湾威风凛凛地航行。城市也画得很详细，街道上挤满了盛装赴会的人。（在米诺斯人的壁画中，妇女们总戴着首饰，穿着肉感十足的荷叶边裙。她们喜欢在腰部以上一丝不挂，以突出一对赏心悦目的乳房。）一位航海历史学家指出，壁画中出现的米诺斯船似乎还在船尾载着水上飞机，在还是公元前1600年的古代世界，这种工程上的惊人成就似乎只可能出现在未来。但就我个人而言，我最先注意到的是那些欢快的海豚，它们无处不在：钴蓝色、猩红色、锈红色和赭褐色都有，或跳过船顶，或护送舰队，有时甚至同岸上的人们厮混。

佐泽斯将某个地方留到最后才向我介绍。那是一座雄伟的三层楼建筑，人们称之为“Xeste 3”。它是由火山石制成的砖块砌成，砖块之间砌得很紧，严丝合缝，像拼图一样。“为使高楼屹立不倒，他们用了巧妙的建筑方法，”佐泽斯解释道，“每增修一层，就要比之前的一层更往内收，这样楼房就站得更稳。我还和建筑学家们讨论过它——即便如今可以用水泥修砌，我们都很难建成这样牢固的楼房。”考古学家们认为，“Xeste 3”是为一种宗教目的修建的；这是一个举行某种神秘仪式的地方。从他们在里面发掘出的东西来看，这是一个合理的猜测。

一二楼是由各种房间组成的迷宫一样的布局，很多房间都很小，一副与世隔绝的模样。至少有一间房的地面比周围低，可能是为举行仪式前的清洗或沐浴准备的。但该建筑最显著的特征，佐泽斯强调道，是它的绘画艺术：在“Xeste 3”内，所有竖着的平面上都画着壁画。受火山爆发的影响，这些奇特而绝妙的壁画有一部分被弄得支离破碎，后来则全部被拆下来并转移到现场的一个工作室了。它们在那里被修复了好几年，之后才被各大博物馆借去。这些事情都没有对外公开过，但佐泽斯破例让我知道了。他特别想带我去看看三楼的画。“我就不再多嘴了，”他会意地一笑，“看到它们……好吧，我觉得你看到了也不会相信。”他看看表，将头一点：“那么走吧。我觉得是时候了。”

◇◆◇

丽察是一位留着精灵短发的袖珍天才，她大概有五英尺高，一百磅重，而且多数时候都在笑。为了将10平方英尺的壁画从滚轴上拉开，她使出了全身力气，穿着银色运动鞋的双脚都被用上了。看到壁画的那一刻，我倒吸了一口凉气，佐泽斯早就料到我会有这种反应，所以得意地笑了。波特尼亚的气场充满了整个房间，就连米黄色的电源插座都被染上了一种光辉。这位女神有种无法形容的美。只见她侧向坐着，身体前倾，一根马尾辫乌黑亮泽，几颗红宝石点缀在发间，她的身旁有一对长在狮鹫身上的华丽羽翅；她戴着一条用蜻蜓串成的项链，以及一对金月般的耳环；象征春天的番红花被绣在她那一袭飘逸的裙上。相较之下，在她下方的一位女孩和一只蓝猴就小得多了，他们正向她献着供品。壁画的颜色——深红色、海军蓝、金黄色、象牙白、白色与黑色——鲜亮得如同昨天才画的一样。这幅画大概有一半的碎片被重新拼好了；拼装工作仍在进行中，完工之后，它将成为“Xeste 3”最迷人的景色。米诺斯人每次祭拜都要到三楼来，他们拜的正是这幅画上的女神。对他们来说，这位女神代表了一切，她的特点是泛爱众生：爱世上一切有爪的、有鳍的、有翅的、有生老病死的，一切会蹦的、会游的、会飞的、会生长的动物。她就是自然之母，我还从未见过她被人用如此惊艳的形象描绘出来。在她的画像面前，终生与文字打交道的我竟说不出话了，我唯一说出口的话是：“噢，天哪！”

想想真是一个莫大的讽刺。

“细节逼真得不可思议，”佐泽斯小声说道，“你可以从她的手上看到：她涂了指甲油；她的发辫盘得很精致；她的裙子本身就是一件绝美的作品——上面描绘的是一幅真实的风景：燕子、百合花，所有事物都聚在一起，元气淋漓。”我们看到的每件作品，他告诉我，都是被丽察和她的团队耗费极大的心血重新拼好的。“还有更多的壁画正在拼装中。”他补充道。

丽察接下来铺开的是被装饰过的螺旋形图案。该作品以蓝色绘成，规模宏大，位于女神的上方，是“Xeste 3”顶楼的镇楼之宝。“我们还没找到这栋楼的窗户，”佐泽斯说，“所以这可能是一座完全密封的建筑。”看着它们，我感觉我词穷了。我想，一个人很容易就会拜倒在这样的壁画面前，可能这才是我词穷的原因。米诺斯人似乎一心沉浸在美好、官能享受和新奇事物中，这与我们截然不同。然而，这并不是我们之间唯一的差别。

有学者认为，这种无处不在的螺旋图案代表了米诺斯人的环形时间观，这跟我们认为时间是直线型的观念正好相反。在米诺斯人的眼中，出生、成长、死亡、再出生是个连续不断的过程。月亮的盈虚往复、四季的不断轮回，无一不在诠释着那位女神的特点。对米诺斯人来说，生命并非一条通往悬崖的死路，而是在不断地循环，大自然便是其幕后推手。在整个循环过程中，无比欢快的海豚既是他们的向导和护卫，也是穿梭来往于今世和下界的中间人。“海豚”的希腊语是“Delphis”，几乎与“子宫”的希腊语“Delphys”一模一样——这绝不是巧合。那些理所当然的重生就发生在下界的黑暗中，海豚正是重生生命的接生婆。

表面看来，这个结论有很大一部分是从坛坛罐罐、碎砖瓦砾、对海洋生物的痴迷、一场猛烈的火山爆发、一个被吞没的民族等几个为数不多的线索中推测出来的——但对我来说，这个结论完全可信。任何人都可以发现，就连最不起眼的米诺斯遗物都体现出一种人对自然的崇敬之情——以及人与自然的强烈联系。这种联系在今天已经大不如前了，但可能还没有完全断绝。或许在某些原始记忆的帮助下，我们还能将它找回来。《找回遗失的女性》一书的作者克雷格·巴尔内斯满怀希望地总结道："米诺斯文明不是一种反常现象，也不是来自遥远过去的一个谜团，"他写道，"它是体现某种人类本性的较早而生动的例子，其实这种本性一直都在。"

不管那种本性叫什么，不管它由什么以太物组成，它至今还弥漫在这些废墟之中。它从门缝中渗出、从窗户里飘出，还在壁画中强烈地流露出来。我想知道的是，在与米诺斯人的亡灵打了这么久的交道之后，佐泽斯是否也有这样的感觉。例如，深夜在阿科罗提利转悠，他有没有感觉到它的存在？

他果断地答道："有……但很难形容。"

"那感觉好吗？"我探问道。

佐泽斯缓缓一笑。"好，"他说，"绝对好。"

◇◆◇

这是一条毫不起眼的干道，从克里特大区沉闷的首都向南延伸，微微带点上坡路。沿路一带曾盛极一时，只是曾经的华丽和诗意早被覆盖得荡然无存了。如今的路边修起了集市、希腊传统小餐馆、T恤商店、修车处，都是一些平常的营生，以至你在经过这条路时，绝对想象不到它会将你带往最辉煌的米诺斯文明的中心：克诺索斯宫。

19世纪末，农民和牧民连续几年踩到陶器碎片和被埋的墙顶。在他们的提醒下，考古学家对克里特那些位于矮山包间的大片区域产生了兴趣。他们意识到地下一定埋藏着东西，而且还是大东西。一位名叫阿瑟·埃文斯的英国富翁将该区域全部买下，并在1900年开始了一场全面的发掘工作。

对那些一心寻找失落文明的人来说，那是一个令人兴奋的时代。德国考古学家海因里希·施里曼刚刚发掘出特洛伊和迈锡尼，并找到大量的黄金，从而证明荷马史诗里的情节并非杜撰。几乎所有不怕费事的人都能找到一些远古的无价之宝。当埃文斯第一次到克里特时，他惊奇地发现，当地的妇女从现场捡来很多被琢过的宝石，并串成项链戴上。他在附近转悠的时候，或多或少也会踢到一些刻着文字的泥版，那些符号跟世界上的任何文字都不太相像。

这种米诺斯语被称为线性文字A，而且至今还没被释读出来。人们在克里特岛和锡拉岛上又发现了更多这种文字的载体，包括著名的斐斯托斯圆盘——一块烧结的黏土圆盘，其大小和形状类似于一块迷你版的比萨饼。圆盘两面总共被戳上了241个神秘的、呈螺旋状排列的图画印记。有些印记是我们所熟悉的：比如飞鸟、穿长裙的女人、男人的头、桨、带叶的枝条、蛇、生命之花等。其他的就完全不懂了。无数专家学者曾试着破译，但都没有成功。不过有一点是可以确定的：海豚的图像在圆盘上总共出现了五次。

买下现场之后，埃文斯热火朝天地开挖了——重见天日的克诺索斯宫惊奇得超乎所有人的想象。那是一座庞大的建筑群，从上到下无不彰显着米诺斯人辉煌的建筑艺术，而且里面满是这个民族的招牌画作。他最著名的发现之一是一整套被称为“王后大厅”的厅室，厅室的中央摆饰是一幅绘着海豚的全景壁画，晃眼看去还以为是在水下画的。在锡拉岛上，我还注意到其他海豚画也采取了这种仰视的角度，包括两张祭台上画的海豚头朝下在海草间俯冲捕猎的情景——这是海豚独有的捕猎方式——我胡思乱想道，米诺斯人怎么会知道海豚在海下捕猎的样子？但后来我读到，埃文斯还曾发掘出米诺斯人的放大镜和水晶制成的镜子。于是我愉快地想到，兴许在某一天，我们能在爱琴海底发现一种米诺斯人的潜水面具——谁能否定这个可能呢？不管他们是怎么知道的，这些海豚画家肯定都是从实地观察得来的经验。

我之前被人提醒过，克诺索斯宫游人如堵，所以我一大早就赶来了，但还是排了很长的队才买到门票。天气热得像火烤，一大群游客挤在入口处蠕动，不停地用旅行指南扇风。戴耳机的导游高举着标牌，努力地控制局面；大门边云集着叫卖克诺索斯宫海报、托特包和冰箱贴的摊贩。

我决定跟在大部队的后面参观，因为这样的话，至少在半路上我就可以摆脱群众了。克诺索斯宫好大，其焦点是一个足球场一样大的中央庭院。至于修建这么大的庭院的目的是什么，如果米诺斯人不在壁画上画出，我们可能永远也不会猜到。在埃文斯发掘出的一幅巨型壁画上，我们可以看到一种极其危险的（当然也是早被淘汰的）运动。只见画面上有一头向前猛冲的雄性原始牛——已灭绝物种，体型与犀牛相当，牛角凶残、尖利——还有一男两女三个运动员。其中一女面朝公牛，将一对牛角抓住，另一女将男运动员像后手翻一样甩上牛背。这是一种恐怖的运动，但整个场景其乐融融：全场没有任何恶斗的感觉。这些人在做游戏，但这是种“高危动作请勿模仿”的游戏。看得出来，跳牛是种深受米诺斯人喜爱的消遣方式——很多工艺品上都能看到这样的画面。

穿行在克诺索斯宫中，我错愕于建筑石材的庞大数量。这里有宽阔的石板路、规模宏大如同玛雅金字塔的石梯、石灰岩砌成的门面、镶有水晶般的雪花石膏的地板和房间。为了贴切地形容这种建筑，埃文斯专门创造了一个新词“Palace（王宫）”，但这个词是否就能概括克诺索斯宫所扮演的角色，埃文斯一点也不能确定。很明显，克诺索斯宫是一个集多种功能于一身的活动中心。米诺斯人在这里举行赛事、典礼和庆祝活动；他们将谷物、橄榄油和果酒保存在分布广泛的储藏室中。他们精通水力学这种极其严格的科学，并设计出一种陶土管系统，负责将附近泉源里的水引入并过滤到饮用程度。各路艺术家在这里大显神通：金属加工、绘画、石雕及陶艺工作室都被发掘出来了。现场还有一间清幽昏暗的房间，不是特别大或特别壮观的那种，房间内有一个精雕细刻的石膏宝座，宝座的靠背很高，呈圆齿状，一对狮鹫守在宝座的两旁。从宝座的大小、形状、装饰以及附近的艺术品和石雕来看，研究者确定这是供一位女人坐的。

在离宝座旁边的角落不远，我找到了王后大厅。游客大军还没有下来，不管怎样，我在这里有了片刻的独赏时间。虽然它在建筑术语上被称为“大厅”，但在我看来，它更像一间温馨舒适的厅堂。厅堂内还有洗澡间和附带的休息室——可能是谁的闺房。埃文斯将发现的几个陶瓮留在了原处，每个陶瓮上都有螺旋形纹路。现场有几个看上去像储藏室的僻静角落，还有一处明显的凹地，以及另一个令人难以置信的抽水马桶。

但最重要的是，这里有海豚。那幅海豚壁画位于两扇门的上方，横跨整个堂屋的宽度。五头真实大小的海豚在画面上侧向游着，其周围是鱼群和底栖的海胆。海豚的眼睛画得栩栩如生，就连身上的纹路都被精心雅致地再现出来了。在他们下方，螺旋图连接着一串串精致的玫瑰花环。我凑上去仔细观看，内心感到一种极大的喜悦。

埃文斯的记录表明，他也有过同样的感受。虽然这幅壁画曾从墙上一块块地剥落下来并堆在地上，但当它被复原的时候，就连瞧遍克诺索斯宫每个神奇角落的人都被震撼到了。“大海豚和很多小鱼被画得惟妙惟肖，”他惊讶地写道，“水沫和气泡从鳍和尾巴上沿切线甩出，使整个画面动感十足，没有这些细节的话，这种效果是达不到的……”埃文斯还盛赞了“各种图案的勃勃生机、鱼的主色调、不断变换的蓝色暗影、黑色和黄色、水底附有珊瑚的岩石以及更多海洋的组成元素。”

一群激动的游客打断了我的幻想，我勉强地跟着走了，回头看了最后一眼。我好想能住进这个厅堂，尽情感受米诺斯女教皇、女神或女王的风采；在她的雪花石膏浴缸里注入热水，并躺进去休息，看看住在一个将海洋视为缪斯的社会中是怎样的一种体验。我全身上下每一个细胞都希望能穿越时空，哪怕稍微看一眼这壁画的作者也好。我渴望了解真相；我渴望像米诺斯人一样进入只有在波特尼亚的引导下才能进入的深渊和天堂。我虽来自一个坚信直线形时间观念的文明，但我很想体验一下环形时间观下的生活。

◇◆◇

伊罗达湾低拂过一阵寒风，仿佛在告诉所有人：夏天已经远去了。到了秋天，克里特岛东北岸的这座渔村冷清下来，逐渐向冬天过渡。海滨的咖啡馆摆出一些孤零零的桌椅，绝大部分都是空着的。一排拖网渔船停在船台上，渔网、鱼笼和鱼叉堆在甲板上。有些船在船头上画了海豚，仿佛想招来好运，以在海上发现鱼的行踪。在目前的地中海一带，要捕到足够的鱼已不是那么简单的了。这里的海域因为过度捕捞而面临崩溃，先前数量众多的金枪鱼、海鲈鱼、石斑鱼、鲨鱼、魟鱼全没了。海豚很快也越来越少。条纹原海豚、真海豚、宽吻海豚曾是地中海最活跃、最普遍的居民，现在就连一头也很少看到。生物学家正在竭力扩大海洋保护区的范围，这样生态系统就能自己恢复过来了。大自然有惊人的恢复能力；只要没受到任何打扰，即便持续很短的时间，海洋也会很快痊愈的。海洋保护区也在其他地方得到发展，使我们没理由不感到乐观。我们早就该在昨天采取行动的，但可悲的是，早该发生的事情并没有发生。

◇◆◇

取道伊罗达的城市广场，走过海豚餐馆、海豚杂货店和海豚酒店，我遇到一位在人行道上卖海豚珠宝的女人。“这里曾有很多海豚，”她略带歉意地说，“那些米诺斯人，他们爱海豚。”

看过克诺索斯宫后，我从伊拉克里翁离开，开车向东行去。在我旅行的最后阶段，伊罗达无疑是个理想的去处：离开克里特之前，我想去逛逛拉西锡州，米诺斯人主要的逗留地之一。这个坐落在天然港湾之上的地方虽然小点，但地理位置极佳，人们已在这里发现了三座宫殿——马利亚皇宫、古尔尼亚、扎克罗斯。在这些建筑群中，考古学家同样发掘出典型的米诺斯奇迹：石砌的多层楼房、无懈可击的管道设施、宽阔的庭院、装了三道门的圣殿、刻有线性文字A的石版，以及大量的海洋题材艺术品。在扎克罗斯，他们发掘出一个酷似游泳池的水塘，一个管道设计精巧的熔炉，很多榨酒装置，以及大约一万件宝贝：壁画、水晶花瓶、青铜器、象牙制品、陶器、藏在地窖中的五百枚陶章——陶章上刻了很多奇异的生物，包括长了鹰头和蝶翅的女人。

在米诺斯人留下的所有财富、所有豪奢中，竟找不到一种非常重要的东西：钱。没有硬币、没有钞票、没有可供兑换的黄金——没有任何形式的货币，甚至没有可以令人联想到钱的事物。但米诺斯人有贸易往来，他们那些富得流油的储藏室证明他们什么都可以弄到。但不管怎么说，他们分配财富的方式至今还是一个谜。鉴于他们的画作中从未见有交易的场景，我们似乎可以推出这样的结论：不管他们是怎样解决这个问题的，对他们来说，个人利益的观念——一种对我们来说如此重要的观念——并不是那么重要。他们的目标更可能是追求整个社会的富裕，而且不可否认的是，米诺斯人似乎最看重那些不能量化的事物，比如欢乐、自由——以及海豚。

◇◆◇

在伊罗达的一个卵石遍地的沙滩上休息之时，我凝望着远处的斯皮纳龙格岛。那是一座离岸约有一英里的荒岛，在拜占庭时代是一座堡垒，后来又成了麻风病人的隔离区。根据导游手册的说法，该岛以“动荡年代的几场恶战和残酷的迫害”闻名于世。早先我还想过坐船去那里看看，后来却没有成行，因为我刚刚读到的一段话将我的注意力引到别处去了。在一堆研究米诺斯文明的论文、拉西锡的背景资料以及克里特历史的文献中，我偶然读到下面的一段文字：“这个风景如画的伊罗达渔村还保留着米诺斯古城俄劳斯的废墟。民间传说表明，俄劳斯可能就是失落的城市亚特兰蒂斯，在海湾平静的时候，你甚至可以潜到古墙的上方，搜寻沉在水下的遗物。到这儿游泳是个不错的选择——但你要小心海胆。很不幸的是，所有的遗物只是一块马赛克地板，上面还有几头正在嬉戏的海豚。”

我兴奋得从躺椅上坐起来了，这还是我第一次知道俄劳斯的存在。继续往下读，我了解到那里曾是一座繁忙的米诺斯港口，住在那里的米诺斯人曾经达到30000人之多；俄劳斯与克诺索斯宫有密切的联系。古城的废墟现在就在浅水中，离我所住的酒店只有五英里远。米诺斯人离开后，其他人又住进来了，后来者在硬币的一面镌着人鱼女神布里托玛耳提斯，另一面镌着一头海豚。我还读到，这些硬币现藏于法国的卢浮宫博物馆。

当真如此？一座沉没的米诺斯海豚城市？而且就在附近？我收拾好行李，匆匆地离开房间。我没有潜水设备，但这并不能阻挡我的脚步。

去俄劳斯的路太绕了。我往回开过伊罗达村，在海豚公寓旁左转，驶入一段鹅卵石小路，小路的尽头是一条海岸线公路，公路从地峡中穿过，其地势之低，以至于海水泛起涟漪就能将公路漫湿。开过布里托玛耳提斯汽车旅馆——一座邋遢得不受女神待见的招待所，我才确定我没走错方向。五分钟后，我穿过一座不知建于何时——可能建于史前时期，也可能只是太旧了——的石桥，再往前就没路了。路的尽头是一些起伏的小丘，小丘上除了很多丛生的灌木之外，还有几间粗陋的房子，一座装有百叶窗的餐馆，几只流浪猫，全是一派萧条的景象。我将车停在一块砂砾土上，接着下车朝四处望望。空气中有浓浓的咸水味，仿佛是用海水煮成的法式清汤；周围静得只能听到轻微的风声。

我想先去看看那块马赛克地板，于是在岩石嶙嶙的地上找路。现场没有标志或路牌，但有一条被人走过的路，我便沿着路走去，路上惊扰了一群山羊，还吓跑了一条长着芥末黄脑袋的蜥蜴。我经过一条躺在灌木丛中的破船，些许蜗牛壳散落在它的周围。小路通到一圈铁丝网外，被圈起来的是一块网球场一样大的空地。显而易见，这里曾经是一座教堂，但现在只剩下一块地板——一块有海豚的地板。

这块被废弃的地板上一共有四头海豚，海豚保持着游泳的姿势，旁边有很多小鱼。这样的作品组装起来一定得花好几年时间，因为创作者得将成千上万颗小如钢镚儿的黑石子和白石子错落有致地嵌好。海豚拥有黑色的身躯，眼睛却白得耀眼，圆圆的黑色瞳仁点缀在眼中央；他们的嘴喙也是白色的，但有一周黑色的轮廓。他们将身躯弯成弧线，仿佛身旁有海水流动，能用石子营造出这种效果实属不易。海豚周围的地板满布着棋盘形、直线形、三角形、弧形、花瓣形和波浪形等各种图案。地板中央的痕迹已被岁月擦去了，但海豚依然完好如初。当然，由于完全暴露在日晒雨淋中，他们也不可能长久地存在下去。

我知道这并非米诺斯人的作品；它是后来才有的，问世时间可能接近耶稣诞生的年代。而且这些马赛克虽然迷人，但它缺少一种米诺斯风格。与米诺斯人的壁画相比，这些海豚有点凹凸不平，几乎像粗制滥造的一样——而且螺旋图也没有了。虽然我们爱将时间的推移看作事物的前进，总认为后来的要好过前代，但在米诺斯人离去之后，克里特岛迎来的是一个黑暗的时代。在接下来的几个世纪中，这里一遍又一遍地被征服侵略，侵略者有迈锡尼人、多利安人、某些被称为“海上民族”的野蛮人、罗马人、阿拉伯人、威尼斯人、突厥人甚至纳粹德国。虽然这块地方屡遭破坏，但不知怎么回事，这里的海豚像每次都能化险为夷。

我在原地逗留了一会儿，接着便转身离开，因为我急着要去看看沉没的俄劳斯。太阳西斜了，地上的影子被拉得很长，我走着走着，依稀看见废墟的黑色轮廓。我在中途停下来观看。这里之前还是一派荒凉的景象，现在却能看到每段山坡上都有石墙的阴影。这里曾经是一座城市，但与被发掘并保护起来的克诺索斯宫、扎克罗斯、阿科罗提利不同，它正在重归尘土的路上。

我沿着一道直通到水下的墙走去，接着脱掉泳衣外面的衣服。即便还没有下水，我也知道水的能见度很高，而且我很快就看到水下的情况了。只见那里有些断壁残垣，虽然隔着水有点模糊，但我确信我没有看错。当我将脱掉的衣服扔在岸上时，我发现地上到处都是陶器的碎片，有些甚至还涂着颜料。我踩着石头，小心翼翼地下到水里。

海水是碧绿色的，透明得如同玻璃。我向海湾游过去，泛着乳白色光的小鱼在我身边快速地游动，在我下方是一段逐渐朝下延伸的城墙。我开始下潜，看见水底的海藻滋长在石砌地基的缝隙间。搜寻在水下重获新生的俄劳斯使我不觉光阴的流逝，几个小时过去了，我还以为我才待了几分钟。废墟的门口被海胆守着；在夕阳投进水里的光线中，一条腹部绚烂如彩虹的鳗鱼一闪而过。

说是亚特兰蒂斯恐怕不怎么靠谱，但俄劳斯确实能给我以无尽的遐想。我游到一段通往海洋深处的楼梯旁边，并感觉到来自米诺斯人的召唤。

那下面都有什么？都有谁？在海洋的蓝色皮肤下面藏着什么未解之谜？问题的答案只有海豚知道。若说我在这里学到了什么，那也一定是这样的：他们，而非我们，才是海洋的主人。他们的声音与我们的不同，他们的语言我们一窍不通，但是我们仔细聆听的话，一定可以听到他们的歌声。那是一种永恒的、欢快的旋律，虽然我们只能依稀地听见，但不知为何，我们能在心里强烈地感受到它的存在。它在水下的世界回荡，在一群群海洋生物间响起。

假如大自然在用音乐和我们说话，而海豚是她的合唱团，那我们该怎么办？假如我们不再做声，而与他们一同奏出一曲和谐之歌，我们会不会变得更好？

假如这个世界一直都在对我们唱歌，我们又该怎么办？

**Thera**

◇◆◇

# 鸣　谢

在创作本书的每个阶段，我得到了众多热爱海豚之人的帮助：有太多这样的人了，而且他们所有人都深切关心海洋和海洋生物。

在科学家中，我尤其感激杰出的生物学家罗宾·贝尔德，他总是那么热心地花时间向我普及知识。我还感谢他的同事丹尼尔·韦伯斯特和布伦达·罗恩，以及其他来自卡斯卡迪亚研究团体的科学家们。我希望在读完本书之后，读者们对野生鲸目动物研究者的奉献精神和本事会有一个真正的了解，正如这个团队所展现出的一样。

非常感谢洛莉·玛丽诺所做的兼具启迪性和教育性的研究工作。在我撰写本书的时候，我向她请教过无数问题，她都一一地向我解答，并表现出她一贯犀利的才智、强烈的幽默感、宽阔的胸怀和无尽的耐心。我期待能加入她的下一个开创性项目——基美拉动物权利中心（Kimmela Center for Animal Advocacy）。

在我搜集材料的过程中，我不断地感受到个人和环保团体付出的努力，他们为海豚和鲸做了很多必要的斗争。在这方面，我特别要感谢的是理查德·奥巴瑞。我第一次知道他的名字是在看了电影《海豚湾》之后，并且从那时候开始，我就对他抱以由衷的钦佩和尊重，这种感情到了我和他私下认识后变得尤为强烈。他献身于海豚的传奇事迹激励了整整一代的积极分子。我还希望能向他的儿子林肯·奥巴瑞表达谢意。

在与奥巴瑞拜访各地的过程中，我认识了很多勇敢无畏、和蔼可亲的海豚保护倡议者。我感谢他们每一个人的付出，特别是：蒂姆·伯恩斯、嘉莉·伯恩斯、真子·麦斯威尔、特朗·文森特·贝勒、阿丽尔·佩里、维多利亚·霍利、贝嘉·尤尔恰克、梅丽莎·汤普森·艾赛亚、薇琪·柯林斯、杰里米·拉斐尔、维罗妮卡·阿尔铁达、丹妮拉·莫雷诺、鲁斯·利格塔斯、樱·帕伊亚、亚兹·利德勒、布列塔尼·克拉克、田中喜木、杰斯·陈以及非常棒的卡拉·桑兹。我能撰写出有关加拿大海洋国的章节，这得归功于《多伦多明星报》的记者琳达·迪贝尔和利亚姆·凯西的一系列追踪报道，他们的文章不光教育了读者，而且还让政府不得不采取干预措施。我感谢所有告发海洋国的人，为了保护园内的动物，他们勇敢地站了出来，不惜为此付出沉重的代价。我同样要感谢海豚湾的那些情报员，他们每个人都自愿前往太地町，去为一个更加美好的明天——为了海豚和人类的福利——而努力奋斗。根据我的切身经验，那里确实是个让人头疼的地方。

在太地町和所罗门群岛，我得到了来自地球岛屿研究所成员马克·贝尔曼与马克·帕尔默的大量支持和指导，他们及其同事劳伦斯·马基利都是顽强的海洋之友；在霍尼亚拉的时候，我曾受惠于那里的熟人以及安东尼·特纳给我的帮助；到霍尼亚拉之前，拜伦·肖姆和凯利·西曼向我提出了很多有用的忠告；克里斯·波特向我坦承他在吉沃图岛以及之后的经历。感谢他们。

接下来要感谢的是自然资源保护协会的弗朗西丝·拜内克、乔尔·雷诺兹、迈克尔·贾斯尼，以及地球正义的大卫·亨金。这两大机构都在不懈地——并且高效地——为保护大自然尽心尽力，而且是在一个风险空前巨大的时代。海里越来越多的噪音和污染物是个让人头疼的难题，我非常感谢他们能在百忙之中抽空向我介绍有关海洋噪音和污染物的情况。同样感谢马蒂·瓦伊亚、芦荟伊莎·瓦伊亚、杰森·维纳以及每一位与丘马什彩虹村——一座美丽的环境管理模范村——有关的人。

当我回到夏威夷以继续我的海豚调查时，我很幸运能结识琼·奥切安、让·吕克·伯佐利以及他们的朋友。我和他们共处了一段美好的时光，我很感谢他们对本书做出的贡献，以及他们在让人学会通过内心感应鲸目动物上一直发挥的作用。在我完成调查后不久，我有幸与奥切安和一对温文尔雅、好奇心强的座头鲸在水下同游，那是一段十分不错的经历。我记得其中一头径直朝奥切安游去，基本上亲到她了，并且兴高采烈地旋转着自己重达40吨的庞大身躯，而我就在六英尺开外的水下目睹了整个过程。奥切安向我表明，如果你用爱和他们交往，你会发现你的周围全是满满的爱意。

在我为了写作本书而到过的所有地方，最令我惊叹的非锡拉岛莫属。米诺斯人也许已经绝种了，但他们那些上乘艺术品仍在，而且很多都以海豚为主题。我能了解那个时代和那个地区的一些事情，也是多亏了两位海洋科学家——凯蒂·克罗夫·贝尔和埃维·诺米库——向我提供背景资料并介绍我与考古学家莱夫泰里斯·佐泽斯认识。感谢佐泽斯的好意和他过硬的专业知识，强烈建议有兴趣的读者亲自去阿科罗提利看看，没准儿就能发掘出更多的秘密。我觉得最好的下榻处是沃雷纳画廊套房酒店，那是佐泽斯经营的一家珠光璀璨的酒店，与阿科罗提利只隔了10分钟的路程。

与往常一样，本书有很大一部分功劳要归于我的编辑比尔·托马斯，他总能让我在持续数年写作一本书的过程中体会到乐趣。从一开始他就是该项目的指导，书中的每一页上都有他为本书做过的出色工作。我对他感激不尽。我也感谢他在克诺夫双日出版集团的同事们对本书的贡献，这些人有：玛利亚·卡雷拉、罗斯·库德、梅利莎·达那克佐克、托德·道蒂、约翰·丰塔纳、苏珊娜·赫茨、劳伦·海塞、凯西·胡里根、洛林·海兰德、劳伦斯·克劳萨、诺拉·赖卡德、安克·斯特内克。我还感谢加拿大兰登书屋的克莉丝汀·科克兰、艾米·布莱克、乔希·格洛弗、布莱恩·罗杰斯和团队中的其他成员。

我的助理埃里克·西蒙诺夫是个难得的搭档，他的聪明才智永远都不会枯竭。他的建议和洞察力总是那么可靠和高明，而且他一直都用热情幽默的方式向我进言。杰出的研究员内奥米·巴尔也跟他一样，本书中处处都能发现她的专注、智慧和探索欲望。

蒂姆·卡维尔、特里·麦克唐奈和萨拉·科贝特读完本书的初稿之后，向我提出了他们一贯正确的修改建议。在纽约，我还得感谢赫斯特集团的艾伦·莱文、大卫·凯里、艾略特·卡普兰、露西·凯琳、亚当·格拉斯曼、卡拉·冈萨雷斯和大卫·格兰杰。我要一如既往地感谢我的家人，包括我的哥哥鲍勃·凯西、我的嫂子帕梅拉·曼宁·凯西以及我的妈妈安吉拉·凯西，他们对动物的爱是对我整个人生的鼓励。

在夏威夷，我很荣幸有一群朋友的陪伴，他们所有人都体现着爱的真髓，他们是：堂娜·帕洛米诺·希勒、唐·希勒、黛博拉·考尔菲尔德·雷巴克、迈克尔·雷巴克、朱迪·维维安、罗伯·维维安、德芙里·舒尔茨、泰迪·卡叟、斯基特·提克诺、苏亚玛伊·阿斯维尼、里奇·兰德瑞、琳达·斯帕克斯、凯伦·鲍瑞斯、南希·米奥拉、保罗·阿特金斯、格雷西·阿特金斯、加布里埃尔·里斯、莱尔德·汉密尔顿、谢普·戈登、保拉·默温、威廉·默温。在美国本土，我要感谢凯利·迈耶、罗恩·迈耶、安·莫斯、杰里·莫斯、安迪·阿斯特拉罕、简·卡彻、克里斯汀娜·卡利诺、凯若琳·密思、盖尔·金和奥普拉·温弗莉，感谢他们的好意和支持。

最后，我将感谢送给我最亲密的、最珍爱的、不可思议的大家庭：玛莎·贝克、凯伦·格迪斯、亚当·贝克、博伊德·瓦提、克勒·辛普森、特拉维斯·斯托克、鲍勃·丹德鲁、伊丽莎白·林德赛、玛利亚·莫耶、肖恩·西蒙斯、兰尼欧·麦弗雷迪——最后一位是我尤其感谢的。